本书由"中央高校基本科研业务费专项资金"资助

本书受华侨大学"华侨华人研究"专项经费资助项目（项目编号：HQHRZD2018-01）的资助

《华侨大学哲学社会科学文库》编辑委员会

华侨大学 哲学社会科学文库·法学系列

中国和东南亚国家
华人价值观比较

*A COMPARATIVE STUDY OF THE VALUES OF CHINESE
AND CHINESE IN SOUTHEAST ASIAN COUNTRIES*

王嘉顺　著

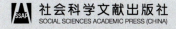
社会科学文献出版社
SOCIAL SCIENCES ACADEMIC PRESS (CHINA)

打造优秀学术著作
助力建构中国自主知识体系

——《华侨大学哲学社会科学文库》总序

习近平总书记在哲学社会科学工作座谈会上指出："哲学社会科学是人们认识世界、改造世界的重要工具，是推动历史发展和社会进步的重要力量，其发展水平反映了一个民族的思维能力、精神品格、文明素质，体现了一个国家的综合国力和国际竞争力。"当前我国已经进入全面建成社会主义现代化强国、实现第二个百年奋斗目标，以中国式现代化全面推进中华民族伟大复兴的新征程，进一步加强哲学社会科学研究，推进哲学社会科学高质量发展，为全面建成社会主义现代化强国、全面推进中华民族伟大复兴贡献智慧和力量，具有突出的意义和价值。

2022 年 4 月，习近平总书记在中国人民大学考察时强调：加快构建中国特色哲学社会科学，归根结底是建构中国自主的知识体系。建构中国自主的知识体系，必须坚持马克思主义的指导地位，坚持以习近平新时代中国特色社会主义思想为指引，坚持党对哲学社会科学工作的全面领导，坚持以人民为中心的研究导向，引领广大哲学社会科学工作者以中国为观照、以时代为观照，立足中国实际，解决中国问题，不断推进知识创新、理论创新、方法创新，以回答中国之问、世界之问、人民之问、时代之问为学术己任，以彰显中国之路、中国之治、中国之理为思想追求，在研究解决事关党和国家全局性、根本性、关键性的重大问题上拿出真本事、取得好成果，认真回答好"世界怎么了""人类向何处去"的时代之题，发挥好哲学社会科学传播中国声音、中国理论、中国思想的特殊作用，让世界更好读懂中国，为推动构建人类命运共同体做出积极贡献。

华侨大学作为侨校，以侨而生，因侨而兴，多年来始终坚持走内涵发展、特色发展之路，在为侨服务、传播中华文化的过程中，形成了深厚的人文底蕴和独特的发展模式。新时代新征程，学校积极融入构建中国特色哲学社会科学的伟大事业之中，努力为教师更好发挥学术创造力、打造精品力作提供优质平台，一大批优秀成果得以涌现。依托侨校优势，坚持以侨立校，为侨服务，学校积极组织开展涉侨研究，努力打造具有侨校特色的新型智库，在中华文化传承传播、海外华文教育、侨务理论与政策、侨务公共外交、华商研究、海上丝绸之路研究、东南亚国别与区域研究、海外宗教文化研究等诸多领域形成具有特色的研究方向，先后推出了以《华侨华人蓝皮书：华侨华人研究报告》《世界华文教育年鉴》《泰国蓝皮书：泰国研究报告》《海丝蓝皮书：21世纪海上丝绸之路研究报告》等为代表的一系列研究成果。

《华侨大学哲学社会科学文库》是"华侨大学哲学社会科学学术著作专项资助计划"资助出版的成果，自2013年以来，已资助出版68部学术著作，内容涵盖马克思主义理论、哲学、法学、应用经济学、工商管理、国际政治等基础理论与重大实践研究，选题紧扣时代问题和人民需求，致力于解决新时代面临的新问题、新任务，凝聚着华侨大学教师的心力与智慧，充分体现了他们多年围绕重大理论与现实问题进行的研判和思考。已出版的学术著作，先后获得福建省社会科学优秀成果奖二等奖1项、三等奖9项，获得厦门市社会科学优秀成果奖一等奖1项、二等奖2项、三等奖2项，得到了同行专家和学术共同体的认可与好评，在国内外产生了较大的影响。

在新时代新征程上，围绕党和国家推动高校哲学社会科学高质量发展，加快构建中国特色哲学社会科学学科体系、学术体系、话语体系，加快建构中国自主知识体系的重大历史任务，华侨大学将继续推进《华侨大学哲学社会科学文库》的出版工作，鼓励更多哲学社会科学工作者尤其是青年教师勇攀学术高峰，努力推出更多造福于国家与人民的精品力作。

今后，我们将以更大的决心、更宽广的视野、更有效的措施、更优质的服务，推动华侨大学哲学社会科学高质量发展，不断提高办学质量和水平，为全面建成社会主义现代化强国、全面推进中华民族伟大复兴做出新贡献。

华侨大学党委书记　徐西鹏

2023 年 10 月 8 日

前　言

　　本书源自一个偶然的机会，但研究和撰写是一个自然的过程。从我到华侨大学社会学系开始工作，我的研究领域在很长一段时间内同人口社会学、社会心理学相关，几乎没有涉及华侨大学最具特色的研究领域之一——华侨华人。2014 年，华侨大学涉侨研究的标志性成果《华侨华人研究报告》在校内外征集稿件，我抱着试一试的想法，从较为熟悉的人口现象和人口政策领域出发，以中国大陆、港澳台地区和新加坡为研究对象，初步比较分析了这些国家和地区的人口现状及其应对政策，并撰写《中国（含港澳台）和新加坡的生育率变动及政策应对》一文。稿件得到了该书编委会的肯定并被收入《华侨华人研究报告（2015）》，这算是我涉足华侨华人研究的第一个成果。

　　也许是意犹未尽，待《华侨华人研究报告（2017）》开始征稿后，我又尝试在我的另一个研究领域即社会心理学中寻找可能的选题。在这个过程中，以前阅读过的华人社会心理学家杨国枢、黄光国、杨中芳等前辈学者的研究给了我极大的启发和鼓舞。他们从 20 世纪 80 年代初甚至更早的时间开始提出并致力于社会心理学的本土化，希望用更加科学的方法来研究和分析以中国大陆和港台地区为主的华人社会的社会心理现象，并且以本土化研究的发现同由欧美学术界构建的社会心理学概念和理论进行对话。前辈们的努力取得了众多的研究成果，让人得以认识和理解华人社会中的社会心理现象的特殊意涵，如对个体主义和集体主义、义和利、人情和面子的讨论等。这些研究大部分都在中国大陆和港台地区以中国人为绝对主体的地区展开，由此我想到身处世界其他国家和地区的华人是否也有着相似或不同的社会心理表现。因为除了新加坡，世界其他地方的华人从规模和比重来看算是当地社会的少数，而且在文化上也体现出不同于当地主流社会的特征，但是与中国大陆和港台地区相比又展现出自身的特色。

文化上的联系和差异可以通过文化比较的方式得以发现，而在文化比较中最核心、最不可或缺的内容是价值观，因为它在很大程度上决定了一种文化与另一种文化最本质的区别或联系。由于价值观的功能及其重要性，它受到不同学科和领域学者们的关注，由此产生了不同的理论、研究方法乃至研究范式。因此，尽管一些社会心理范畴的研究问题已经在华侨华人研究领域被提出并展开研究，但是我发现涉及价值观的研究议题仍有开展的空间。我所好奇的是世界其他地区的华人在价值观方面同中国大陆和当地主流社会相比有什么相似和不同之处，回答这类问题需要通过实证研究。而量化实证研究必然需要有相应的理论、数据和统计分析方法等一整套完整的研究思路和资料，其中最为关键的要素就是数据，如果没有合适的数据，再有学术想象力的理论假设也无法得到检验的机会。因为涉及海外华人的价值观，而且还需要进行国家或地区间的比较，据我所知，国内还没有此类调查，所以分析数据必然来源于世界层面。著名学者罗纳德·英格尔哈特（Ronald Inglehart）主导的世界价值观调查（World Values Survey）数据无疑是非常合适的，该调查时间跨度大，可以进行长时间内的趋势比较研究；调查国家和地区广泛，可以进行国别和地区比较研究；注意识别不同国家和地区内部的主要族群，因此可以将华人同其他族群区分开来。但是该调查也存在一些不足，最为突出的就是对价值观的测量采用了统一标准，这从测量的统一性来说本不是个问题，问题在于这套关于价值观的测量标准可能并不适用于被调查的每个国家或地区。作为文化核心的价值观在不同文化间存在差异，但是为了研究需要又不得不用统一的标准来测量，这看起来有点矛盾，但是在进行国家和地区间的比较研究时又必须如此，如何在测量中平衡价值观的相似性和相异性，这确实是一个挑战。但无论如何，世界价值观调查数据是值得使用的，尤其是将其用于研究海外华人的价值观。

在差异中寻找相似甚至是相同，这对价值观研究具有特别的意义。在对外交往中，我们常说的一个词就是求同存异，这在“一带一路”倡议中显得尤为重要。众所周知，“五通”是“一带一路”建设的重要内容，其中民心相通就是要超越文明隔阂，促进文明互鉴，寻找和培养不同文明间的共享价值观。海外华人作为连接中外文明的特殊群体，在促进民心相通中也发挥着特殊作用，作为可能的"中介变量"，他们在中华文明和所在国文明之间，尤其是在两种或更多种文明的价值观之间处于什么位置？在价值观传播和共享价值观培养中发挥了怎样的作用？回答这些问题具有重大的理论和现实意义。由此，我以《"一带一路"背景下的共享价值观及其传播研究：以东南亚华侨华人为例》为题，尝试分析一些基本的问题，比如东南亚国家的民众与中国民众在价值观上的相似和差异，并分析东南亚华人在价值观传播中可能发挥的作用。这篇文章后来有幸被选为《华侨华人研究报告（2017）》的总报告，该书编委会的肯定对我是一个极大的鼓励，但我知道这个研究方向还没有充分展开，还有很多有意义的问题等待解答。

作为《华侨华人研究报告（2017）》的后续，我又相继在《华侨华人研究报告（2018）》和《华侨华人研究报告（2020）》上发表了《宗教信仰与价值观扩散：以新加坡华人和其他族群为例》《华人价值观渐进式扩散与语言传承研究》①两篇文章。有关新加坡的研究是在东南亚国家内部进行价值观比较，前一篇文章聚焦新加坡华人与其他族群之间价值观的联系与区别，同时还探讨了宗教信仰在价值观扩散中的作用。后一篇文章则尝试将比较的视野扩大至东南亚华人、当地民众以及中国民众，同时兼及语言在价值观扩散中可能发挥的作用。至此，价值观比较研究的雏形大致呈现，通过使用国际流行的社会调查数据，对中国与东南亚国家的价值观进行实证比较研究，从中发现共同的价值观或共享价值观及其可能的影响因素，尝试分析华侨华人在共享价值观扩散中的作用。在此基础上，我打算进一步充实该研究方向的一些细节，因此我以"华侨华人与东南亚国家文化价值观的关系研究"为主题申请了华侨大学"华侨华人研究"专项课题，可能是因为选题有一定的意义，而且也有一定的前期基础，所以华侨大学华侨华人研究领导小组办公室决定资助我这项研究，现在呈现

---

① 文章原题目为《中华价值观渐进式扩散：以中国、新加坡和马来西亚为例》，后经编辑部商讨改为现在的题目。

在您面前的这本书正是该课题的成果，而原先发表的三篇论文收入本书时做了较大改动，这样从行文逻辑和内容结构上更加协调统一。虽然这本书还存在很多问题，但是我希望能用这本书起到抛砖引玉的作用，能够吸引更多的人关注海外华侨华人在民心相通、价值观扩散和交往过程中发挥的重要作用。最后，我要感谢华侨华人蓝皮书编委会的专家以及华侨大学华侨华人研究领导小组办公室对我这项研究的大力支持，希望这本书能为华侨大学的涉侨研究增添一点贡献。

目　录

第一章　导论*

第一节　研究问题

一　研究背景

中国国家主席习近平在 2013 年 9 月和 10 月分别出访中亚和东南亚国家期间，先后提出了共建"丝绸之路经济带"和"21 世纪海上丝绸之路"（以下简称"一带一路"）的重大倡议。该倡议随后得到有关国家和地区以及相关国际组织的赞同。此后不久，中国国家发展改革委、外交部、商务部于 2015 年 3 月 28 日联合发布了《推动共建丝绸之路经济带和 21 世纪海上丝绸之路的愿景与行动》，该文件全面论述了"一带一路"倡议的时代背景、共建原则、框架思路、合作重点、合作机制、中国各地方开放态势，以及倡议提出一年多以来中国所采取的积极行动，为世人描绘了一幅美好未来的画卷。民心相通是"五通"重点内容之一，它是"一带一路"建设的社会根基，它倡导文明宽容，而求同存异、兼容并蓄是"一带一路"沿线国家交往的文化之道，只有广泛开展文化交流才能加强不同文明之间的对话。在此过程中，挖掘、培育和传播共享价值观对促进"一带一路"沿线国家间民众的文化交流，构建和谐互容的文化生态具有重要的作用和意义，特别是传播和弘扬中华优秀价值观更加有利于加深"一带一路"沿线国家民众对"一带一路"的认识和认同。在"一

---

* 本章节选自王嘉顺《"一带一路"背景下的共享价值观及其传播研究：以东南亚华侨华人为例》，载贾益民等主编《华侨华人研究报告（2017）》，社会科学文献出版社，2017。收入本书时对部分内容进行了调整和修改。

带一路"沿线国家中，东南亚国家与中国交往历史悠久，贸易往来频繁，人文交流繁盛，是"一带一路"倡议的重要参与国家。东南亚同时也是海外华侨华人分布的主要区域之一，几代乃至十几代的华侨华人在此地继承和弘扬了中华优秀传统文化。

"国之交在于民相亲，民相亲在于心相通。"用这句话来形容"一带一路"沿线国家民众的交往再合适不过。不仅如此，这句话也提出了国家交往中民间交往的重要性和实现路径。民心相通的重要基础就是能够理解彼此的文化意涵和价值关切，如果能够理解彼此的价值观，甚至共享彼此的价值观，由此成为共享价值观，不仅民间交往顺其自然，而且国与国的交往也水到渠成。价值观是一个抽象的概念，但是也确实体现在遵从它的人们的言行之中，因此我们谈论和研究价值观，不仅要上升到哲学与文化的高度，也要能够实实在在地感知到它，能够用经验方法研究和分析它。华侨华人在"一带一路"倡议中能够发挥独特的作用，尤其是该群体对所在国和中国的文化较为熟稔，从而能够起到"桥梁"的作用，关于这一点学界谈得比较多，但是相关的实证研究不是很多。英格尔哈特及其团队通过世界价值观调查数据绘制的"英格尔哈特-韦尔策尔世界文化地图"（the Inglehart-Welzel World Cultural Map），以较为直观的方式为人们展现了世界上大多数国家和地区的文化所包含的价值观的联系。他们通过"传统价值观—世俗价值观"与"生存价值观—自我表达价值观"两个维度来展示文化间的联系，这些做法和方法虽然还有很多有待商榷之处，但是以实证研究的方式回答相关问题，这让本研究看到了可行的前景。

二　研究问题

本研究的主要问题是东南亚华侨华人与所在国的民众在价值观上的异同，以及两者间存在的影响关系。由该问题出发，中国民众与东南亚国家民众的价值观异同、东南亚华侨华人与中国民众的价值观异同、东南亚华侨华人与所在国其他族群的价值观异同等都是由主问题派生出的子问题。在价值观异同比较研究的基础上，寻找比较对象间共同持有的价值观是主要的研究目的之一，如果能够找到此类共享价值观，就或许可在一定程度上说明民心相通有其文化和现实基础。此外，东南亚华侨华人对所在国民众的价值观的影响也是应当被讨论的问题，虽然该问题较难通过量化实证研究直接分析，但是我们将通过案例分析去尝试研究和解答，从而为培育国家间的共享价值观寻找可能的影响因素和路径。

由主问题和子问题出发，本书将从文化价值观、社会价值观以及开放社会心态三个层面入手，并解答与它们相关的具体问题。文化价值观是一个国家或文明的基本价值观。社会价值观是社会成员在社会发展和运行中所体现出的有关基本问题的价值观。开放社会心态是开放价值观在个人态度和行为倾向上的表现，通过它可以感知开放社会价值观。本书将对中国和泰国等东南亚七国的文化价值观进行描述统计，并对它们的文化价值观进行影响因素分析，从中发现文化价值观可能的影响模式。同样地，本书也将对中国人和新加坡、马来西亚华人的文化价值观、社会价值观和开放社会心态进行描述统计和影响因素分析，其目的是弄清楚中国人和东南亚华人的价值观是否存在差异，以及影响他们价值观产生和变化的模式。最后，本书将聚焦华人及其所在国的其他族群，分析他们在文化价值观、社会价值观、开放社会心态上存在的差异，同时也要通过影响因素分析寻找对他们有共同影响的因素，以及不同族群的影响模式的异同。

三　研究意义

民心相通是实践"一带一路"倡议的社会根基，推进"一带一路"建设不仅需要国与国之间携手合作，相向而行，还需要各国民众间的相互理解与支持。民心相通倡导不同文化间应求同存异、兼容并蓄，而不同文化间的交往离不开对彼此价值观的认识和理解。在"一带一路"沿线国家中，东南亚国家与中国的交往历史源远流长，不同历史时期的华侨华人在此地继承和弘扬了中华优秀传统文化，同时也向所在国民众展示和传播了中华文化价值观，并不同程度地影响了所在国的文化价值观，据此研究华侨华人与东南亚国家文化价值观的关系就具有重要的学术意义和现实意义。

学术意义主要有：第一，通过研究，可以增添跨文化价值观研究的对象和内容，扩展已有的认识和知识；第二，在西方跨文化价值观理论基础上，融入中国价值观元素，构建以人类命运共同体为精神内核的价值观体系。

现实意义主要有：第一，在推进"一带一路"建设过程中，由于价值观差异所导致的文化障碍和冲突是客观存在的，通过寻找价值观之间的联系和区别，为减少文化冲突，促进跨文化交流提供参考依据。第二，总结提炼华侨华人在东南亚国家展示和传播中华文化价值观的路径和方式，为有效传播"一带一路"倡议和人类命运共同体理念寻找能够被东南亚民众所接受的路径和方式。

第二节　研究对象

一　价值观与共享价值观的概念及其意义

（一）价值观的概念及其意义

在论述共享价值观的含义之前，我们先来看一下什么是价值观。价值观涉及哲学、伦理学、社会学、社会心理学、教育学和人类学等学科的研究范畴，而不同学科对价值观的关注点不尽相同。[1] 从社会心理学的角度来看，价值观是一种个体的选择倾向，也是个体态度、观念的深层结构，它决定了个体对外部世界感知和反应的倾向，因此是重要的个体社会心理过程和特征；另外，价值观还是群体认同的重要根据，它是一种共享的符号系统，因此又是重要的群体社会心理现象。[2] 由此可见，价值观是一个相当复杂的概念，早期的社会心理学家对它的认识经历了由价值观到价值取向，再到价值体系的转变。而社会学、文化人类学、心理文化学学者更加关注价值观的共享性意义[3]，从而将价值观研究从个体层面延伸至社会、文化层面。[4] 如此一来，价值观就具备了民族性、国民性格这样的集体层次的构成内容，从而在一个国家、一个民族、一个文化内部具有稳定

---

[1]　李德顺：《充分重视价值观念系统的建设》，《中国特色社会主义研究》1997年第2期。

[2]　杨宜音：《社会心理领域的价值观研究述要》，《中国社会科学》1998年第2期。

[3]　宋林飞：《西方社会学理论》，南京大学出版社，1997，第101~103页；〔美〕许烺光：《文化人类学新论》，张瑞德译，南天书局，2000，第31页；〔美〕玛格丽特·米德：《萨摩亚人的成年——为西方文明所作的原始人类的青年心理研究》，周晓虹、李姚军、刘婧译，商务印书馆，2010，第156页。

[4]　杨宜音：《社会心理领域的价值观研究述要》，《中国社会科学》1998年第2期。

性、普遍性和代表性。从这个角度看，价值观成为一种内部共享价值观，并且是由社会内部全体成员共同享有、支持和遵从的价值观念体系。① 社会学者认为价值观对提高社会整合、减少和控制社会冲突具有重要意义，② 它是主要通过学校教育等再社会化的方式使群体成员掌握的主流价值观体系。③

（二）共享价值观的概念及其意义

共享价值观不仅存在于特定民族或文化内部，在不同民族或文化之间也存在某些相近或类似的价值观。心理文化学的研究发现在进行大规模文明社会的比较研究时，价值判断比较常常成为比较研究的主要方式，④ 这说明价值（观）是较为引人关注或者容易引人关注的。在跨文化交往时，不同文化背景的人虽然能够感知到彼此价值观的差异，但是也能异中求同。著名文化人类学家 F. 克拉克洪（F. Kluckhohn）和 F. 斯多特贝克（F. Strodtbeck）早在 20 世纪 50 年代就已提出面向不同文化背景的人均适用的 5 个价值取向，它们分别是：（1）人与自然的关系；（2）理想人格类型；（3）人与他人的关系的形态；（4）关于时间评价和组织；（5）人的本性。⑤ 不同文化背景的人在上述 5 个价值取向构成的不同评价维度上均可以找到对应的位置。在该研究之后，众多研究开始寻找不同文化之间相似的价值观，特别是从方法上用一套统一的价值测量工具寻找比较一致的价值取向，从而试图描绘整个人类的价值图谱。社会心理学家们在这项工作上研究得最为细致，尤其要提到的是 S. 施瓦茨（S. Schwartz）的人类基本价值观理论（Theory of Basic Human Values）。作为一个跨文化研究领域的社会心理学家，施瓦茨在已有的跨文化比较研究成果的基础上进一步拓展，试图发现并测量在所有主要文化中都能被辨识出的普遍价值。为

---

① 涂小雨：《转型期共享价值观的确立与执政党社会整合》，《求实》2009 年第 5 期。
② 〔美〕L. 科塞：《社会冲突的功能》，孙立平等译，华夏出版社，1989，第 135 页。
③ 徐光井、胡静丽：《新加坡大学生共享价值观培育的实践及启示》，《老区建设》2016 年第 12 期。
④ 游国龙：《许烺光的大规模文明社会比较理论研究》，社会科学文献出版社，2014，第 49 页。
⑤ F. Kluckhohn, F. Strodtbeck, "Dominent and Variant Value Orientations," in C. Kluckhohn et al. (eds.), *Personality in Nature, Society, and Culture*, New York: Knopf Press, 1953. 转引自杨宜音《社会心理领域的价值观研究述要》，《中国社会科学》1998 年第 2 期。

此他设计了一份包含 57 项价值观的量表，而这 57 项有关价值观的论述又被概括为 10 种价值观动机类型，它们分别是：权力、成就、享乐主义、刺激、自我导向、普遍主义、仁慈、服从、传统、安全。① 施瓦茨将其相应放置在 "对变化的开放性态度—保守" 和 "自我提高—自我超越" 两个维度上，他认为不同的价值观动机类型依据这两个维度可以构成一个环形结构，这体现出它们之间相互联系和相互影响的复杂关系（见图1-1）。

图 1-1　施瓦茨 10 种动机类型之间的结构关系

注：本书将 self-direction, universalism, conformity, benevolence, 翻译为自我导向、普遍主义、服从、仁慈，与杨宜音的译文略有差异。

资料来源：杨宜音《社会心理领域的价值观研究述要》，《中国社会科学》1998 年第 2 期。

本研究正是在跨文化比较的背景下来理解和使用共享价值观这个概念。国内跨文化交流和国际传播领域的著名学者关世杰较早在中文学术界提出了共享价值观概念并对其界定，他认为共享价值观是 "大家共同在精神上得到满足的价值观"，更为具体的含义是 "在当今两种文化中或两

---

① S. H. Schwartz, "An Overview of the Schwartz Theory of Basic Values," Online Readings in Psychology and Culture, http: //dx. doi. org/10. 9707/2307-0919. 1116.

国民众中都接受或追求的价值观，就是使大家在精神上都得到满足的原则和信念"[1]。据此他还提出了不共享价值观，因此在比较两个文化的价值观时，可以将其区分为共享价值观和不共享价值观，其中前者包括共享价值观和基本共享价值观，后者包括基本不共享价值观和不共享价值观。[2] 值得注意的是，有学者提出应将文化价值观研究纳入价值观研究的范畴，[3] 而本研究认为从广义文化的含义来看，文化价值观等同于价值观，对跨文化价值观的研究是对不同文化背景的价值观的研究。

二 共享价值观在"一带一路"建设中的必要性和重要性

（一）共享价值观在"一带一路"建设中的必要性

按照施瓦茨的基本价值观理论设想，世界主要文化之间应该有相近的价值观，或者至少可以用统一的分类框架加以概括，那么作为人类主要文化之一的中华文化也可以用该理论加以观照。事实上他在设计施瓦茨价值观调查（Schwartz Values Survey，SVS）时考虑到了中华文化，而且中国国内已经有人使用了施瓦茨的理论，他们特别关注该调查对研究和测量中国人的价值观的适用性，研究结果证明该调查测量模式有一定的信度和效度。[4] 但是施瓦茨的理论毕竟是以西方文化为背景，所以一定程度上存在对特定文化特性的忽视。虽然如此，寻找主要文化中的共享部分仍是一件具有重要意义的事，特别是在"一带一路"建设背景下，挖掘、培育和传播共享价值观对推进"一带一路"建设具有重要的作用。

从理论与实践的关系来看，"一带一路"倡议是中国落实人类命运共

---

[1] 关世杰：《对外传播中的共享性中华核心价值观》，《人民论坛·学术前沿》2012 年第 15 期。

[2] 关世杰：《对外传播中的共享性中华核心价值观》，《人民论坛·学术前沿》2012 年第 15 期。

[3] 郭爱丽、翁立平、顾力行：《国外跨文化价值观理论发展评述》，《国外社会科学》2016 年第 6 期。

[4] 高志华等：《施瓦茨价值观问卷（PVQ-21）中文版在大学生中的修订》，《中国健康心理学杂志》2016 年第 11 期；冯丽萍：《从施瓦茨价值观维度看中美共享价值观：基于 WVS 第五波调查中的 SVS 数据分析》，载姜加林、于运全主编《世界新格局与中国国际传播——"第二届全国对外传播理论研讨会"论文集》，外文出版社，2012；钟敏：《中国人价值观在施瓦茨普世价值理论框架下的跨文化可比性：来沪外来务工人员与上海本地居民的价值观实证研究》，硕士学位论文，上海外国语大学，2010，第 65 页。

同体思想的重大实践。中国国家主席习近平从 2012 年以来先后在不同场合提出并不同程度地阐述人类命运共同体思想，特别是他于 2017 年 1 月 18 日在联合国日内瓦总部发表的题为《共同构建人类命运共同体》的主旨演讲，其中包含了人类命运共同体思想的重要内容。① 正如习近平在演讲中提到的，共同构建人类命运共同体要"坚持交流互鉴，建设一个开放包容的世界"。他提出，"人类文明多样性是世界的基本特征，也是人类进步的源泉"，"每种文明都有其独特魅力和深厚底蕴，都是人类的精神瑰宝。不同文明要取长补短、共同进步，让文明交流互鉴成为推动人类社会进步的动力、维护世界和平的纽带"。② 只有广泛开展文化交流才能加强不同文明之间的对话。而跨文化交往离不开对彼此价值观的认识和理解，如果能够挖掘和培育不同文化之间的共享价值观，这将为促进"一带一路"沿线国家间民众的文化交流、构建和谐共融的文化生态打造坚实的合作基础。

（二）共享价值观在"一带一路"建设中的重要性

共享价值观对推进"一带一路"建设有着重要意义。两种文化间的交流应该是双向的，在推进"一带一路"建设过程中，我们要主动让世界特别是"一带一路"沿线国家了解中国、了解中国文化。对于历史悠久、博大精深的中华文化来说，其中可资借鉴和挖掘的优秀价值观不胜枚举，尤以"和"文化所体现的价值观最具代表性。习近平在不同场合"向世界阐释中华'和'文化"，"并且以'和'文化的'和合'价值观，倡导和平发展、和谐相处、合作共赢的国际观"。③ "和"文化所体现的价值观虽然来源于中华文化，但是它同当今世界和平与发展的主流非常契合。因此有中国学者提出了共享性中华核心价值观的概念，④ 并且认为这对在海外弘扬中华文化具有关键性，从而对建构中国

---

① 张历历：《习近平人类命运共同体思想的内容、价值与作用》，《人民论坛》2017 年第 7 期。

② 《习近平谈治国理政》第二卷，外文出版社，2017，第 543、544 页。

③ 《习近平用"和"文化构建人类命运共同体》，新华网，http://www.xinhuanet.com/politics/2015-08/08/c_128106637.htm。

④ 关世杰：《对外传播中的共享性中华核心价值观》，《人民论坛·学术前沿》2012 年第 15 期。

文化软实力具有基础作用。^①

第三节　研究方法

一　数据

本书以社会心理学和社会学的理论来分析价值观及其相关问题,主要使用定量研究方法,辅之以案例分析,整体上属于实证研究。定量部分将主要对不同国家和地区的价值观进行描述统计、比较和影响因素分析。本研究涉及价值观的国别比较,但世界层面关于价值观的调查数据不多,而世界价值观调查(World Values Survey,WVS)数据是为数不多的满足本书研究目的的数据。该调查基本每五年开展一次,每次的调查主题不尽相同,由于研究内容的限定以及资料时效性,我们将主要使用第六轮(2010~2014 年)和第七轮(2017~2021 年)WVS 数据。

除进行价值观的国别和地区比较研究之外,本书各章节还涉及东南亚国家内部的人口和综合社会状况。因此在使用 WVS 数据之外,本书还将用到 1990 年、2000 年新加坡人口普查数据以及 2015 年新加坡人口抽样调查资料,本书将使用这些人口资料对近期新加坡的民族和宗教的社会人口结构进行分析。该数据资料来源于新加坡综合住户调查(General Household Survey),该调查是在两次人口普查中期进行的抽样调查,它也可以被看作小普查,而一般的人口普查是每十年进行一次,这也就意味着新加坡 2015 年的小普查数据能够反映比较全面的民族和宗教状况。本研究收集到的数据不是小普查的原始资料,而是经过加工处理的汇总性数据,因此我们将主要采用描述统计方法来分析当前新加坡民族和宗教人口的状况。除此之外,为了分析人口的变迁趋势,本书也将结合 2000 年、2010 年新加坡人口普查数据以及《新加坡统计年鉴(2017)》上登载的数据一并进行分析。

---

① 关世杰、尚会鹏:《建构中国海外文化软实力的核心价值观》,《群言》2014 年第 7 期;邵龙宝:《儒学在中国崛起中如何贡献与世界共享的价值观》,《孔子研究》2014 年第 6 期。

二 概念和变量

(一) 概念

价值观是本书的研究对象，也是重要概念之一，我们已经在上一节介绍了价值观的概念，并连同共享价值观一起给出了本书的界定。除了这两个概念之外，本书在实证分析中还将用到一些重要的概念，它们是文化价值观、社会价值观和开放社会心态，在此，本书先对它们进行基本的介绍，在后面的实证分析部分，本书还将对其进行更加详细的介绍和说明。

1. 文化价值观

在社会学意义上，文化是区分群体的重要标志，因此我们也可以将是否共享同一种文化来作为划分群体的依据。在这个意义上，本研究将文化价值观看作一个文化中普遍认同并享有的价值观，它是其他方面的价值观的基础和根本，而且也会影响其他层面的价值。它对现代国家来说，是文化认同和文化融合在价值观方面的体现。

由于文化有广义和狭义之分，这里的文化价值观也有两层理解。第一层理解是就文化的广义层面而言，本书对它的界定正是在这个层面展开。比如中华文化价值观就是基于中华文化范畴而言，凡是习得中华文化的人或群体都会一定程度地践行中华文化价值观，但会有程度上的差别。如中国人基本上践行的就是中华文化价值观，而东南亚华人部分地践行中华文化价值观，因为其价值观谱系中除了中华文化价值观之外，还有所在国当地的主流文化的价值观，并且这些价值观之间也会有先后强弱的差别，也就是对社会个体的认知和言行有不同程度的影响。

第二层理解是就文化的狭义层面而言，所谓狭义是在更高范畴下，文化与其他层面一样同属这个更高范畴的下一级范畴。如在日常生活中，我们经常说要建设好经济、政治、文化、国防、社会保障等各领域，也正是在这个范畴上，文化与经济、政治等其他系统并列。这一层理解与广义上的理解有重合的部分，但它不能代替第一层理解，它不属于本书研究和讨论的范畴。

2. 社会价值观

本研究从广义层面看待文化价值观，并将其视为其他方面价值观的基础和根本。因此本研究要分析的社会价值观指社会成员在社会交往过程中所体现出的价值观，它是文化价值观的下一层级价值观，属于文化价值观的子范畴。任何一个社会成员都占据一定的社会位置，并承担相应的社会角色，他们在履行自己社会角色的同时也在进行社会交往，这个过程中的言行必定反映出社会成员个人的价值观，而这样的价值观与其在经济、政治等其他领域所表现出的价值观不同。比如一个人是否愿意使用信用卡、是否购买某只股票，这些经济行为的基础都是其价值观在经济行为上的表现，属于经济价值观。

由于社会交往的层面和对象较多，所以对它的分类较多，从简便的角度考虑，本研究依据交往对象的层次进行分类。如在初级社会群体中的交往，主要包括和家庭成员、亲密朋友的交往等；在次级社会群体中的交往，主要包括在社会组织和社区中的交往。本研究主要选取对子女品质的偏好、对性别平等的认知和对道德规范的认知三个方面来分析社会价值观。对子女品质的偏好主要反映了社会成员作为或即将作为父母，是如何看待子女品质重要性的，这里反映了父母在家庭内部教养子女时所体现出的价值观。对性别平等的认知主要反映了社会成员对男女两性的社会角色的看法，它是社会成员在基于性别规范的交往时所体现出的价值观。对道德规范的认知主要反映了社会成员对社会行为的看法，它是社会成员在实施或评价某一社会行为时所体现出的价值观。

3. 开放社会心态

开放社会心态是社会心态在开放维度的体现。因此在了解开放社会心态之前，需要先了解何谓社会心态。此概念的提出和对它的认识有一定程度的学术共识，杨宜音、周晓虹、王俊秀等学者撰文分析和讨论了此概念的内涵和构成，其中杨宜音的界定获得较多的认可，本研究也引用她对社会心态的定义。社会心态是"一段时间内存在于整个社会或社会群体中的社会共识、社会情绪和感受，以及社会价值取向"[1]。从该定义可以看出，社会心态与价值观有一定的联系和区别。

---

[1] 杨宜音：《个体与宏观社会的心理关系：社会心态概念的界定》，《社会学研究》2006年第4期。

社会心态是一个内涵较为复杂的概念，开放是社会心态的一个重要维度。目前国内学界对开放社会心态的关注还不够。周晓虹较早地关注了开放社会心态及其在改革开放过程中的重要意义，他认为开放社会心态"形象地表现了作为行动主体的民族、群体或个人，对他民族、他群体或他人及其所拥有的观念、行为或事物所持有的积极接触、大胆交流和宽厚包容的社会心态"①。正是因为开放社会心态的这种内涵，我们在研究"一带一路"沿线国家和地区的民众对"一带一路"倡议的认知和接受程度，对中国和域外文化及其价值观的认知时，必然要先研究这些国家和地区民众的开放社会心态。

（二）变量

本书实证研究部分的章节将使用第六轮或第七轮 WVS 数据，由于在量化分析时将用到描述统计和影响因素分析，所以还会涉及对自变量、解释变量和因变量的操作。在此，对全书实证研究部分章节中都会用到的变量及其操作化方法作一简要介绍，关于它们更详细的说明以及其他未在此处介绍的变量，将在相应章节予以说明。

1. 文化价值观

WVS 有自己的价值观理论及其测量方法，本书在涉及文化价值观变量时也将使用 WVS 的方法。按照该方法，文化价值观包括 10 个方面，它们分别是自我导向、权力、安全、享乐主义、仁慈、成就、刺激、服从、普遍主义、传统。WVS 在调查时并不直接询问受访者是否认同某一项价值观，而是采用间接测量的方法。具体来说，它通过肖像价值观调查问卷（Portrait Values Questionnaire，PVQ）来实现，也就是通过描述一个人物肖像，而该肖像体现出某种价值观，然后让受访者判断自己同该肖像之间的相似程度。而受访者根据自我与该肖像的比较选择一个选项，比如选择非常像我、像我、有点像我、有一点像我、不像我、完全不像我。对文化价值观的测量通过这种方式得以完成，测量结果可以被视作定序变量，也可以根据研究需要将其赋值进行相应的代数计算，如求平均值、标准差等。

---

① 周晓虹：《开放：中国人社会心态的现代表征》，《江苏行政学院学报》2014 年第 5 期。

2. 社会价值观

社会价值观是本书根据研究问题和内容提出的一个概念，本研究不是第一个提出此概念的，但是与其他研究相比，本书给出了对社会价值观的定义。正像之前概念部分的介绍一样，我们将从对子女品质的偏好、对性别平等的认知和对道德规范的认知3个方面来测量社会价值观。对子女品质的偏好将通过询问受访者认为孩子学习哪些品质更重要来进行测量，受访者可以从有礼貌、独立性等11个选项中选择，根据回答结果，该变量被视为定类变量。

对性别平等的认知将通过4个有一定联系但又各具重点的陈述来询问受访者对它们的态度，这4个陈述分别是"与女孩相比，大学教育对男孩更重要""总的来说，男人比女人能成为更好的经理人""当就业机会少时，男人应该比女人更有权利工作""如果家庭中妻子挣钱比丈夫多，那将出现问题"。而受访者可以在非常同意到非常不同意的选项中选择，该变量被视为定序变量。

对道德规范的认知的测量也将通过类似的方式，具体从两个方面展开：一方面是从受访者对道德规范稳定性的认知角度入手，另一方面是根据受访者对WVS问卷中提到的偷盗等10种行为的接受或不接受程度来测量。关于该变量测量方法的详细介绍请见第二章第二节。

3. 开放社会心态

本研究对开放社会心态的测量将从4个方面展开，分别是与外国人接触的意愿、对外国人的信任程度、对外国人的评价以及对外国人的政策倾向。其中与外国人接触的意愿是通过询问受访者是否愿意和外国人做邻居来测量，受访者可以选择愿意或者不愿意，这是一个定类变量。对外国人的信任程度的测量比较简单，就是询问其信任程度达到了哪一级。受访者可以从非常信任、比较信任、不太信任、完全不信任中选择最符合自己情况的那一个，这是一个定序变量。

对外国人的评价的测量略微复杂，首先从整体层面测量受访者对外国人的综合评价，其次从有助于文化多样性和造成社会冲突两个方面分别询问受访者的具体态度。对综合评价的测量采用定序测量方法，受访者可以选择非常坏、有些坏、既不好也不坏、有些好、非常好中的一个；对具体两个方面的评价也采用定序测量方法，受访者的选择项变成了同意、很难说、不同意。对外国人的评价变量是定序变量。

对外国人的政策倾向是通过询问受访者对来本国的外国人应该采取的对策来测量。这个对策一共包含四个选择，分别是"让那些想来的人都可以来"；"只要有工作，可以允许外国人来工作"；"对于来本国工作的外国人数量设置严格的控制"；"禁止外国人到本国工作"。这四个选择内含的态度存在强度差异，对外国人的排斥倾向越来越强烈，我们将其视作定序变量。

除上述变量之外，本研究在影响因素分析部分还引入了不少自变量和解释变量，关于使用这些变量的理由以及它们的测量方法，我们将在相应章节进行介绍。为了分析和阅读的连贯性，以上对文化价值观、社会价值观、开放社会心态变量的介绍也没有完全展开，我们将在本书后面章节中的实证分析部分详细说明。

三　研究方法和思路

（一）研究方法

本研究将综合使用定量、定性两种研究方法。定量研究方法主要用于比较分析中国和东南亚国家的价值观、中国人和东南亚国家华人的价值观、东南亚国家华人和其他族群的价值观，具体将通过描述统计、总体均值假设检验、总体比例假设检验等统计分析方法。除此之外，我们还将通过各类回归分析方法对影响中国人、东南亚国家华人、东南亚国家其他族群的文化价值观、社会价值观和开放社会心态的因素进行分析。回归分析方法将根据因变量的种类进行选择，具体将使用一般多元线性回归、二元逻辑斯蒂回归和序次逻辑斯蒂回归等。

定性研究方法主要用于分析东南亚国家华人在传承和弘扬中华文化、践行中华文化价值观方面的案例和事迹。通过回归分析，我们发现教育和宗教信仰对传承中华文化价值观有重要的影响作用，但东南亚国家华人教育的种类及实践、宗教信仰的实践等是如何具体发挥作用的，需要通过案例分析、文献研究等方法加以回答和展示。

（二）研究思路

本研究的重要观点之一是不同文化间存在价值观趋同的现象。趋同并不是说在各方面完全一致，而是有部分相似或者非常接近。为什么会出现价值观趋同？本研究认为可能的原因和机制很多，但主要有三个。第一，价值观扩散。通过长时段的人文交流，来自两个不同文化的成员在交流中逐渐了解彼此的文化价值观、行为处事模式等，慢慢地形成了一些相似的价值观。扩散有方向上的区分，即从这里扩散到那里，或者说从谁向谁的扩散。举一个形象的例子，将一滴墨水滴到一杯自来水中，墨水便会慢慢扩散开来。可以看出，扩散的一种主要类型是从少数群体向多数群体的扩散，而华人在东南亚长期居住和生活，他们在同当地人进行交往时，就是一个价值观扩散的过程。第二，价值观同化。同化的结果也会导致趋同，但同化有主动和被动之分。比如有的华人希望彻底地融入当地国家和社区，便会选择不再使用中文，无论在公共场合还是家中，无论是跟外面的陌生人，还是跟家庭成员，特别是跟自己的下一代不再使用中文（含汉语方言）进行沟通，而说话和行事方式乃至生活习惯也逐渐学习当地的族群，这就是一种主动选择的同化。第三，受共同约制力量的影响。相对于交流的双方，共同约制力量是外在于他们的，它小到可能是一个国家或地区的法律法规，大到可能是影响大部分人类发展的趋势力量，如现代化、全球化等。本书重点关注第一种机制，同时对第二、三种机制也进行一定的分析。

　　按照上述的设想，本书首先对不同群体的各类价值观进行比较分析，通过统计分析方法，可以相对容易地判断是否存在价值观趋同的现象。当然这种简化的描述统计只能从数量上或者形式上判断他们的价值观是否相似以及有多大程度的相似。虽然不能据此直接认定统计上的相似性就是价值观趋同，但是价值观趋同一定会在统计分析上得到必要的体现。接下来，我们从教育、宗教信仰等角度入手，通过案例分析来展示三种价值观趋同机制的作用。

第四节　研究内容与章节安排

　　围绕中国和东南亚国家华人价值观比较这个研究主题，本书将用五章的篇幅来论述，它们将依次涉及中国和东南亚国家的价值观比较分析、中国人和东南亚国家华人的价值观比较分析、东南亚国家华人和其他族群的价值观比较分析、东南亚国家华人与共享价值观及其传播。研究内容与章节安排如下。

第一章，导论。本章重点介绍研究设计的有关内容。这一章包括四节，其中第一节在说明本研究的背景之后，正式提出本书的研究问题。由于研究问题包含若干子问题，不同问题涉及的研究对象不同，特别是本研究属于比较分析，因此第二节将对不同子问题的研究对象进行说明。第三节是对研究方法和思路的介绍，包括本书使用的数据资料来源，书中出现的核心概念及其定义，关键变量及其操作化等。研究方法部分还将说明本研究使用的主要资料分析方法，即各种统计分析方法和案例分析等。研究思路部分将阐明本研究是如何从问题出发，针对具体问题使用何种资料，并通过何种资料分析方法开展具体分析的。第四节介绍本书章节安排，通过简要的说明，给读者一个整体性的"预告"。

第二章，中国和东南亚国家的价值观比较分析。这一章共包括三节，作为全书比较分析的基础，在第一节中对中国与泰国等东南亚四国的文化价值观进行比较分析。然后在第二节中扩大比较范围，而且使用时效性更强的调查数据，对中国与泰国等东南亚七国的社会价值观进行分析，这部分将从家庭、社会性别和道德等角度比较各国受访者的社会价值观，而且也将使用影响因素分析方法比较各国社会价值观的影响模式。第三节转入开放社会心态的比较分析，比较的对象仍是中国与泰国等东南亚七国。本书将分别从与外国人的接触意愿、对外国人的信任程度、对外国人的综合评价以及对外国人的政策倾向等角度入手，除了使用描述统计方法进行比较分析外，也对各国受访者在开放社会心态各方面的影响模式予以关注。

第三章，中国人和东南亚国家华人的价值观比较分析。这一章共包括四节，其中有三节聚焦于中国人和新加坡华人、马来西亚华人各类价值观的比较，还有一节专门分析中国人对来华外国人的社会态度。在上一章比较中国和东南亚各国后，作为价值观扩散的一个可能的证据，本章首先要分析中国人和东南亚国家华人之间在价值观上的相似性或相异性。因此第一节对中国人和新加坡华人、马来西亚华人的文化价值观进行比较分析，以此作为其他各项价值观比较分析的基础。第二节对中国人和新加坡华人、马来西亚华人的社会价值观进行比较分析，同时也进行影响因素分析。与上一章不同，本节的影响因素分析将更加专注于中华文化及其传承对社会价值观的影响，比如中文使用情况的影响等。第三节对中国人和新加坡华人、马来西亚华人的开放社会心态进行比较分析。由于开放社会心态的内涵不同于文化价值观、社会价值观，本研究除了对其进行描述统计之外，在影响因素分析中也使用了新的分析框架，力图从个人、家庭和社区三个层次来分析本研究关心的影响因素的作用，而作为中华文化及其传承的中文使用情况也将被一并分析。由于同本研究中的东南亚国家相比，本研究使用的数据中缺少中国在开放社会心态变量上的一些资料，如中国人对来华外国人的政策倾向，所以本研究也就只能通过分析现有的资料来比较中国人和新加坡华人、马来西亚华人在开放社会心态上的异同。但是为了弥补这个不足，本研究在第三章设置第四节，通过使用更丰富的资料来专门分析和讨论中国人对来华外国人的社会态度。

第四章，东南亚国家华人和其他族群的价值观比较分析。作为中华文化价值观向其他国家地区传播、扩散的重要"桥梁"，东南亚国家华人发挥了重要作用，他们既了解和熟知所在国的文化传统，又不同程度地保留和践行中华文化价值观。因此，作为中华文化价值观扩散过程中的重要一环，东南亚国家华人和当地其他族群的文化价值观、社会价值观和开放社会心态也要接受比较分析和影响因素分析。为此将安排三节进行分析和阐述，第一节从"族群-宗教"人口结构角度切入，分析新加坡华人和其他族群的价值观。新加坡与其他东南亚国家的区别之一就是华人为人口主体，这种人口结构下各族群的价值观有何异同，是个非常必要且值得研究的问题。第二节对马来西亚华人和其他族群的价值观进行比较分析。在东南亚，除新加坡之外，马来西亚是中华文化传承比较好的国家，这一点可以从马来西亚华人的中文教育中得到体现。因此对马来西亚华人和其他族群进行价值观比较分析和影响因素分析，将有可能发现中华文化传承对马来西亚华人价值观的影响模式。第三节仍关注马来西亚华人和其他族群，而研究内容侧重于开放社会心态及其比较分析，具体的研究内容和思路同其他章节一样。

　　第五章，东南亚国家华人与共享价值观及其传播。该章是本书的最后一章，我们将对之前的实证分析进行简要的总结，同时对本研究的政策意义进行阐述。本章也分三节，其中第一节在总结的基础上，进一步论述东南亚国家华人在共享价值观传播中的作用，并由此回应本书提出的共享价值观概念，进而论述东南亚国家华人与各国文化价值观的关系。第二节结合之前量化实证分析的发现和案例分析方法，对东南亚国家华人传播共享价值观的路径和方式进行阐述。第三节对本研究中的一些不足进行反思和讨论，并设想进一步研究的方向和重点。

第二章　中国和东南亚国家的
价值观比较分析

第一节　中国与泰国等四国的文化价值观比较分析①

一　研究问题

国家间的交往应当奉行求同存异的原则，文化交往也应如此。正如著名社会学家费孝通对处理不同文化关系时所言"各美其美，美人之美，美美与共，天下大同"。价值观是一个文化的根基和内涵体现，寻找共享的价值观可以帮助我们达致"大同之美"。在"一带一路"沿线国家中，东南亚国家与中国的交往历史悠久，这其中伴随着经贸往来、人员互动和文化交流，尤其东南亚国家是华人分布的主要区域之一，很长时间以来华人在东南亚继承和弘扬了中华优秀传统文化，所以如果寻找和培育共享价值观的话，东南亚国家是不可忽视的。中国与东南亚国家之间是否具有共享的价值观？如果有的话，又是哪些共享价值观？这些问题需要通过实证研究加以分析和回答。本节计划通过量化分析的方法研究中国与泰国等东南亚国家的文化价值观的联系及其影响因素和模式，并据此分析提出共享价值观的可行性。

① 本节节选自王嘉顺《"一带一路"背景下的共享价值观及其传播研究：以东南亚华侨华人为例》，载贾益民等主编《华侨华人研究报告（2017）》，社会科学文献出版社，2017。收入本书时对部分内容进行了调整和修改。

二　研究方法

（一）数据

本研究使用世界价值观调查数据，该调查始于 1981 年，基本上每五年进行新一轮的调查。从该调查项目创立伊始，它就致力于通过严格的、高质量的研究设计，代表性抽样、统一的问卷等调查方法在全世界近 100个国家和地区展开调查，这项调查据称覆盖了全球 90% 的人口，可以说该调查是目前世界上唯——项关于价值观的大型跨国调查项目。这个调查项目连接了全球研究价值观及其对社会政治生活影响的学者，由此建立起一个广泛的合作网络，由各个国家和地区的学者负责当地的调查，该调查项目的详细信息可访问专门的互联网主页。①

本书主要使用第六轮世界价值观调查数据，这次调查项目虽然不是迄今为止完成的最新一轮调查，② 但是在截至 2017 年前完成的调查中，只有这次调查包含了基本价值观方面的问题。该调查于 2010～2014 年在各调查国家和地区陆续展开，其中中国、新加坡、菲律宾于 2012 年进行调查，马来西亚于 2011 年进行调查，泰国于 2013 年进行调查。需要说明的是，第六轮世界价值观调查的国家和地区中属于东南亚国家的只有泰国、马来西亚、新加坡和菲律宾四国③，所以本节的研究将主要在中国和这四国之间展开。

（二）变量

本研究的核心内容是对共享的文化价值观的分析，接下来本研究将主要对这部分所涉及的变量及其操作化进行说明，使用的其他变量将在出现之处通过脚注的形式加以说明。第六轮世界价值观调查对价值观的调查和

---

① 　http://www.worldvaluessurvey.org/wvs.jsp，通过该网站可以获取有关该调查项目的丰富信息。

② 　世界价值观调查已经从 2017 年启动了最新一轮即第七轮调查，时间跨度为 2017～2021 年。

③ 　考虑到调查设计、问卷测量统一性以及数据时效性等因素，本研究没有使用之前几轮包含其他东南亚国家的调查数据，从而无法满足将中国与所有东南亚国家进行比较的要求。但是作为一项探索性研究，初始选择若干个有代表性的国家进行比较研究，可以为后续更复杂的研究累积认识。另外，泰国、马来西亚、新加坡和菲律宾四国也是东南亚华人分布较为集中的国家，以它们作为研究对象，也比较贴合本研究的问题和内容。

测量是在 SVS 基础上的简化，根据施瓦茨的人类基本价值观理论，价值观主要包括自我导向、权力、安全、享乐主义、仁慈、成就、刺激、服从、普遍主义、传统 10 个方面[①]，本研究认为它们可以看作文化层面的基本价值观。测量方法采用的是肖像价值观调查，它是通过描述一个人的目标或者期望来建构一个人物肖像，然后让受访者判断自己同该肖像之间的相似程度。这 10 种肖像分别是：（1）具有新思想和创造力，按自己方式行事；（2）追求财富，想拥有大量金钱和贵重品；（3）注重安全的环境，避免任何危险；（4）享受生活，惯着自己；（5）做有利于社会的事情/关心和帮助周围的人；（6）追求成功和他人对自己成就的认可；（7）追求冒险、新奇和刺激的生活；（8）生活中循规蹈矩，避免别人非议；（9）保护环境，关心自然；（10）注重传统，遵从家庭/宗教传承下来的习俗。[②] 测量结果一共设置有 6 种相似程度并用 1~6 分来计分，依次是非常像我（Very much like me）、像我（Like me）、有点像我（Somewhat like me）、有一点像我（A little like me）、不像我（Not like me）、完全不像我（Not at all like me）。这种测量方式依靠受访者的自我评价，而且是通过间接测量来完成的，所以更容易施测。

（三）分析方法

本研究主要分析中国同泰国、马来西亚、新加坡和菲律宾四国在价值观方面的异同，也就是寻找是否具有共享的价值观，对此我们将使用秩和检验。该检验用来检验两个总体的中位数是否有显著差异，所以本研究将分别比较中国和泰国、中国和马来西亚、中国和新加坡、中国和菲律宾之间的差异。如果差异达到统计显著水平，可以认为两国之间在某项价值观方面有较大差异；如果差异没有达到统计显著水平，则可以认为两国在某项价值观方面较为接近，可以看作共享价值观。除了秩和检验之外，本研究也采取回归分析方法尝试发现有哪些因素显著影响价值观，以及这些影

[①] 这 10 个价值观内容依次对应问卷中的 V70~V79 等问题，其中仁慈有 V74 和 V74B 两个题目，不同国家和地区选择其中之一来测量，本研究中马来西亚和菲律宾没有采用 V74B 测量，所以本项目统一采用 V74 测量。

[②] 此处关于 10 种肖像的表述使用了第六轮世界价值观调查在中国调查时采用的中文版问卷的翻译。

响因素的影响模式。

三　分析结果

(一) 信度检验和描述统计

已经有研究检验了 WVS、PVQ 在中国的适用性问题[1]，本研究针对第六轮世界价值观调查中的价值观量表来检验其信度水平，主要使用克隆巴赫系数（Cronbach's α）作为统计指标，经验上该系数取值大于 0.7，则可以认为信度较高。量表的整体信度水平分别是，中国为 0.9306、泰国为 0.8587、马来西亚为 0.7157、新加坡为 0.7793、菲律宾为 0.7100，可以看出它们的克隆巴赫系数均大于 0.7，因此可以说 WVS 价值观量表对这五个国家都有较好的适用性，其中尤属中国和泰国的信度水平较高。除此之外，本研究还分别计算了中国、泰国、马来西亚、新加坡和菲律宾五国的 WVS 价值观量表逐项条目的克隆巴赫系数，系数值如表 2-1、表 2-2、表 2-3、表 2-4、表 2-5 所示。

表 2-1　WVS 价值观量表得分的描述统计与信度水平：中国

题目序号	价值观类型	个案数*	最小值	最大值	$\bar{x} \pm s$	信度水平
V70	自我导向	2178	1	6	3.37±1.37	0.9220
V71	权　力	2178	1	6	3.43±1.29	0.9231
V72	安　全	2168	1	6	2.69±1.15	0.9223
V73	享乐主义	2161	1	6	3.88±1.27	0.9236
V74	仁　慈	2170	1	6	2.69±1.07	0.9212
V75	成　就	2169	1	6	3.13±1.32	0.9211
V76	刺　激	2167	1	6	4.16±1.34	0.9232
V77	服　从	2159	1	6	3.14±1.28	0.9274
V78	普遍主义	2163	1	6	2.83±1.15	0.9214
V79	传　统	2162	1	6	2.90±1.32	0.9289

*注：已剔除缺失值、无回答、不知道等情况，下同。

---

[1]　钟敏：《中国人价值观在施瓦茨普世价值理论框架下的跨文化可比性：来沪外来务工人员与上海本地居民的价值观实证研究》，硕士学位论文，上海外国语大学，2010，第 65 页；高志华等：《施瓦茨价值观问卷（PVQ-21）中文版在大学生中的修订》，《中国健康心理学杂志》2016 年第 11 期。

表 2-2 WVS 价值观量表得分的描述统计与信度水平：泰国

题目序号	价值观类型	个案数	最小值	最大值	$\bar{x} \pm s$	信度水平
V70	自我导向	1194	1	6	2.91±1.23	0.8418
V71	权 力	1192	1	6	3.58±1.41	0.8580
V72	安 全	1189	1	6	2.50±1.26	0.8370
V73	享乐主义	1193	1	6	2.78±1.27	0.8416
V74	仁 慈	1194	1	6	2.71±1.21	0.8381
V75	成 就	1194	1	6	3.02±1.34	0.8458
V76	刺 激	1194	1	6	3.71±1.52	0.8718
V77	服 从	1188	1	6	2.92±1.34	0.8476
V78	普遍主义	1191	1	6	2.60±1.31	0.8343
V79	传 统	1194	1	6	2.46±1.37	0.8349

表 2-3 WVS 价值观量表得分的描述统计与信度水平：马来西亚

题目序号	价值观类型	个案数	最小值	最大值	$\bar{x} \pm s$	信度水平
V70	自我导向	1300	1	6	2.85±1.21	0.6891
V71	权 力	1300	1	6	3.16±1.41	0.6833
V72	安 全	1300	1	6	2.10±1.20	0.6968
V73	享乐主义	1300	1	6	3.57±1.39	0.6817
V74	仁 慈	1300	1	6	2.44±1.16	0.7026
V75	成 就	1300	1	6	2.99±1.33	0.6913
V76	刺 激	1300	1	6	3.97±1.64	0.7274
V77	服 从	1300	1	6	2.37±1.26	0.6849
V78	普遍主义	1300	1	6	2.29±1.11	0.6843
V79	传 统	1300	1	6	2.17±1.15	0.6949

表 2-4 WVS 价值观量表得分的描述统计与信度水平：新加坡

题目序号	价值观类型	个案数	最小值	最大值	$\bar{x} \pm s$	信度水平
V70	自我导向	1972	1	6	2.90±1.28	0.7856
V71	权 力	1971	1	6	3.42±1.38	0.7615

续表

题目序号	价值观类型	个案数	最小值	最大值	$\bar{x} \pm s$	信度水平
V72	安　全	1970	1	6	2.54±1.15	0.7694
V73	享乐主义	1971	1	6	3.18±1.29	0.7554
V74	仁　慈	1971	1	6	2.67±1.12	0.7591
V75	成　就	1971	1	6	2.93±1.24	0.7474
V76	刺　激	1971	1	6	3.35±1.30	0.7554
V77	服　从	1971	1	6	2.84±1.14	0.7604
V78	普遍主义	1971	1	6	2.91±1.10	0.7626
V79	传　统	1971	1	6	2.46±1.37	0.7753

表 2-5　WVS 价值观量表得分的描述统计与信度水平：菲律宾

题目序号	价值观类型	个案数	最小值	最大值	$\bar{x} \pm s$	信度水平
V70	自我导向	1200	1	6	2.55±1.27	0.6989
V71	权　力	1200	1	6	3.87±1.49	0.7035
V72	安　全	1200	1	6	1.96±1.12	0.6907
V73	享乐主义	1200	1	6	3.12±1.48	0.7064
V74	仁　慈	1198	1	6	2.10±1.10	0.6786
V75	成　就	1198	1	6	2.61±1.33	0.6732
V76	刺　激	1199	1	6	3.00±1.52	0.6836
V77	服　从	1200	1	6	2.05±1.19	0.6794
V78	普遍主义	1200	1	6	2.07±1.07	0.6828
V79	传　统	1200	1	6	2.30±1.19	0.6807

　　从表 2-1、表 2-2 和表 2-4 可见，WVS 价值观量表的逐项条目对中国、泰国和新加坡都有较高的信度水平。而马来西亚和菲律宾两国的信度水平略差，如马来西亚只有仁慈（V74）和刺激（V76）两项的克隆巴赫系数达到 0.7（见表 2-3）；菲律宾则是权力（V71）和享乐主义（V73）两项的克隆巴赫系数达到了 0.7（见表 2-5），不过这两国其他各项的克隆巴赫系数都非常接近 0.7。

除了信度检验之外，本研究还进行了描述统计，计算得到了一些基础统计量（见表 2-1、表 2-2、表 2-3、表 2-4、表 2-5）。据此我们可以发现，如果按国别来看，中国人最认同的价值观是安全（V72）和仁慈（V74），这两项的平均得分均为 2.69；最不认同的价值观是刺激（V76），平均得分 4.16。泰国人最认同的价值观是传统（V79），平均得分 2.46；最不认同的价值观是刺激（V76），平均得分 3.71。马来西亚人最认同的价值观是安全（V72），平均得分 2.10；最不认同的价值观是刺激（V76），平均得分 3.97。新加坡人最认同的价值观是传统（V79），平均得分 2.46；最不认同的价值观是权力（V71），平均得分 3.42。菲律宾人最认同的价值观是安全（V72），平均得分 1.96；最不认同的价值观是权力（V71），平均得分 3.87。概括而言，中国人、马来西亚人和菲律宾人都将安全作为最认同的价值观，而中国人、泰国人和马来西亚人都最不认同的价值观是刺激。

（二）中国同东南亚四国的 WVS 价值观量表得分的秩和检验[①]

从描述统计中已经初步发现中国与东南亚四国具有相同或接近的价值观，但能否被看作共享价值观还需进一步分析。这一部分本研究将进行秩和检验，如前文所述，本研究将分别比较中国和泰国、中国和马来西亚、中国和新加坡、中国和菲律宾之间在 WVS 价值观量表的逐项条目上的得分差异，看其是否具有统计显著性，如果比较结果没有显著差异的话，就可以说明中国与该国共同具备该项价值观，也就是具有一种共享价值观。[②]

秩和检验的 p 值从表 2-6 可见，中国和泰国之间在仁慈（V74）和成就（V75）两类价值观方面的得分没有显著差异；中国和马来西亚之间在成就（V75）和刺激（V76）两类价值观方面的得分没有显著差异；中国和新加坡之间在权力（V71）、安全（V72）和仁慈（V74）三类价值观方面的得分没有显著差异；中国和菲律宾之间在各类价值观方面的得分的差

---

① 本章没有使用方差分析，主要是考虑到本研究的分析样本整体上不服从正态分布、总体方差未知，特别是不满足方差齐性假设，所以采用秩和检验。具体使用 STATA 中的 ranksum 命令。

② 本章主要研究中国同东南亚四国之间是否具有共享价值观，所以此处只在中国和东南亚四国之间两两比较分析，而东南亚四国之间的情况不属于本章的研究内容。

异都具有统计显著性。由以上结果可以初步得出结论：中国与泰国、马来西亚、新加坡之间具有某些共享价值观，但是这些共享价值观不尽相同。

表2-6　中国同东南亚四国的 WVS 价值观量表得分的秩和检验

题目序号	价值观类型	中国/泰国	中国/马来西亚	中国/新加坡	中国/菲律宾
V70	自我导向	0.0000	0.0000	0.0000	0.0000
V71	权　力	0.0000	0.0008	0.1183	0.0000
V72	安　全	0.0001	0.0000	0.0930	0.0000
V73	享乐主义	0.0000	0.0001	0.0000	0.0000
V74	仁　慈	0.3844	0.0000	0.3629	0.0000
V75	成　就	0.4808	0.9103	0.0487	0.0000
V76	刺　激	0.0000	0.7898	0.0000	0.0000
V77	服　从	0.0013	0.0000	0.0000	0.0000
V78	普遍主义	0.0000	0.0000	0.0000	0.0000
V79	传　统	0.0000	0.0000	0.0003	0.0000

注：双侧检验，显著性水平 $p=0.05$。

（三）关于共享价值观的影响因素分析

通过秩和检验，我们发现中国与泰国、马来西亚、新加坡之间具有一些不尽相同的价值观，这种分布格局的出现同这些国家之间的文化、历史乃至国与国之间交流的影响分不开。价值观也是民众的个人信条，并在个人行为中加以体现。接下来，我们将通过回归分析方法寻找影响价值观的个人层次的因素，而宏观层次的影响因素主要以国别作为控制变量。在施瓦茨提出 PVQ 测量方案之后，就有研究开始从性别、年龄、教育和宗教信仰等角度分析其对价值观的影响，[1] 本章也将从这些角度对中国和泰国、马来西亚、新加坡进行影响因素分析。在分析策略方面，我们将在共享价值观的基础上进行回归分析，看两国间具备什么特征的人在价值观上更接近，我们将分析上述因素在中国和泰国、中国和马来西亚、中国和新

---

[1]　Shalom H. Schwarts et al. , "Extending the Cross-Basic Valitidy of the Theory of Basic Human Values with a Different Method of Measurement," *Journal of Cross - Cultural Psychology* 32, (2001): 519; Naomi Struch et al. , "Meanings of Basic Values for Women and Men: Cross-Cultural Analysis," *Personality and Social Psychology Bullrtin* 28 (2002): 16.

加坡三组样本中对各自的共享价值观的影响效果①。在回归分析方法方面，因为因变量即 PVQ 对价值观的测量结果——非常像我、像我、有点像我、有一点像我、不像我、完全不像我，是以定序层次来测量的，所以本章选择序次逻辑斯蒂回归方法（ordered logistic regression）进行测量。自变量性别、宗教信仰状况是定类变量，教育状况是定序变量，而年龄被当作连续变量处理。② 表 2-7 报告了对施瓦茨价值观的序次逻辑斯蒂回归分析结果，其中回归模型 1~2 是对中国和泰国样本的拟合，回归模型 3~4 是对中国和马来西亚样本的拟合，回归模型 5~7 是对中国和新加坡样本的拟合。由于序次逻辑斯蒂回归分析得到的回归系数无法直观地加以解释，所以表 2-7 中报告的是比值比（odds ratio）。

1. 中国—泰国

从表 2-7 中的模型 1 可见，性别对仁慈价值观（V74）有显著影响，但是年龄没有。宗教信仰状况对因变量有显著影响，而且有宗教信仰的人要比没有宗教信仰的人和无神论者更加倾向于仁慈价值观。受教育程度为小学未毕业和大学毕业的人显著地比未受过正式教育的人更倾向于仁慈价值观，而未受过正式教育的人比中学未毕业的人更倾向于仁慈价值观。模型 2 是对成就价值观（V75）的拟合，性别和年龄因素均对成就价值观有显著影响，男性比女性更倾向于成就价值观。有宗教信仰的人要比没有宗教信仰的人和无神论者更倾向于成就价值观。除了中学未毕业和大学未毕业两类受教育程度之外，其他受教育程度的人都要比未受过正式教育的人更倾向于成就价值观。而且从模型 1 和 2 可以再次发现，在控制了变量性别、年龄、宗教信仰状况以及受教育程度之后，中国和泰国在仁慈和成就

① WVS 中的施瓦茨价值观量表共包含 10 个项目，受到篇幅的限制，本章无法针对每个项目逐一进行回归分析，而只能在中国同其他国家之间没有显著差异的价值观上进行回归分析。

② 需要特别说明的是，宗教信仰状况的测量通过询问"不管您是否参加宗教仪式，您觉得自己是有宗教信仰的人吗？"，选项有"1. 有宗教信仰的人，2. 没有宗教信仰的人，3. 无神论者"三种。教育状况的测量是询问"您最高的受教育程度是什么？"，考虑到不同国家学制的差异，选项有"1. 未受过正式教育，2. 小学未毕业，3. 小学毕业，4. 职业中学未毕业，5. 职业中学毕业，6. 普通高中未毕业，7. 普通高中毕业，8. 大学未毕业（没有学位），9. 大学毕业（有学位）"，为了方便分析，本书将 4 和 6 合为一类（中学未毕业），5 和 7 合为一类（中学毕业），其他不变。

两类价值观上依然没有显著差异。

2. 中国—马来西亚

中国—马来西亚与中国—泰国之间都有成就这个共享价值观，但是当对同一类价值观进行拟合后就会发现，由于分析样本的不同会出现不同的影响模式。比如模型3也是对成就价值观（V75）的拟合，而且性别对因变量依然有显著作用，这意味着男性比女性更倾向于成就价值观。但是宗教信仰状况的影响效果发生了变化，这里出现了没有宗教信仰的人要比有宗教信仰的人更倾向于成就价值观的情况，而无神论者的影响效果不显著。另外，除了小学未毕业和小学毕业两种受教育程度之外，其他受教育程度的人都要比未受过正式教育的人更倾向于成就价值观。

表 2-7　对施瓦茨价值观量表得分的序次逻辑斯蒂回归分析

	模型1（V74）	模型2（V75）	模型3（V75）	模型4（V76）	模型5（V71）	模型6（V72）	模型7（V74）
性别[1]	0.79***	0.70***	0.72***	0.73***	0.78***	1.12*	0.88**
年龄	1.013	1.02*	0.995	1.06***	1.014	1.003	1.02*
年龄平方/100	0.982	0.992	1.02*	0.96***	1.001	0.996	0.97**
宗教信仰状况[2]：没有宗教信仰的人	1.26***	1.17*	0.71***	0.85**	1.080	1.073	1.17**
无神论者	1.26**	1.44***	0.942	0.965	1.34***	1.42***	1.18
受教育程度[3]：小学未毕业	0.52**	0.20***	0.681	1.273	0.68*	1.048	0.955
小学毕业	0.999	0.58***	0.857	0.75**	1.034	1.096	1.148
中学未毕业	1.75**	1.389	0.68**	0.62**	1.275	0.942	0.774
中学毕业	0.886	0.53***	0.64***	0.70**	1.168	0.886	0.873
大学未毕业	0.826	0.636	0.65*	0.52**	1.102	0.695	0.65*
大学毕业	0.63***	0.35***	0.33***	0.48***	0.950	0.669***	0.58***
国　家[4]：泰　国	1.067	0.989	—	—			
马来西亚	—	—	0.944	1.07			
新加坡	—	—	—		1.23***	1.069	1.26***
Pseudo R^2	0.0056	0.01883	0.0223	0.0201	0.0074	0.0036	0.0049
个案数（N）	3337	3337	3512	3512	3905	3905	3905

注：1. 女性作为参照组。2. 有宗教信仰的人作为参照组。3. 未受过正式教育作为参照组。4. 中国作为参照组。5. * $p<0.1$；** $p<0.05$；*** $p<0.01$。

直观经验告诉我们，中国和马来西亚在文化上都是偏传统和保守的，不太倾向于刺激，但是本书发现刺激价值观又是两国的共享价值观。该如何理解这种现象呢？首先，PVQ 对刺激的测量是基于对"追求冒险、新奇和刺激的生活"的认同，这也意味着该测量关注刺激的某一方面特质。其次，从表 2-1 和表 2-3 可以看出，刺激在两国的受访者当中都是最不被认同的价值观，同时受访者对该价值观的认同差异相对最大。上述两个理由暗示我们，有可能是两国间具有某些相同特征的人更有可能倾向于刺激价值观，从而使它成为两国的共享价值观。模型 4 是对刺激价值观（V76）的拟合结果，由其可见性别对因变量有显著影响，男性要比女性更倾向于刺激价值观。年龄在此模型中具有显著的影响效果，而且它的二次项也非常显著，这说明在一定年龄范围内，对刺激价值观的认同是随着年龄增长而减小的，但是越过某个年龄后，认同的强度开始增加。由此或许可以说明，正是两国间的某个年龄段的人对刺激价值观的强烈认同促使其成为两国的共享价值观。另外，没有宗教信仰的人要比有宗教信仰的人更倾向于刺激价值观。受教育程度的影响方面，小学毕业及以上受教育程度的人都要比未受过正式教育的人更倾向于刺激价值观。同秩和检验的结果一致，中国和马来西亚在成就和刺激两类价值观上没有显著差异。

3. 中国—新加坡

模型 5 是中国和新加坡样本对权力价值观（V71）的拟合结果，男性比女性更倾向于权力价值观，年龄对权力价值观没有显著影响。在宗教信仰状况方面，有宗教信仰的人比无神论者更倾向于权力价值观。受教育程度方面，只有小学未毕业的人要比未受过正式教育的人略微显著地更倾向于权力价值观，说其略微显著是因为只达到了 0.1 的显著性水平。本模型的拟合结果还告诉我们，虽然权力是两国受访者共享的价值观，但是中国的受访者要比新加坡的受访者更倾向于权力价值观。

模型 6 是对安全价值观（V72）的拟合结果，在此模型中，女性表现出了比男性更强的对安全价值观的认同，这在表 2-7 的 7 个模型中是绝无仅有的。年龄对因变量没有发挥显著的影响作用。没有宗教信仰的人同有宗教信仰的人在安全价值观的倾向上没有显著差异，而无神论者要比有宗教信仰的人更不倾向于安全价值观。受教育程度方面，只有大学毕业的人相比于未受过正式教育的人表现出更强的安全价值观倾向，其他受教育程度的人在安全价值观上没有显著影响。此外，中国和新加坡在安全价值观上没有显著差异，这同秩和检验的结果一致。

模型 7 是对仁慈价值观（V74）的拟合结果，可见男性比女性更倾向于仁慈价值观。年龄对因变量的作用显著，而且年龄的二次项也达到 0.05 的显著性水平，这说明随着年龄的增长，对仁慈价值观的认同在减小，但是当对仁慈价值观的认同减小到一定程度后，年龄的增长会导致对仁慈价值观认同程度的增加。宗教信仰状况的影响方面，有宗教信仰的人比没有宗教信仰的人更倾向于认同仁慈价值观。大学未毕业和大学毕业的人要比未受过正式教育的人更倾向于仁慈价值观。中国的受访者要比新加坡的受访者更倾向于仁慈价值观。

四 小结

本节通过实证研究分析了中国与泰国、马来西亚、新加坡及菲律宾在 WVS 价值观量表上的表现。总结起来有以下发现。

（一）不同国家的人最认同和相对最不认同的价值观不尽相同

中国人最认同的价值观是安全和仁慈，最不认同的价值观是刺激；泰国人最认同的价值观是传统，最不认同的价值观是刺激；马来西亚人最认同的价值观是安全，最不认同的价值观是刺激；新加坡人最认同的价值观是传统，最不认同的价值观是权力；菲律宾人最认同的价值观是安全，最不认同的价值观是权力。如果以中国作为主要观察视角，那么中国人和马来西亚人、菲律宾人最认同的价值观是安全，而刺激则是中国人和泰国人、马来西亚人最不认同的价值观。对某项价值观最不认同，反过来看，这也是一种最认同的价值观，此所谓异中求同。

（二）中国与东南亚四国具有不尽相同的共享价值观

中国和泰国共享仁慈和成就两类价值观；中国和马来西亚共享成就和刺激两类价值观；中国和新加坡共享权力、安全和仁慈三类价值观；而中国和菲律宾至少在统计学意义上未发现共享的价值观。中国和一个国家共享的价值观同中国和另一个国家共享的价值观有完全不一样的，也有某些一样的，这或许可以说明不同国家的价值观是由一些国家共享的价值观以及本国独特的价值观共同构成的，此所谓价值观的共性与个性。

（三）影响中国和东南亚四国的共享价值观的模式不一样

就中国和泰国而言，性别、年龄、宗教信仰状况，以及小学未毕业、中学未毕业和大学毕业三类受教育程度对倾向于仁慈价值观有显著影响；性别、年龄、宗教信仰状况，以及除中学未毕业和大学未毕业之外其他所有受教育程度对倾向于成就价值观有显著影响。就中国和马来西亚而言，性别、宗教信仰状况以及中学未毕业及以上受教育程度对倾向于成就价值观有显著影响；性别、年龄、宗教信仰状况，以及小学毕业及以上受教育程度对倾向于刺激价值观有显著影响。就中国和新加坡而言，性别和小学未毕业受教育程度对倾向于权力价值观有显著影响；性别和大学毕业受教育程度对倾向于安全价值观有显著影响；性别、年龄、宗教信仰状况和大学未毕业及以上受教育程度对倾向于仁慈价值观有显著影响。

从对价值观不同层次的界定来看，一个国家的主要价值观不仅是本国的抽象的文化符号，也是本国国民普遍较为认同的行为规范和选择取向。就算是某项国民都较为认同的价值观，也存在一部分国民比另外的国民更加认同的倾向，所以分析影响价值观的因素就成为一条帮助我们理解某项价值观为何是共享价值观的路径。宣称某项价值观是两国共享的价值观不如说是两国具有某些共同特征的人所共享的价值观更为确切，此所谓民心相通。

第二节　中国与泰国等七国的社会价值观比较分析

一　研究问题

本研究将文化价值观看作一个文化中普遍认同的价值观，它是其他方面的价值观的基础和根本。从社会学的视角来看，个人作为社会成员需要与其他成员进行互动，产生不同类型的联结，社会交往和社会互动需要社会价值观作为基础。虽然现代社会和国家有相应的法律和制度对人们的社会行为进行规范和约定，但一方面社会的某些方面缺乏相应的法律规定，另一方面即使有了相关规定，人们仍会根据自己的社会位置，所承担的社会角色，特别是自身的认知，做出各种各样的社会行为，其背后是个人的社会价值观在发挥作用。在初级社会群体如家庭、亲属，在次级社会群体如组织和社区中，社会价值观会以不同方式影响社会成员的认知、判断和行为决策。本节将在文化价值观比较分析的基础上，继续对中国和部分东南亚国家的社会价值观进行比较分析，我们将从子女品质偏好、性别平等认知和道德规范认知三个方面展开分析。

子女品质偏好是指父母在培养孩子时看重的品质，它是父母对子女成长的期望目标，意味着父母对子女的理想认可状况，也就是说，当子女具备了这些父母所偏好的品质时，父母认为至少在品质方面完成了培养任务。这展示了从父母到子女这一维度上的价值传递，它是社会价值观在家庭层面的传承和体现。性别平等认知是指对男女两性的社会角色的认知，它反映了社会价值观中关于两性的部分。在本研究中，它既体现在家庭内部范畴，也体现在家庭外部乃至整个社会范畴。道德规范认知是指对应当遵守的道德规范的认知，它主要表现为人们在社会生活中的行为，有时也表现为人们在家庭生活中的行为，也就是说它体现了人们在初级社会群体和次级社会群体中的行为背后的价值观。综上，子女品质偏好、性别平等认知和道德规范认知三个方面，基本包含了子女和父母、男性和女性、家庭内部和外部等社会生活中的价值观。

本节将在上述三个方面比较分析中国与其他东南亚国家的社会价值观，其中第一个研究问题是要对这些国家的社会价值观状况进行描述统计；第二个研究问题是对不同社会价值观的影响因素进行分析，然后在此基础上比较和分析影响因素及其可能的影响模式的相似性和相异性。

二 研究方法

（一）数据

本节仍使用世界价值观调查数据，但与上一节不同，我们在本节中要使用第七轮世界价值观调查数据。第六轮调查包含了施瓦茨价值观或者说基本价值观的内容，而第七轮调查没有包含上述内容，但它包含了前述本研究所谓的社会价值观的有关内容。本轮调查时间为 2017～2021 年，而且包含了更多第六轮没有调查到的东南亚国家，其中中国、马来西亚、泰国和印度尼西亚于 2018 年完成调查，菲律宾于 2019 年完成调查，而缅甸、新加坡和越南则于 2020 年完成调查。可以看出，与第六轮调查相比，印度尼西亚、缅甸和越南被纳入第七轮调查，因此，本节的研究对象也就是中国与上述东南亚七国①。

（二）变量

本节研究内容包括子女品质偏好、性别平等认知和道德规范认知三个方面，下面将逐一对它们进行介绍。

1. 子女品质偏好

第七轮世界价值观调查询问受访者认为在家里培养孩子学习哪些品质更重要。受访者可以在给定的选项中至多选择 5 个，但不要求按重要性排序。共有 11 个选项，它们是有礼貌、独立性、勤奋、责任感、有想象力、对别人宽容与尊重、节俭、坚韧、虔诚的宗教信仰、不自私、服从。这些品质涉及多个方面，本可以适当简化，但通过因子分析未选取到合适的公共因子②，因此我们将全部分析这些品质的选择情况。

2. 性别平等认知

我们将依据以下 4 个问题来测量受访者对性别平等的认知，第一个问题是"与女孩相比，大学教育对男孩更重要"，第二个问题是"总的来说，男人比女人能成为更好的经理人"，第三个问题是"当就业机会少时，男人应该比女人更有权利工作"，第四个问题是"如果家庭中妻子挣钱比丈夫多，那将出现问题"。受访者对前两个问题可以选择"非常同意、同意、不同意、非常不同意"中的一项，而后两个问题可以选择"非常同意、同意、既不同意也不反对、不同意、非常不同意"中的一项。③

3. 道德规范认知

我们从两个层面测量该变量，一是测量受访者对道德规范稳定性的认知，我们根据受访者对"有人认为，当今人们很难决定应该遵循何种正确的道德规范。你是否同意这一说法？"这一问题的回答来划分，受访者可以选择 1~10 中的任意数字，数字越小表示越同意，越大则表示越不同

---

① 文莱、柬埔寨、老挝三国在第七轮世界价值观调查中仍然缺席。

② 没有特征值大于 1 的公共因子。

③ 第七轮世界价值观调查设置的选项如此。

意。另外，我们还使用 WVS 中的道德量表来测量受访者的道德规范认知情况，该量表包含 19 种社会行为，针对每项行为询问受访者的接受程度，测量结果记录为 1~10 分，得分越小表示越不能接受，得分越高表示越能接受。由于该量表包含的行为较多，且部分行为后果只指向行为人本人，因此我们在这里只分析某些行为并计算它们的得分①。

三　分析结果

（一）描述统计

1. 对子女品质偏好的描述统计

我们首先对各国受访者对子女品质偏好的情况进行描述统计分析。根据填答要求，每位受访者最多只能选择 5 个选项。对于中国的受访者而言，按照选择比例排在前 5 位的子女品质依次是：有礼貌（84.05%）、责任感（79.19%）、独立性（77.94%）、勤奋（71.54%）、对别人宽容与尊重（60.28%）。对于缅甸的受访者而言，按照选择比例排在前 5 位的依次是：有礼貌（65.50%）、虔诚的宗教信仰（52.58%）、对别人宽容与尊重（50.67%）、服从（50.00%）、有责任感（47.08%）。对于印度尼西亚的受访者而言，按照选择比例排在前 5 位的依次是：有礼貌（86.22%）、虔诚的宗教信仰（76.06%）、责任感（74.53%）、独立性（56.88%）、对别人宽容与尊重（47.06%）。对于马来西亚的受访者而言，按照选择比例排在前 5 位的依次是：有礼貌（81.57%）、责任感（74.94%）、对别人宽容与尊重（69.00%）、虔诚的宗教信仰（59.71%）、独立性（55.06%）。对于菲律宾的受访者而言，按照选择比例排在前 5 位的依次是：有礼貌（86.83%）、责任感（65.33%）、勤奋（58.92%）、对别人宽容与尊重（56.17%）、虔诚的宗教信仰（54.50%）。对于新加坡的受访者而言，按照选择比例排在前 5 位的依次是：有礼貌（79.42%）、责任感（72.81%）、对别人宽容与尊重（64.51%）、独立性（55.57%）、勤奋（48.91%）。对于越南的受访者而言，按照选择比例排在前 5 位的依次是：有礼貌（72.42%）、

---

① 这些行为包括向政府要求自己无权享受的福利（Q177）、逃票（如乘坐公共汽车不买票）（Q178）、偷盗（Q179）、有机会就逃税（Q180）、接受贿赂（Q181）、卖淫（Q183）、离婚（Q185）、打老婆（Q189）、父母打孩子（Q190）、针对他人的暴力行为（Q191）。

责任感（64.58%）、服从（55.08%）、勤奋（51.75%）、对别人宽容与尊重（46.33%）。对于泰国的受访者而言，按照选择比例排在前5位的依次是：有礼貌（79.60%）、勤奋（69.47%）、责任感（68.60%）、对别人宽容与尊重（52.20%）、坚韧（46.27%）。如表2-8所示。

表2-8 中国与泰国等七国的子女品质偏好分布

单位：%

品质偏好	中国	缅甸	印度尼西亚	马来西亚	菲律宾	新加坡	越南	泰国	总体
有礼貌	84.05	65.50	86.22	81.57	86.83	79.42	72.42	79.60	80.87
独立性	77.94	37.08	56.88	55.06	51.92	55.57	41.58	43.20	56.17
勤奋	71.54	45.67	39.72	32.90	58.92	48.91	51.75	69.47	52.96
责任感	79.19	47.08	74.53	74.94	65.33	72.81	64.58	68.60	70.81
有想象力	21.37	21.84	6.81	9.29	9.83	13.97	26.17	23.73	17.52
对别人宽容与尊重	60.28	50.67	47.06	69.00	56.17	64.51	46.33	52.20	55.57
节俭	40.20	34.67	20.47	38.69	34.92	32.16	32.08	37.73	32.79
坚韧	21.61	43.42	22.53	23.46	17.50	39.96	45.58	46.27	30.36
虔诚的宗教信仰	1.29	52.58	76.06	59.71	54.50	24.75	5.00	20.00	36.84
不自私	29.05	31.50	14.19	18.51	23.75	27.04	40.75	34.13	25.69
服从	5.39	50.00	31.69	13.02	34.25	17.10	55.08	18.27	24.86

从上述分布中我们可以发现，中国与泰国等七国的民众在子女品质偏好方面呈现如下特点。第一，有礼貌是所有国家的受访者最看重的子女应当具备的品质，而且选择的比例都很高，比例最高的是菲律宾的受访者，有86.83%的受访者选择该品质，比例最低的是缅甸的受访者，有65.50%的受访者选择该品质。第二，责任感也是受访者较为看重的子女应当具备的品质，这个品质在大部分国家受访者的选择中居于第二位或者第三位。第三，部分国家的受访者对子女应当具有虔诚的宗教信仰看得比较重，如印度尼西亚、马来西亚、菲律宾和缅甸都有超过半数甚至更多的受访者选择此项品质。第四，中国的受访者比东南亚七国的受访者都更看重独立性、勤奋这些品质。第五，八个国家的受访者对有想象力、不自私、服从这些品质不太看重，选择的总体比例都比较低。但相对于其他国家受访者而言，越南的受访者对有想象力、不自私等很看重，越南和缅甸的受访者对服从都看重。

2. 对性别平等认知的描述统计

性别平等体现在很多方面，因此对性别平等认知的考察也要考虑多个层面，本节主要以家庭内外为考察视角，从受教育权利、工作能力、就业权利和家庭经济贡献角度对两性关系或地位的认知进行描述统计。首先，考察中国与泰国等七国对"与女孩相比，大学教育对男孩更重要"这条陈述的认知，中国和新加坡的受访者整体上偏向不认同该陈述，其中新加坡有82.55%的受访者持不同意或非常不同意的态度，中国则有79.50%的受访者持不同意或非常不同意的态度。而缅甸、印度尼西亚和菲律宾有较高比例的受访者同意该陈述，其中缅甸有52.50%的受访者持同意或非常同意的态度，而印度尼西亚有43.97%的受访者持同意或非常同意的态度，菲律宾有43.61%的受访者持同意或非常同意的态度（见表2-9a）。

表2-9a 中国与泰国等七国的性别平等认知状况

单位：%

与女孩相比，大学教育对男孩更重要	中国	缅甸	印度尼西亚	马来西亚	菲律宾	新加坡	越南	泰国
非常同意	5.07	29.92	14.24	12.34	11.70	2.84	3.50	11.90
同意	15.43	22.58	29.73	23.76	31.91	14.61	24.17	21.27
不同意	60.81	26.75	48.83	41.51	49.62	53.37	66.00	40.99
非常不同意	18.69	20.75	7.20	22.39	6.77	29.18	6.33	25.85
合 计	100.00	100.00	100.00	100.00	100.00	100.00	100.00	100.00

注：已剔除缺失值、无回答、不知道等个案。

其次，从对两性工作能力的认知来看，中国和新加坡两国的受访者认同如下陈述——"总的来说，男人比女人能成为更好的经理人"的比例较低。新加坡有23.31%的受访者同意或非常同意该陈述，中国则35.02%的受访者表示同意或非常同意该陈述，这也意味着这两国有更高比例的受访者对此持不同意或者非常不同意的态度。其他国家的受访者对该陈述的同意或非常同意的比例是缅甸69.42%、印度尼西亚59.29%、马来西亚44.25%、菲律宾43.20%、泰国42.36%、越南41.50%，可见这些国家要比新加坡和中国的受访者更同意该陈述（见表2-9b）。

表 2-9b　中国与泰国等七国的性别平等认知状况

单位：%

总的来说，男人比女人能成为更好的经理人	中国	缅甸	印度尼西亚	马来西亚	菲律宾	新加坡	越南	泰国
非常同意	5.26	42.92	19.13	12.57	11.84	2.25	5.08	11.73
同意	29.76	26.50	40.16	31.68	31.36	21.06	36.42	30.63
不同意	56.28	18.17	36.84	40.67	50.88	56.63	53.08	40.37
非常不同意	8.70	12.42	3.88	15.08	5.92	20.06	5.42	17.27
合　计	100.00	100.00	100.00	100.00	100.00	100.00	100.00	100.00

注：已剔除缺失值、无回答、不知道等个案。

　　再次，从两性的就业权利来看，对于"当就业机会少时，男人应该比女人更有权利工作"这项陈述，八个国家中对此表示同意或非常同意的受访者比例都有所增加。新加坡有 28.11% 的受访者对该陈述持同意或非常同意的态度，其他国家对该陈述持同意或非常同意态度的受访者比例依次是泰国 31.55%、中国 44.93%、马来西亚 47.83%、越南 52.00%、菲律宾 67.92%、印度尼西亚 74.36%、缅甸 81.59%。除明确表示同意或不同意之外，还有受访者选择了既不同意也不反对这一选项，其中选择该项比例最高的是马来西亚的受访者，比例达 25.29%，其他选择此项比例较高的受访者来自泰国和新加坡，这两个国家对应的比例数据分别是泰国 24.67%、新加坡 19.55%（见表 2-9c）。

表 2-9c　中国与泰国等七国的性别平等认知状况

单位：%

当就业机会少时，男人应该比女人更有权利工作	中国	缅甸	印度尼西亚	马来西亚	菲律宾	新加坡	越南	泰国
非常同意	10.26	55.67	26.32	19.73	24.92	4.68	6.83	12.37
同意	34.67	25.92	48.04	28.10	43.00	23.43	45.17	19.18
既不同意也不反对	6.57	4.33	4.91	25.29	13.50	19.55	14.33	24.67
不同意	42.14	8.83	19.25	16.30	16.67	37.91	29.92	32.51
非常不同意	6.36	5.25	1.47	10.59	1.92	14.43	3.75	11.27
合　计	100.00	100.00	100.00	100.00	100.00	100.00	100.00	100.00

注：已剔除缺失值、无回答、不知道等个案。

表陈述项后的信度检验效果依然较为稳健,中国与泰国等七国整体的克隆巴赫系数值为 0.85,缅甸的克隆巴赫系数值有所下降,只有 0.62,其他国家的克隆巴赫系数值则至少达到了 0.75。中国与泰国等七国的量表得分平均值为 26.15,说明各国受访者整体上对这些社会行为都不太能接受。但各国之间也有所差异,中国的得分均值最低,为 21.01 分,其次是新加坡 21.84 分、印度尼西亚 22.16 分、泰国 23.06 分、缅甸 23.94 分、越南 35.74 分、马来西亚 36.88 分、菲律宾 41.18 分,其中越南、马来西亚、菲律宾的得分均值都在总体得分的平均值以上,而且这三个国家受访者量表得分的标准差较大,这意味着越南、马来西亚和菲律宾的受访者在这些行为的接受程度上其内部存在较大差异(见表 2-11)。

表 2-11　中国与泰国等七国的整体社会行为认同状况得分

国　　家	个案数	最小值	最大值	$\bar{x} \pm s$
中　　国	2974	10	100	21.01±10.41
缅　　甸	1195	10	70	23.94±10.04
印度尼西亚	3158	10	100	22.16±12.78
马来西亚	1313	10	100	36.88±19.30
菲律宾	1192	10	100	41.18±19.00
新加坡	1970	10	86	21.84±10.60
越　　南	1200	10	100	35.74±14.52
泰　　国	1454	10	100	23.06±12.13
总　　计	14456	10	100	26.15±15.06

注:已剔除缺失值、无回答、不知道等个案。

对总得分的描述统计可以让我们从整体上对各个国家受访者对某些社会行为的接受程度有所了解,但这还不够清晰。因此本节计算出各个国家在每个社会行为上的认同状况的平均得分。先观察各个国家内部的情况,对中国受访者来说,最不能接受的行为是偷盗,相对能接受的行为是离婚①;缅甸受访者最不能接受的行为是针对他人的暴力行为,相对能接受的行为是父母打孩子;印度尼西亚受访者最不能接受的行为是偷盗,而相

_____

① "相对能接受"这一表述不是指受访者有较高的意愿来接受或认可某些行为,只是跟最不能接受的行为相比较所体现出的较高容忍度。

对能接受的行为是向政府要求自己无权享受的福利；马来西亚受访者最不能接受的行为是接受贿赂，而相对能接受的行为是离婚；菲律宾受访者最不能接受的行为是打老婆，而相对能接受的行为是向政府要求自己无权享受的福利；新加坡受访者最不能接受的行为是打老婆，而相对能接受的行为是离婚；越南受访者最不能接受的行为是偷盗，而相对能接受的行为是父母打孩子；泰国受访者最不能接受的行为是有机会就逃税，而相对能接受的行为是离婚。可以看出，不少国家的受访者对离婚、父母打孩子这种行为相对能接受。

从另一个角度来看，针对每项社会行为，各个国家的受访者展现出了不同的接受程度。就向政府要求自己无权享受的福利（Q177）而言，各个国家的受访者的接受程度相对都比较高，其中菲律宾受访者的接受程度最高，泰国受访者的接受程度最低。就逃票（乘坐公共汽车不买票，Q178）而言，菲律宾受访者的接受程度最高，中国受访者的接受程度最低。就偷盗（Q179）而言，各个国家的受访者的接受程度相对都比较低，但菲律宾受访者的接受程度相对最高，中国受访者的接受程度最低。就有机会就逃税（Q180）而言，菲律宾受访者的接受程度最高，中国受访者的接受程度最低。就接受贿赂（Q181）而言，菲律宾受访者的接受程度最高，新加坡受访者的接受程度最低。就卖淫（Q183）而言，越南受访者的接受程度最高，中国受访者的接受程度最低。就离婚（Q185）而言，各个国家的受访者的接受程度相对都比较高，其中越南受访者的接受程度最高，缅甸受访者的接受程度最低。就打老婆（Q189）而言，各个国家的受访者的接受程度相对都比较低，但其中菲律宾受访者的接受程度最高，新加坡受访者的接受程度最低。就父母打孩子（Q190）而言，各个国家的受访者的接受程度也都不算低，但缅甸受访者的接受程度最高，泰国受访者的接受程度最低。就针对他人的暴力行为（Q191）而言，各个国家的受访者的接受程度再一次变低，但菲律宾受访者的接受程度最高，缅甸受访者的接受程度最低（见表2-12）。

在对子女品质偏好、性别平等认知和道德规范认知三个方面完成描述统计后，我们可以综合有关结果得到一些初步的发现。这三个方面虽然反映了社会价值观的不同方面，但它们之间有一定的联系。比如在对子女品

表 2-12　中国与泰国等七国的各项社会行为认同状况得分均值

社会行为	中国	缅甸	印度尼西亚	马来西亚	菲律宾	新加坡	越南	泰国
Q177	3.29	3.65	3.27	4.40	5.29	2.53	4.52	2.22
Q178	1.61	3.16	2.73	3.98	4.81	1.81	3.42	2.22
Q179	1.29	1.49	1.55	3.10	3.65	1.35	2.50	1.84
Q180	1.50	1.62	2.50	3.41	4.09	1.53	2.83	1.75
Q181	1.60	1.72	1.93	3.08	4.22	1.41	2.90	1.77
Q183	1.47	1.83	1.56	3.39	3.78	2.77	3.95	2.50
Q185	3.74	2.44	2.68	4.64	4.20	4.20	5.23	4.55
Q189	1.55	1.54	1.66	3.13	3.44	1.32	2.80	2.00
Q190	3.33	5.04	2.43	4.47	3.97	3.35	4.54	2.32
Q191	1.64	1.44	1.86	3.28	3.74	1.58	3.05	1.90

注：已剔除缺失值、无回答、不知道等个案。

质偏好方面，缅甸和越南的受访者都希望子女具备服从的品质，这里的服从当然是指子女对父母的服从，说明这些国家的受访者将父母和子女之间的关系更多视作非平等的，因此也就不难看到这两个国家的受访者都对父母打孩子比较能接受。中华文化价值观看重教育，尤其希望自己的孩子获得好的教育或者有机会获得好的教育，因此中国和新加坡的受访者都不太同意"与女孩相比，大学教育对男孩更重要"这种观点。在反映性别平等的其他方面，中国和新加坡的受访者也更倾向于表达性别平等的观点，尤其是中国的受访者，无论在就业权利还是家庭经济贡献方面，都更倾向于表达性别平等的观点，而新加坡的受访者对性别平等的意识体现在其他方面，比如在所有国家中新加坡的受访者最不能接受打老婆的行为。

　　法国社会学家涂尔干曾经指出剧烈社会转型过程中的道德规范及其变化对社会整合、社会失范的影响。[1] 道德规范的来源较为复杂，既有法律法规，也有宗教信仰和文化传统。中国和泰国等七个东南亚国家在社会制度、文化传统、民族和宗教信仰方面有一定的相似之处，但在某些方面也

---

① 〔法〕爱弥尔·涂尔干：《道德教育》，陈光金、沈杰、朱谐汉译，上海人民出版社，2001，第 106~107 页。

有较大的差异，像中国和以华人为主的新加坡，这两个国家的受访者都认为在当今时代并不是很难决定应该遵循何种正确的道德规范，这说明这两国的受访者认为存在较为稳定的道德规范。但是这种稳定并不是说没有一丝变化，比如不少国家的受访者都比较能接受离婚这种行为，这说明对传统上重视家庭稳定和睦的中国和东南亚国家来说，离婚不再是违逆传统道德的行为。这种现象出现在不同社会制度、不同宗教信仰和不同发展水平的国家，说明有一种更加宏大的力量影响并深刻改变了这些国家的道德规范的某些部分。

最后，还有必要指出的是，对不同国家进行比较研究是一项挑战，尤其是在涉及价值观、社会心理、社会心态等主观现象时，即使使用相同的测量工具，即使测量工具都有不错的测量信度，但是由于可能的文化差异以及对具体标准划分的理解差异①，直接比较各个国家在各种量表上的得分总是充满了风险，因此本节在前面的描述统计中除了比较各个国家在某项价值观或量表陈述上的得分之外，也注意比较一国之内的价值观差异，比如试图发现每个国家的受访者最不能接受或者相对最能接受哪些行为。但这些还不够，在已有的跨国比较研究中，英格尔哈特提出从总体上比较各个国家内部存在的价值模式可能是更好的选择。②

（二）关于社会价值观的影响因素分析

英格尔哈特所谓的价值模式包含了丰富的内容，他本人更多关注各个国家内部价值观的时代变迁以及相同的价值观在不同代际的变化情况。在接下来的分析中，我们也将关注中国与泰国等七国的社会价值观模式，但与英格尔哈特不同，我们将分析子女品质偏好、性别平等认知和道德规范认知这些社会价值观的影响因素以及可能的影响模式。

1. 关于子女品质偏好的影响因素分析

前文描述统计中包含了有礼貌、独立性和勤奋等 11 个可选的子女品

---

① 在选择非常同意或同意时，不同国家（文化）的受访者可能存在不同的标准，比如有可能出现一个国家的受访者所认为的同意在另一个国家的受访者那里可能达到了非常同意的水准。

② 〔美〕罗纳德·英格尔哈特：《静悄悄的革命——西方民众变动中的价值与政治方式》，叶娟丽、韩瑞波等译，上海人民出版社，2016，第 31 页。

质，由于它们数量较多且部分品质在大部分国家中被选择的比例较小，所以我们根据各国受访者的回答情况选择有礼貌作为子女品质偏好的代表参与影响因素分析①。这些品质偏好被作为相互独立的选项供受访者选择，结果只有选择（是）或不选择（否），因此，是否选择有礼貌作为子女品质偏好是本小节的因变量，由此采用二元逻辑斯蒂回归方法（binary logistic regression）进行分析。自变量包含性别、年龄、受教育程度、宗教信仰状况、婚姻状况、是否有子女、主观社会阶层，其中性别、宗教信仰状况、婚姻状况、是否有子女是定类变量，主观社会阶层是定序变量②，受教育程度也被处理为定序变量③，年龄是连续变量。在分析策略方面，我们将对每个国家分别进行回归分析，而且回归时所用的自变量都相同。这种做法可能无法找出每个国家最优的影响模式，但是它能满足两个目的：第一，通过回归分析而非多次的比较分析可以在不同特征人群间实现价值观比较，简化分析程序；第二，分析相同自变量对不同国家影响模式的相似和差异。

由于共有 8 个国家，我们将分 2 个表格分别报告回归分析结果。表2-13a 中的模型 1 是对中国受访者的回归分析结果，显示性别、年龄、婚姻状况和是否有子女对是否选择子女品质偏好（有礼貌）没有显著影响。有宗教信仰的相比于无宗教信仰的受访者选择有礼貌这个品质的可能性更大。受教育程度对是否选择有礼貌这个品质有显著的负向影响，与未受过正式教育相比，小学到研究生及以上各受教育程度的所有受访者选择有礼貌这个品质的可能性更小。除了中层以外，主观社会阶层变量整体上对是否选择有礼貌这个品质没有显著作用，与主观上自我认定为下层的受访者相比，主观上自我认定为中层的受访者选择有礼貌品质的可能性更大

① 从前面的描述统计中可以发现，有礼貌是所有国家受访者选择比例最高的子女品质偏好。

② 性别变量取值为男性、女性，宗教信仰状况变量取值为无宗教信仰、有宗教信仰，婚姻状况变量取值为未婚、已婚，是否有子女变量的取值为无子女、有子女，主观社会阶层变量取值为下层、中下层、中层、中上层、上层。

③ 第七轮 WVS 按照联合国教科文组织国际教育标准分类（ISCED）对各国受教育程度的测量进行了统一，本节我们据此进一步将其处理成未受过正式教育、小学、初中、高中、大学、研究生及以上。各国对各个受教育程度的叫法不同，为了便于理解，这里统一使用中国学制中的叫法。

（见表 2-13a）。

表 2-13a 对子女品质偏好的二元逻辑斯蒂回归分析

	模型 1 （中国）	模型 2 （缅甸）	模型 3 （印度尼西亚）	模型 4 （马来西亚）
性别[1]	0.083	0.088	0.059	-0.191
年龄	-0.002	0.015 ***	-0.012 **	0.005
宗教信仰状况[2]	0.292 *	0.266	-0.012	0.236
婚姻状况[3]	-0.142	0.499 *	0.396	0.280
是否有子女[4]	0.192	-0.279	0.132	-0.289
受教育程度[5]：小学	-0.657 **	-0.178	0.548 ***	0.299
初中	-0.580 **	-0.011	0.605 ***	-0.251
高中	-0.730 **	0.619 *	0.821 ***	0.219
大学	-1.034 ***	0.669 *	0.941 ***	0.091
研究生及以上	-1.763 ***	0.678	-0.176	0.132
主观社会阶层[6]：中下层	-0.001	-0.041	-0.114	0.322
中层	0.407 ***	-0.164	-0.108	0.070
中上层	0.277	0.141	-0.336 *	0.170
上层	0.233	0.336	-0.347	-0.243
Pseudo R^2	0.017	0.026	0.018	0.013
个案数（N）	2895	1198	3093	1313

注：1. 男性为参照组。2. 无宗教信仰为参照组。3. 未婚为参照组。4. 无子女为参照组。5. 未受过正式教育为参照组。6. 下层为参照组。7. * $p<0.1$；** $p<0.05$；*** $p<0.01$。下同。

模型 2 是对缅甸样本的回归分析结果，年龄、婚姻状况变量对因变量有显著正向影响，受教育程度变量中只有高中和大学对因变量有显著作用，但显著性水平只达到 0.1。模型 3 显示，对于印度尼西亚的受访者而言，年龄对因变量有显著的负向作用，受教育程度变量中除研究生及以上之外，其他各受教育程度都对因变量有显著正向影响，而且受教育程度越高的受访者相对于未受过正式教育的受访者越有可能选择有礼貌的品质。主观社会阶层变量中只有中上层的受访者相对于下层的受访者更不可能选择有礼貌的品质。模型 4 是对马来西亚样本的回归分析结果，可以看出，本研究纳入的所有自变量均对因变量没有显著影响（见表 2-13a）。

表 2-13b　对子女品质偏好的二元逻辑斯蒂回归分析

	模型 5 （菲律宾）	模型 6 （新加坡）	模型 7 （越南）	模型 8 （泰国）
性别	−0.030	0.143	−0.128	0.370***
年龄	−0.009	−0.009*	−0.004	−0.002
宗教信仰状况	0.130	−0.005	−0.157	0.307*
婚姻状况	0.267	0.323	−0.038	−0.067
是否有子女	−0.189	−0.151	—	0.123
受教育程度：小学	−0.204	−0.105	−0.159	−0.346
初中	0.174	−0.432	−0.054	−0.182
高中	0.058	−0.620*	0.152	−0.416
大学	0.605	−0.608*	0.312	−0.775
研究生及以上	−0.808	−0.773**	—	−0.505
主观社会阶层：中下层	−0.383	0.254	−0.403	0.038
中层	0.047	0.014	−0.395	0.374
中上层	0.126	−0.114	−0.548	0.142
上层	−0.802*	−0.145	−0.232	—
Pseudo R^2	0.021	0.011	0.009	0.018
个案数（N）	1199	1901	1199	1256

　　表 2-13b 报告的是对菲律宾、新加坡、越南、泰国样本的回归分析结果。对菲律宾样本来说，只有主观社会阶层变量中的上层的受访者对因变量有显著影响，它相对下层的受访者来说，选择有礼貌这个品质的可能性更低。模型 6 是对新加坡样本的回归分析结果，年龄和受教育程度变量中的高中、大学、研究生及以上都对因变量有显著负向影响。模型 7 是对越南样本的回归分析结果，没有任何一个自变量对因变量有显著影响。模型 8 是对泰国样本的回归分析结果，性别和宗教信仰变量对因变量有显著正向影响，说明女性相比于男性选择有礼貌的品质的可能性更大，而有宗教信仰的受访者相比于无宗教信仰的受访者选择有礼貌的品质的可能性也更大。

　　上述 8 个国家的回归分析结果放在一起来看，我们可以发现各个国家在选择有礼貌的品质方面的影响模式完全不一样①，但除了整体的影响模式

---

① 就本研究选定的自变量而言，它们对马来西亚和越南的受访者都不起作用，这从另一个角度看也算是一个影响模式，但仅限于本节所选的自变量。

之外，部分自变量发挥的作用有一定相似之处。对中国和印度尼西亚来说，受教育程度都发挥了显著的作用，但是作用的方向截然相反。因为本研究是针对相同的自变量进行回归，所以无法找出每个国家样本中的最佳影响模式，但是从模型拟合结果来看，相对而言，选择的这些自变量对缅甸的解释力最强，但其 Pseudo R^2 值也仅有 0.026，说明还有其他更加重要的影响因素未纳入模型。

2. 关于性别平等认知的影响因素分析

在描述统计时，我们从 4 个方面来比较各个国家对性别平等的认知状况，这几个方面涉及受教育权利、就业权利、家庭内部性别平等方面。由于教育的社会功能是基础性的，受教育权利发挥的作用更大，本研究使用受访者对"与女孩相比，大学教育对男孩更重要"这一陈述的意见作为处理性别平等认知变量的操作化方法。因此，对这一陈述的同意程度是本小节的因变量。因为该变量的取值为非常同意、同意、不同意、非常不同意，所以这里使用序次逻辑斯蒂回归方法（ordered logistic regression）对有关自变量进行回归分析。

在回归分析的过程中，本研究仍然采用前一分析中所使用的自变量，其变量处理方法也完全一样。表 2-14a 报告的是对中国、缅甸、印度尼西亚和马来西亚受访者的回归分析结果，从模型 1 可以发现，性别对因变量有显著影响，这意味着女性相比于男性受访者更有可能对"与女孩相比，大学教育对男孩更重要"这一陈述表现出否定态度。此外，其余自变量均对因变量没有显著影响。模型 2 是对缅甸受访者的回归分析结果，性别的影响效果与中国相同。与未受过正式教育的受访者相比，初中、高中和大学受教育程度的受访者更有可能对该陈述表达否定意见。模型 3 是对印度尼西亚受访者的回归分析结果，除性别变量外，受教育程度变量对因变量有显著正向影响，各个受教育程度的受访者相对于未受过正式教育的受访者均有更大的可能对该陈述表达否定意见。此外，主观认同为中层的受访者要比主观认同为下层的受访者更有可能对该陈述表达更加强烈的否定意见。模型 4 是对马来西亚受访者的回归分析结果，性别和年龄有显著正向影响，但宗教信仰有显著负向影响，这也意味着有宗教信仰的受访者要比无宗教信仰的更有可能对该陈述表达出趋于强烈的肯定意见。受教育程度

变量中只有高中、大学，主观社会阶层变量中只有中下层和中层对因变量
有显著正向影响（见表2-14a）。

表2-14a   对性别平等认知的序次逻辑斯蒂回归分析

	模型 1 （中国）	模型 2 （缅甸）	模型 3 （印度尼西亚）	模型 4 （马来西亚）
性别	0. 340 ***	0. 287 ***	0. 394 ***	0. 765 ***
年龄	−0. 006	−0. 003	−0. 0008	0. 019 ***
宗教信仰状况	0. 042	−0. 317	−0. 207	−0. 416 ***
婚姻状况	0. 119	0. 008	−0. 285	−0. 296
是否有子女	−0. 265	−0. 211	0. 233	−0. 291
受教育程度：小学	−0. 218	−0. 113	0. 338 ***	−0. 486
初中	−0. 105	0. 721 **	0. 815 ***	0. 374
高中	−0. 118	1. 114 ***	1. 597 ***	0. 761 **
大学	−0. 013	1. 657 ***	2. 308 ***	0. 734 **
研究生及以上	−0. 019	0. 916	2. 467 ***	0. 141
主观社会阶层：中下层	0. 028	−0. 319	0. 140	0. 420 **
中层	−0. 155	−0. 190	0. 291 ***	0. 431 **
中上层	−0. 328	−0. 139	−0. 172	0. 296
上层	−0. 449	0. 113	−0. 428	−0. 419
Pseudo R^2	0. 007	0. 047	0. 066	0. 035
个案数（N）	2878	1196	3081	1313

表2-14b 报告了对菲律宾、新加坡、越南和泰国受访者的回归分析结
果。对菲律宾受访者来说，性别对因变量有显著正向影响，但年龄则对因
变量有显著负向影响。受教育程度变量中，除小学之外，其余受教育程度
的受访者都比未受过正式教育的受访者更有可能对该陈述表达更加强烈的
否定意见。模型6是对新加坡受访者的回归分析结果，新加坡受访者的影
响模式同菲律宾受访者的影响模式非常接近，只有一点不同，那就是宗教
信仰变量对因变量有显著负向影响，这一点跟马来西亚受访者一致。模型7
是对越南受访者的回归分析结果，其中性别有显著正向影响，宗教信仰有
显著负向影响。受教育程度对因变量也有显著影响，但影响方向与菲律宾
截然相反，越南受教育程度越高的受访者要比未受过正式教育的受访者更

有可能对该陈述表达出更强烈的肯定意见。此外，主观认同为中下层的受访者要比主观认同为下层的受访者更有可能对该陈述表达出更强烈的肯定意见。模型8是对泰国受访者的回归分析结果，性别、是否有子女对因变量有显著正向影响，宗教信仰对因变量有显著负向影响。受教育程度中只有大学和研究生及以上对因变量有显著正向影响，而主观社会阶层中的中下层和中层对因变量有显著负向影响（见表2-14b）。

表 2-14b 对性别平等认知的序次逻辑斯蒂回归分析

	模型 5 （菲律宾）	模型 6 （新加坡）	模型 7 （越南）	模型 8 （泰国）
性别	0.394 ***	0.581 ***	0.615 ***	0.311 ***
年龄	-0.011 ***	-0.017 ***	-0.012 **	0.006
宗教信仰状况	-0.122	-0.296 ***	-0.169	-0.376 ***
婚姻状况	-0.382	-0.024	0.280	-0.338
是否有子女	0.269	-0.234	—	0.493 **
受教育程度：小学	0.178	0.144	-1.584 ***	0.223
初中	0.474 ***	0.610 ***	-1.358 ***	0.458
高中	0.711 ***	0.616 ***	-1.012 ***	0.742
大学	1.289 ***	1.294 ***	-0.524 **	1.473 ***
研究生及以上	1.212 *	1.827 ***	-1.236 *	1.509 **
主观社会阶层：中下层	-0.035	-0.184	-0.858 **	-0.644 ***
中层	0.030	-0.017	-0.607	-0.590 **
中上层	-0.077	0.026	-0.592	-0.418
上层	-0.333	-0.022	-0.938	0.546
Pseudo R^2	0.032	0.075	0.034	0.027
个案数（N）	1196	1887	1200	1192

从表2-14a和表2-14b来看，八个国家中的女性受访者毫无例外地都要比男性受访者更可能对该陈述表达出更加强烈的否定评价，显示这些国家的女性受访者有着清晰而强烈的性别平等意识，尤其是在高等教育权利的获取方面。除中国和越南外，其余国家中某些受教育程度的受访者更易对该陈述表达出更加强烈的否定评价，其中印度尼西亚最明显。受教育程度在中国的受访者中似乎无法抑制性别不平等认知的产生，而在越南的

受访者中甚至是起到了反作用。我们还发现，宗教信仰在这 8 个国家
中，要么不发挥作用，要么就发挥反作用，也就是有宗教信仰的受访者
反而更有可能对该陈述表达出更加强烈的肯定性评价。就方程的拟合效
果而言，虽然所有方程的 Pseudo R^2 值仍然不是很大，但较表 2-13a 和
表 2-13b 中的回归分析结果来看，大部分有一定幅度的提高，说明同样
的自变量对性别平等认知有更强的解释力。

3. 关于道德规范认知的影响因素分析

在描述统计时，本研究没有直接使用 WVS 的道德量表，而是选择其
中的某些社会行为进行测量。在对这些社会行为进行影响因素分析时，本
研究选择对离婚的接受程度作为本节对道德规范认知的测量变量，也即本
小节的因变量。作为现代社会习以为常的现象，离婚已经不再被视为绝对
的不道德或者有悖传统的行为。在描述统计时，我们发现无论各国的社会
制度、文化传统和宗教信仰如何不同，各个国家的受访者对离婚的接受程
度都不低，因此它不是一个政治上、法律上和文化上敏感的事件或行为。
在分析时，我们将使用 WVS 原有的测量方法和结果，即从完全不能接受
到完全能接受，它的赋值是从 1 到 10，因此我们直接使用一般线性回归
进行模型拟合，模型中纳入的自变量与子女品质偏好模型和性别平等认知
模型中使用的一样。

对中国样本而言，受教育程度是唯一对因变量有显著影响的变量，而
且受教育程度越高的受访者，其相比于未受过正式教育的受访者更能够接
受离婚。对缅甸受访者发挥影响的变量是年龄，年龄越大的受访者越能够
接受离婚。此外，受教育程度中的研究生及以上较为例外，他们要比未受
过正式教育的受访者更不能接受离婚。对印度尼西亚样本而言，只有主观
认同自己是中上层的受访者显著地要比主观认同自己是下层的受访者更不
能接受离婚。对马来西亚样本来说，宗教信仰是唯一对因变量发挥显著作
用的自变量，有宗教信仰的受访者要比无宗教信仰的受访者更不能接受离
婚（见表 2-15a）。

对菲律宾样本而言，只有受教育程度为研究生及以上的受访者要显著
地比未受过正式教育的受访者更不能接受离婚。对新加坡样本而言，女性
要比男性更易接受离婚，但年龄越大的受访者越不能接受离婚，而且有宗

教信仰的受访者要比无宗教信仰的受访者更不能接受离婚，有子女的受访者要比无子女的受访者更不能接受离婚，受教育程度为初中的受访者显著地比未受过正式教育的受访者更不能接受离婚。对越南的受访者而言，女性、无宗教信仰、未婚的受访者更能接受离婚，受过正式教育的比未受过正式教育的更能接受离婚，而且主观社会阶层中自认为是中下层、中层、中上层的受访者要比自认为是下层的受访者更能接受离婚，但自认为是上层的受访者不显著。对泰国的受访者而言，女性、年龄更大、无宗教信仰的受访者更能接受离婚，而主观社会阶层自认为是上层的比自认为是下层的受访者更不能接受离婚（见表 2-15b）。

表 2-15a　对道德规范认知的一般线性回归分析

	模型 1 （中国）	模型 2 （缅甸）	模型 3 （印度尼西亚）	模型 4 （马来西亚）
性别	-0.029	0.122	0.052	0.054
年龄	-0.005	0.011 **	0.006	0.003
宗教信仰状况	-0.078	-0.008	-0.257	-0.691 ***
婚姻状况	-0.422	-0.083	-0.139	-0.264
是否有子女	0.022	0.016	-0.301	0.063
受教育程度：小学	0.223	-0.054	-0.069	-0.744
初中	0.539 **	-0.233	-0.275	-0.411
高中	0.942 ***	0.177	-0.210	-0.254
大学	1.469 ***	0.258	-0.266	-0.166
研究生及以上	2.935 ***	-0.586 **	-0.050	-0.236
主观社会阶层：中下层	0.243	-0.415	-0.103	-0.337
中层	0.127	-0.602	-0.140	-0.170
中上层	0.210	-0.566	-0.319 **	-0.241
上层	0.438	-1.104	-0.375	-0.357
Pseudo R^2	0.050	0.014	0.008	0.020
个案数（N）	2878	1196	3081	1313

整体上看，性别变量只在新加坡、越南和泰国的受访者中发挥显著作用，同时宗教信仰状况变量在这三个国家的受访者中也发挥作用。与通常的认识相反，这三个国家的女性受访者要比男性受访者更能接受离婚，联系到之前对性别平等认知的分析，这可能与这些国家的女性更加认识到性

别平等的重要性以及更加独立有关系。受教育程度在提高接受离婚程度方面能发挥一定作用，特别是在中国和越南，而且在这两个国家中发挥的影响作用非常类似，但在越南发挥的影响更大一些。至于模型解释力，与之前的模型相比没有太大的提高，但新加坡是唯一的例外，决定系数 R^2 的数值达到了 0.191，这意味着本节所选择的自变量解释了近 20% 的因变量的变化，这个值虽然也不是很大，但它是最小决定系数的 20 多倍。

表 2-15b　对道德规范认知的一般线性回归分析

	模型 5（菲律宾）	模型 6（新加坡）	模型 7（越南）	模型 8（泰国）
性别	0.059	0.198 *	0.463 ***	0.353 **
年龄	-0.004	-0.032 ***	0.005	0.018 **
宗教信仰状况	-0.229	-1.119 ***	-0.525 ***	-1.150 ***
婚姻状况	-0.165	0.041	-0.523 **	-0.627
是否有子女	-0.074	-0.844 ***	—	0.263
受教育程度：小学	-0.285	-0.437	3.971 ***	-0.649
初中	-0.203	-0.565 *	4.236 ***	-0.170
高中	0.146	-0.191	4.435 ***	0.353
大学	-0.222	0.293	4.438 ***	0.224
研究生及以上	-2.352 ***	0.156	3.878 ***	0.377
主观社会阶层：中下层	0.069	-0.310	1.938 ***	-0.291
中层	0.070	0.011	1.474 ***	0.032
中上层	0.113	0.070	1.320 **	0.413
上层	0.047	-0.905	-0.421	-3.236 ***
Pseudo R^2	0.008	0.191	0.047	0.057
个案数（N）	1196	1887	1200	1192

　　通过对中国与泰国等七国的子女品质偏好、性别平等认知和道德规范认知进行影响因素分析，我们在各国样本内部实现了不同特征人群之间的比较，进而发现了不同性别、年龄、婚姻状况等的受访者在社会价值观方面具有显著差异。此外，本节在限定的影响模式上进行国与国之间的比较，虽然回归分析结果没有发现完全一致的影响模式，但部分影响因素产生了非常相似的影响效果。还有一些在社会制度、文化传统、宗教信仰方面较为接近的国家，其社会价值观的不同方面也表现出一定的相似性，这暗示我们这些社会文化背景和社会价值观存在一定的关联，需要进一步分析。

第三节　中国与泰国等七国的开放社会心态比较分析

一　研究问题

很长一段时间以来，全球化深刻影响了世界各国的国家发展、商贸往来、文明交往以及人们的工作和生活，虽然在过去几年间遭遇了诸多挑战，但从国际政治和经济发展的趋势和规律来看，全球化仍然将在较长时间里继续影响世界上大多数地方的人们的日常生活。虽然如此，全球化的进程也出现了一些新的特点，其中中国综合国力的显著上升及其在推动形成世界政治经济新格局过程中发挥的不可替代的作用为世人所瞩目。也正是在这个过程中，构建人类命运共同体的呼声由中国发出并不断得到更多国家和地区的呼应，尤其是"一带一路"倡议得到沿线多数国家和地区的支持。

"一带一路"建设不仅需要贸易和资金的流动，也需要沿线国家和地区的人们能够加强友好往来，增进相互了解和友谊，不断累积共同发展的民意和共识，而这个共识得以形成的基础之一就是需要人们具备开放社会心态。开放社会心态对现代社会尤其是全球化过程中的现代社会而言非常重要，近来民族主义的声势在许多国家和地区有所加强，甚至小部分西方国家内部的排外主义有所抬头，这更加凸显开放社会心态的重要性和必要性。开放社会心态是我们观察一个国家或地区乃至一个文明的重要切入点，而且对帮助我们了解周边国家社情民意具有重要的意义。东南亚是"一带一路"建设的重要地区，"一带一路"沿线国家是推动"一带一路"倡议转化为具体行动、落实为具体成果的重要参与力量，这些国家的民众的开放社会心态需要我们加以关注。

开放社会心态如此重要，那何谓开放社会心态？我们先了解一下社会心态的概念。社会心态是一段时间内存在于整个社会或社会群体中的社会共识、社会情绪和感受，以及社会价值取向。[①] 它与价值观有一定联系，

---

① 杨宜音：《个体与宏观社会的心理关系：社会心态概念的界定》，《社会学研究》2006 年第 4 期。

但也存在本质差别。首先，社会心态是就整个社会或社会群体而言，而非简单个人的个体心理状态；其次，社会心态涉及的是社会价值观，与其他层面或领域的价值观相比有其独立的特点；最后，社会心态是某些社会价值观的外在体现。社会心态的内涵、结构等研究领域仍然充满了学者们的争辩，这也反映出大家对它产生了越来越大的兴趣。在社会心态的不同结构和维度中，开放占有重要的一席之地。所谓开放社会心态，周晓虹对它的界定是"形象地表现了作为行动主体的民族、群体或个人，对他民族、他群体或他人及其所拥有的观念、行为或事物所持有的积极接触、大胆交流和宽厚包容的社会心态"①。本书认为这一界定至少包含了三层含义：第一，不惧怕未知的事物；第二，愿意接触未知的事物；第三，能够包容未知的事物。如此看来，开放社会心态对于跨文化交流，对于"一带一路"倡议中的民心相通具有重要的现实意义。因此，我们可以从开放社会心态角度观察和研究中国和东南亚国家的民心相通状况，而这正反映了他们的开放价值观。

　　本节将对中国与泰国等七国的开放社会心态进行比较分析，同前两节的分析思路类似，本节将从开放社会心态的不同维度对各个国家民众的开放社会心态的基本状况进行描述统计，并在此基础上进行恰当的比较。最后，本节将采用回归分析等方法对可能影响各国民众开放社会心态的因素进行分析，并对研究发现进行总结。

二　研究方法

（一）数据

　　本节使用第七轮世界价值观调查数据，该数据的基本情况已经在上一节给予介绍，此处不再介绍。需要说明的是，由于第七轮 WVS 在东南亚的覆盖面较广，因此我们的分析对象包括中国和泰国、缅甸、印度尼西亚、马来西亚、菲律宾、新加坡、越南。

（二）变量

　　开放社会心态是本节的核心概念，也是主要研究内容，它是从社会心

---

① 周晓虹：《开放：中国人社会心态的现代表征》，《江苏行政学院学报》2014 年第 5 期。

态概念中拓展出来的子概念，因此也可以看作社会心态内涵结构的一个方面。社会心态是一个兼具中国学术特色和中国转型社会实践的概念，国内学者对它的认识仍在探索之中，因此目前很难给出一个令各方满意的定义，而关于开放社会心态的定义就更难给出。此外，开放有方向和层次（范围）的差别。开放的方向，即哪个主体向哪个主体的开放，而且这种开放应当是双向的。比如中国改革开放初期，就是打开国门向外看，学习发达国家和地区的先进科技知识，然后又欢迎外部的人才、资本和技术进入中国。本节中，我们所谓的开放，侧重于发起开放的主体一方的开放。开放的层次或曰范围，是指开放发生于哪个层面，如开放是发生于国家与国家之间，还是发生于省份与省份之间等，而本节我们将要研究的开放主要发生于国家之间。综上，虽然学界对开放社会心态的内涵还未达成统一认识，而且其维度也较多元，但为了实证研究需要，依照周晓虹对开放社会心态的描述，基于"一带一路"倡议中的民心相通的实践需要，我们认为开放社会心态是一国民众对另一国民众所持有的接触、接受该国民众及其"所拥有的观念、行为或事物"的态度，比如当一国民众以移民、旅游、商务目的进入另一国时，后者的民众对此所持的态度。结合第七轮WVS调查实际，我们尝试从以下方面对开放社会心态进行刻画并给出其变量的操作化方法。

1. 与外国人接触的意愿

基于奥尔波特的研究，群际接触有助于减少群体间的敌意，从而进一步促进和谐往来。① 以往关于不同群体的社会交往或社会距离的研究较多使用鲍格达斯社会距离量表（Bogardus Scale）测量某群体对另一个群体的接触意愿，我们研究中国与泰国等七国的开放社会心态，首先就涉及各国民众对接触外国人的态度，对此我们使用"您不愿意和哪些人做邻居"② 来测量。第七轮WVS将该问题设置为否定式询问，这与一般的鲍格达斯量表不太一样，不过这种方式可能更加清晰地收集受访者的真实想法。此外，"做邻居"在经典的鲍格达斯社会距离量表中处于中间位置，

---

① 〔美〕戈登·奥尔波特：《偏见的本质》，凌晨译，九州出版社，2020，第56页。
② 中文和英文版的WVS问卷中询问的都是"外国移民/来工作的外国人"（foreign workers），为了行文简便，我们简述为外国人。

这也是一个适中的测量参照。与鲍格达斯量表通常设计为李克特量表不同，第七轮WVS将此问题设计为是否式，也就是说受访者可以选择愿意或者不愿意。

2. 对外国人的信任程度

社会信任是决定社会交往顺利与否和效果的重要影响因素之一，它在跨文化交往中也发挥着重要作用。研究者们一般将社会信任分为特殊信任和一般信任，不同类型和等级的信任对个人和社会有不同的作用。在与外国人交往中，信任同样发挥了不可忽视的作用，我们使用"对其他国籍的人的信任"来测量这一变量，受访者可以选择非常信任、比较信任、不太信任、完全不信任，测量结果相应记为4、3、2、1。

3. 对外国人的评价

在测量受访者对与外国人接触意愿和信任程度之后，还需要从整体和具体方面考察各国民众对外国人的评价。本研究首先测量受访者对外国人的综合评价，通过对问题"你对从外国来我国生活的移民怎么看？你如何评价这些外国移民对我国的发展所起的作用？"的回答，受访者可以选择非常坏、有些坏、既不好也不坏、有些好、非常好，测量结果相应记为1、2、3、4、5。除总体性评价之外，WVS还从经济、社会、文化等方面罗列了8项关于外国人对本国发展影响的陈述，并就此询问受访者是否同意这些陈述。本研究从正反两方面的陈述中各筛选出1项，它们分别是"增强了文化的多样性"和"造成社会冲突"，受访者可以从同意、很难说、不同意中选择符合自己的选项。

4. 对外国人的政策倾向

各国民众对前来本国的外国人有各种各样的看法，这些看法不仅是个人态度的体现，而且也体现了民众对国家相关政策的看法和意见，因此我们也测量了各国受访者对外国人来本国的政策倾向①，根据WVS问卷设置，受访者有4个选项可以选择，它们分别是：（1）"让那些想来的人都可以来"；（2）"只要有工作，可以允许外国人来工作"；（3）"对于来本

---

① 第七轮世界价值观调查没有询问中国受访者该问题，因此在分析本问题时不涉及中国样本。

国工作的外国人数量设置严格的控制"；（4）"禁止外国人到本国工作"。① 可以看出，这些选项侧重于询问受访者对外国人前来本国工作的态度（如开放工作签证、移民），其中所表露出的对外国人的排斥倾向逐渐加强。

（三）分析方法

本研究主要分析中国与泰国等七国在开放社会心态方面的异同，下面将依次进行描述统计和比较，由此对各国的基本情况有所掌握。在此基础上，本研究将使用回归分析方法来确认有哪些因素显著影响了各国民众的开放社会心态，并分析这些影响因素综合构成的影响模式和影响方式。

三　分析结果

（一）描述统计

1. 对与外国人接触意愿的描述统计

整体上，中国与泰国等七国的受访者与外国人接触的意愿较高，但国家之间的差异明显。总样本当中有接近 70% 的受访者没有表示不愿意与外国人做邻居，这说明有相当比例的人不排斥与外国人的接触。在具体国家中，新加坡的受访者中没有表示不愿意与外国人做邻居的比例最高，达到 88.8%，这说明与外国人做邻居对该国受访者而言是一个平常而且能够接受的事情。印度尼西亚也有高达 85.3% 的受访者没有表示不愿意与外国人做邻居，比新加坡只低了 3.5 个百分点。中国受访者中有 73.7% 的人不排斥与外国人做邻居，这也是一个比较高的比例。除此之外，其他国家的受访者不拒绝与外国人做邻居的比例相对比较低，其中缅甸最低，只有 27.3% 的受访者有不排斥接触的意向（见表 2-16）。

2. 对外国人信任程度的描述统计

我们使用的指标是询问对外国人的一般信任情况，并没有特指或者设定在某种情形中。整体而言，中国与泰国等七国的受访者对外国人的信任程度都不高，这体现在受访者对外国人非常信任和比较信任的比例比较低。

---

① 以上四个选项，以下分别简称为政策倾向 1、政策倾向 2、政策倾向 3、政策倾向 4。

表 2-16 中国与泰国等七国的与外国人做邻居的意愿

单位：%

与外国人做 邻居的意愿	中国	缅甸	印度 尼西亚	马来 西亚	菲律宾	新加坡	越南	泰国	总体
愿 意	73.7	27.3	85.3	49.4	84.8	88.8	47.2	62.0	69.7
不愿意	26.3	72.7	14.7	50.6	15.2	11.2	52.8	38.0	30.3
合 计	100.0	100.0	100.0	100.0	100.0	100.0	100.0	100.0	100.0

从非常信任的角度看，中国和越南两国的受访者选择此项的比例分别为 0.6%和 0.7%；从比较信任的角度看，中国有 16.9%的受访者选择此项，印度尼西亚则有 18.0%的受访者选择此项。相应地，受访者中选择对外国人不太信任的比例最大的也是中国，有 57.8%的受访者表示该意向，马来西亚有 51.9%的受访者表示对外国人不太信任。完全不信任是最低水平的社会信任，其中缅甸受访者中有 46.1%的人选择此项，印度尼西亚有 39.1%的受访者选择此项。相较而言，新加坡的受访者对外国人表示出了最高信任水平，其选择非常信任的比例为 1.8%，而选择比较信任的比例为 40.6%（见表 2-17）。

表 2-17 中国与泰国等七国对外国人的信任程度

单位：%

对外国人的 信任程度	中国	缅甸	印度 尼西亚	马来 西亚	菲律宾	新加坡	越南	泰国	总体
非常信任	0.6	3.8	3.2	3.4	2.3	1.8	0.7	7.7	2.6
比较信任	16.9	25.1	18.0	27.9	25.9	40.6	33.6	22.5	24.8
不太信任	57.8	25.0	39.7	51.9	48.4	49.8	46.1	47.7	46.7
完全不信任	24.7	46.1	39.1	16.8	23.4	7.8	19.6	22.1	25.9
合 计	100.0	100.0	100.0	100.0	100.0	100.0	100.0	100.0	100.0

3. 对外国人评价状况的描述统计

（1）综合评价。这里的外国人特指生活和工作在受访者所在国家的外国人，他们通常通过移民或者工作签证的方式进入这些国家。对于这类外国人，各国受访者是如何看待他们对本国发展的影响呢？整体而言，除了个别国家之外，其他各国受访者都倾向于正面评价以及中性评价。首先，在正面评价中，菲律宾合计有 61.2% 的受访者认为本国的外国人有些好和非常好，即超过半数的菲律宾受访者以相当积极的态度评价本国的外国人，占比最高。中国合计有 52.6% 的受访者认为本国的外国人有些好和非常好，新加坡有 41.3% 的受访者认为本国的外国人有些好和非常好。其次，在中性评价中，大部分国家有相当比例的受访者都持此态度，其中越南有 54.9%，泰国有 48.0%，新加坡有 45.2% 的受访者认为在本国的外国人既不好也不坏。最后，在负面评价中，缅甸合计有 54.7% 的受访者认为在本国的外国人非常坏或有些坏，马来西亚有 48.8% 的受访者对本国的外国人持同样的态度，泰国有 44.3% 的受访者对本国的外国人持同样的态度。综上，相当一部分国家的受访者能够对本国的外国人给予正面或至少是中性的评价。如中国受访者当中认为在本国的外国人有些好的比例要高于认为在本国的外国人既不好也不坏的比例，而且中国受访者当中认为在本国的外国人非常坏和有些坏的比例合计才为 7.8%，而越南的这个比例更低，只有 5.8% 的越南受访者给予在本国的外国人负面评价（见表 2-18）。

表 2-18　中国与泰国等七国对外国人的综合评价

单位：%

对外国人的综合评价	中国	缅甸	印度尼西亚	马来西亚	菲律宾	新加坡	越南	泰国	总体
非常坏	1.0	26.5	8.7	18.3	2.4	2.9	1.4	15.4	8.2
有些坏	6.8	28.2	14.5	30.5	9.5	10.6	4.4	28.9	15.0
既不好也不坏	39.6	24.7	38.6	33.6	26.9	45.2	54.9	48.0	39.2
有些好	43.3	16.1	28.9	15.5	51.7	34.0	34.3	6.3	30.7
非常好	9.3	4.5	9.3	2.1	9.5	7.3	5.0	1.4	6.9
合　计	100.0	100.0	100.0	100.0	100.0	100.0	100.0	100.0	100.0

（2）具体评价。除综合评价外，我们还可以从对加强文化多样性和造成社会冲突两个方面的认知来了解各国受访者对在本国的外国人的具体评价。认为外国人来本国增强了文化多样性的受访者在不同国家有不同的分布比例，其中越南的受访者同意这一陈述的比例最高，达到 88.3%，其次是中国，有 71.1% 的受访者同意这一陈述，而印度尼西亚也有

60.4%的受访者同意这一陈述。相反地，菲律宾有52.5%的受访者不同意在本国的外国人增强了文化多样性这一陈述，而缅甸有46.3%的受访者对该陈述表示不同意。各国受访者所表达出的同意或许表明该国的文化多样性一般，而表达不同意的受访者可能认为本国的文化多样性已经达到较高水平，或者认为外国人的到来并不一定能影响到本国的文化或主流文化，从而也不会增强本国的文化多样性（见表2-19）。

表 2-19　中国与泰国等七国对外国人对文化多样性影响的评价

单位：%

外国人的到来增强了文化多样性	中国	缅甸	印度尼西亚	马来西亚	菲律宾	新加坡	越南	泰国	总体
同意	71.1	41.3	60.4	29.9	44.2	49.1	88.3	32.0	55.1
很难说	18.9	12.4	0.4	35.6	3.3	23.9	4.9	36.6	15.5
不同意	10.0	46.3	39.2	34.5	52.5	27.0	6.8	31.4	29.4
合　计	100.0	100.0	100.0	100.0	100.0	100.0	100.0	100.0	100.0

外国人进入本国可能因为工作机会竞争等原因造成潜在的冲突，各国受访者对此是如何认识的呢？结果发现马来西亚受访者中有高达60.8%的人对此表示同意，泰国也有47.2%的受访者认为外国人的到来会造成社会冲突，缅甸有45.9%的受访者也持同样的态度。与此同时，各国也有不少受访者对此表示了否定态度。其中，印度尼西亚有65.3%的受访者对此表示不同意，菲律宾也有62.7%的受访者对此表示不同意，越南有53.4%、中国有50.2%的受访者也对此表示了不同意，这些国家有超过半数的受访者不认为外国人的到来会造成社会冲突（见表2-20）。

表 2-20　中国与泰国等七国对外国人对社会冲突影响的评价

单位：%

外国人的到来会造成社会冲突	中国	缅甸	印度尼西亚	马来西亚	菲律宾	新加坡	越南	泰国	总体
同意	20.9	45.9	34.4	60.8	34.0	38.2	32.8	47.2	36.5
很难说	28.9	12.0	0.3	28.8	3.3	31.6	13.8	29.7	18.1
不同意	50.2	42.1	65.3	10.4	62.7	30.2	53.4	23.1	45.4
合　计	100.0	100.0	100.0	100.0	100.0	100.0	100.0	100.0	100.0

4. 对外国人政策倾向的描述统计

对外国人的政策倾向与受访者对外国人的评价有一定联系，它是受访者希望政府通过政策形式进行一定程度的干预。从本次调查来看，泰国等七国中几乎所有的受访者都表达出了较为理性的或者他们认为合理的政策倾向。受访者整体上对外国人进入本国持较为开放的态度，即选择政策倾向 1 和 2 的受访者不多，而选择禁止外国人来本国的受访者也不是太多，大部分受访者选择了政策倾向 3，即对来本国工作的外国人数量设置严格的控制。但不同国家之间还有些微的区别，比如缅甸选择政策倾向 1 和 2 的受访者比例为 32.4%，在所有国家中排第二位，而缅甸选择政策倾向 4 的受访者比例为 20.9%，这在 7 个国家中是最高的，说明缅甸的受访者在此问题上的态度分化较为显著。相较而言，马来西亚和新加坡绝大部分的受访者选择了政策倾向 3，而且这两国受访者中选择其他 3 种政策倾向的比例都不是很高，说明他们既没有积极地接纳外国人来本国工作，也没有倾向于禁止外国人来本国工作，而是表达出一种理性平和的态度（见表 2-21）。

表 2-21　泰国等七国对外国移民的政策倾向

单位：%

政策倾向	缅甸	印度尼西亚	马来西亚	菲律宾	新加坡	越南	泰国	总体
政策倾向 1	8.8	6.8	4.3	6.9	1.9	11.4	14.7	7.2
政策倾向 2	23.6	11.8	14.1	12.9	23.1	18.7	21.5	17.2
政策倾向 3	46.7	67.2	75.9	64.1	70.7	67.6	57.5	65.3
政策倾向 4	20.9	14.2	5.7	16.1	4.3	2.3	6.3	10.3
合　计	100.0	100.0	100.0	100.0	100.0	100.0	100.0	100.0

（二）关于开放社会心态的影响因素分析

1. 使用的变量及其操作化方法

正如对各国社会价值观的影响因素分析一样，接下来本节也将对各国的开放社会心态的影响因素进行分析。本节还是采用同样的分析策略，即使用同样的解释因素，观察和分析其对各国样本的具体影响模式和整体解释力。本节在描述统计中依次报告了与外国人接触的意愿、对外国人的信任程度、对外国人的评价以及对外国人的政策倾向等相关情况，我们在影响因素分析时也将一一涉及这些方面，对与它们相关的变量及其操作化方法，已经在前文介绍过了，针对不同变量及影响因素所使用的分析方法我们将在具体分析前展开介绍。现在首先介绍将要使用的自变量和解释变量。自变量仍然是性别、年龄和受教育程度，其中受教育程度将被处理成定类变量参与分析。解释变量中新加入经济成分偏好、自我归属感、家庭收入水平和居住地人口规模。使用这些解释变量的理由以及对这些变量的操作化方法介绍如下。

（1）经济成分偏好。我们将该变量操作化为对私营经济/国有经济的偏好，这两种经济成分代表着不同的资源配置方式，也同一定的社会制度相联系，而对私营经济/国有经济的倾向则反映了受访者的偏好。受访者偏好私营经济可能意味着他（她）倾向于市场在经济发展中发挥主要作用，而受访者偏好国有经济可能意味着他（她）倾向于国家较深程度地干预经济发展。笔者认为，突出市场作用可能倾向于更加自由开放的竞争，而偏重国家干预可能倾向于国家对本国公民就业机会和权利的保护。因此，我们认为倾向于私营经济的受访者对外国人会持更加开放的立场，而倾向于国有经济的受访者则会对外国人持更加保守的立场。对该变量的测量，本节将依据受访者对私营经济成分应该扩大/国有经济成分应该扩大的同意程度，其中非常支持私营经济成分应该扩大的记为 1 分，非常支持国有经济成分应该扩大的记为 10 分，而受访者可以在这一价值观维度上进行选择。可以看出，受访者得分越高，意味着越倾向于发展国有经济，反之则倾向于发展私营经济。

（2）自我归属感。我们将该变量操作化为与亚洲的亲近程度，该变量反映了受访者的自我归属感。一个人的归属感决定其身份认同，进而影响其以何种文化视野和价值观来应对其与周遭世界的联系。WVS 设置了相当广泛的个人归属感范畴，从受访者所在的村庄/社区、地区，再到其所在的国家、大洲，直至全世界。因为我们的研究对象主要来自中国和东南亚国家，所以我们这里选择了大洲的范畴，而询问的问题就是受访者与亚洲的亲近程度。我们认为受访者自觉与亚洲越亲近，那么他/她对其他亚洲国家的人就越开放包容。该变量的测量结果有 4 个等级，它们分别是完全不亲近、不是很亲近、亲近、非常亲近。

（3）家庭收入水平。社会阶层对个人价值观有相当重要的影响，我们之前在对社会价值观的影响因素分析时就使用了受访者的主观社会阶层这一变量，然后在不同国家样本中也几乎都能发现它对社会价值观不同方面的显著影响。在接下来的分析中，我们将影响因素的层次提高至家庭层面，而且更加强调经济收入的重要性。家庭的社会阶层很多时候要比个人的社会阶层更能影响其发展，这从布劳和邓肯的研究中就不断显现①，而测量家庭的社会阶层不像测量受访者的主观社会阶层那样还要考察其受教育程度、职业等个体性因素，对家庭来说，整体的家庭收入更能体现家庭的社会阶层位置。家庭收入水平越高，意味着受访者家庭社会阶层地位越高，这里采用 10 等级计分方法，从 1 分到 10 分，得分越高的受访者，其家庭收入水平越高。由于受访者对保有现有社会阶层位置会有顾虑，本研究认为社会阶层越低的受访者越有可能对外国人持负面评价或者排斥性态度。

（4）居住地人口规模②。文化多样性和人口异质性通常与人口规模有很强的联系，当人口规模较小时，个人社会网络的同质性会比较强，对其他社会群体或文化比较敏感，从而可能产生较低的社会包容。而当区域内人口规模较大时，社会成员在社会交往中有更大的概率遇到文化异质性较大的其他社会成员，③ 此时就有可能提升社会成员对异质性文化的包容性或接受度，当然，这类接触也有可能导致社会成员进一步提升其对异质性文化的排斥。在本研究中，我们倾向于认为人口规模会发生积极的社会接触效应，即受访者所在地区的人口规模越大，其越有可能对外国人持开放包容的态度。这里把人口规模划分为 0.5 万人以下、0.5 万~2 万人、2 万~10 万人、10 万~50 万人、50 万人及以上，共 5 个规模等级。④

---

① 〔美〕彼得·M. 布劳、奥蒂斯·杜德里·邓肯：《美国的职业结构》，李国武译，商务印书馆，2019，第 216 页。

② 这里的居住地指市、县、村中对应的一级，即受访者居住地类型对应的层级，如果一个人住在城市，其居住地人口规模就是所在城市的人口规模，如果一个人住在某个村庄，其居住地人口规模就是所在村庄的人口规模。

③ 〔美〕彼特·布劳：《不平等和异质性》，王春光、谢圣赞译，中国社会科学出版社，1991，第 15 页。

④ 第七轮世界价值观调查没有询问新加坡受访者该问题，考虑到新加坡这个国家的区位特殊性，所有新加坡受访者在该变量上取值一致，所以从分析逻辑考虑，我们在分析该变量的作用时将不涉及新加坡样本。

2. 关于与外国人接触意愿的影响因素分析

与外国人做邻居的意愿只有两个状态，即愿意或不愿意，这是本小节的因变量，因此我们将使用二元逻辑斯蒂回归方法对各国样本进行影响因素分析。我们对中国与泰国等七国分别进行了回归分析，模型拟合结果如表 2-22a 和表 2-22b 所示。从模型 1 可以看出，对中国样本发挥显著作用的自变量只有年龄和受教育程度，其中年龄对与外国人做邻居的意愿有抑制作用，受教育程度的提高也会增加与外国人做邻居的意愿的可能性。以未受过正式教育为参照组的话，受教育程度每提高一个等级，受访者愿意与外国人做邻居的可能性相对于其不愿意做邻居的可能性逐渐提高。模型 2 是对缅甸样本的回归分析结果，只有居住地人口规模对因变量有显著正向影响，其显著性水平达到了 0.01。在 10 万~50 万人和 50 万人及以上这两个规模等级缺乏样本，但在 0.5 万~2 万人和 2 万~10 万人的区域中，受访者愿意与外国人做邻居的可能性相比于不愿做邻居的可能性，要比参照组即 0.5 万人以下的区域中的受访者更大，适度的人口规模或许能够在保持社会网络一定的同质性/异质性的同时，扩大人们对文化多样性的接受度，从而也相应表现出对外国人的接受度（见表 2-22a）。

表 2-22a　对与外国人接触意愿的二元逻辑斯蒂回归分析

	模型 1 （中国）	模型 2 （缅甸）	模型 3 （印度尼西亚）	模型 4 （马来西亚）
性别[1]	−0.035	−0.204	0.035	0.113
年龄	−0.017 ***	−0.007	−0.009 **	−0.006
受教育程度[2]：				
小学	0.299	0.116	0.496 ***	1.136 *
初中	0.514 ***	0.453	1.042 ***	1.129 **
高中	0.754 ***	0.582	1.184 ***	1.296 **
大学	0.898 ***	0.489	0.960 ***	1.195 **
研究生及以上	1.821 **	1.402	—	1.633 **
经济成分偏好	−0.016	−0.026	0.019	0.014
家庭收入水平	0.024	0.019	0.053 **	0.037
与亚洲的亲近程度[3]：				
不是很亲近	−0.075	−0.192	0.234 *	0.559 ***

续表

	模型 1 （中国）	模型 2 （缅甸）	模型 3 （印度尼西亚）	模型 4 （马来西亚）
亲近	0.236	0.253	0.165	0.954 ***
非常亲近	0.159	-0.093	-0.188	0.613 **
居住地人口规模[4]:				
0.5 万~2 万人	0.191	0.450 ***	0.216 *	-0.204
2 万~10 万人	0.086	0.763 ***	0.414 *	0.005
10 万~50 万人	—	—	0.007	-0.229
50 万人及以上	—	—	-0.459 *	-0.229
Pseudo R^2	0.039	0.032	0.050	0.029
个案数（N）	2758	1196	3011	1311

注：1. 男性为参照组。2. 未受过正式教育为参照组。3. 完全不亲近为参照组。4. 0.5 万人以下为参照组。5. $*p<0.1$；$**p<0.05$；$***p<0.01$。6. "—"表示无数据。下同。

模型 3 是对印度尼西亚样本的回归分析结果，本研究使用的大部分自变量和解释变量对因变量有显著影响。除受教育程度外，家庭收入水平对受访者与外国人做邻居的意愿有加强作用，家庭收入水平越高的受访者，其与外国人做邻居的意愿相比于不愿意做邻居的可能性更高。在自我归属感方面，自认为与亚洲不是很亲近的受访者相比于完全不亲近的其愿意与外国人做邻居的可能性相比于不愿意做邻居的可能性更大。在居住地人口规模方面，除 10 万~50 万人组外，其他规模等级对因变量都有显著影响，但 50 万人及以上规模等级对因变量有显著负向影响，说明人口规模需要在一个适当的范围内，才能有利于增加受访者对外国人的接触意愿。模型 4 是对马来西亚样本的回归分析结果，可见所有的受教育程度都对因变量有显著正向影响，而与亚洲亲近程度的所有等级也对因变量有显著正向影响（见表 2-22a）。

模型 5 是对菲律宾样本的回归分析结果，其中只有性别和年龄发挥了显著影响，而其他解释变量对因变量均没有显著影响。其中性别的显著影响是先前 4 个国家样本没有体现出来的，对菲律宾样本而言，女性愿意与外国人做邻居与不愿意做邻居的可能性之比要比男性大，说明该国女性更加开放包容。模型 6 是对新加坡样本的回归分析结果，与菲律宾样本不同，该国是男性相比于女性更加开放包容，与外国人做邻居的意愿发生比更大。此外，与亚洲的亲近程度会提高新加坡人与外国人做邻居的意愿，以完全不亲近为参照组，与亚洲亲近程度越高的受访者，其愿意与外国人做邻居的可能性要比不愿意做邻居的可能性更大（见表2-22b）。

表2-22b　对与外国人接触意愿的二元逻辑斯蒂回归分析

	模型5 （菲律宾）	模型6 （新加坡）	模型7 （越南）	模型8 （泰国）
性别	0.473 ***	-0.340 **	0.291 **	-0.095
年龄	-0.009 *	-0.011 **	-0.015 ***	0.005
受教育程度：				
小学	-0.298	0.488	-12.559 ***	-0.216
初中	0.099	0.658	-12.348 ***	-0.011
高中	0.049	0.064	-12.361 ***	-0.232
大学	0.146	0.159	-12.229 ***	-0.112
研究生及以上	—	0.519	-11.644 ***	-1.066
经济成分偏好	0.017	0.055	-0.042 **	-0.014
家庭收入水平	0.030	0.065	0.044	0.010
与亚洲的亲近程度：				
不是很亲近	0.157	0.412 *	0.444 *	0.051
亲近	0.046	0.815 ***	0.677 ***	-0.289
非常亲近	-0.089	0.983 *	0.866 ***	0.106
居住地人口规模：				
0.5万~2万人	-0.063	—	—	0.065
2万~10万人	0.046	—	-0.798 ***	0.361
10万~50万人	—	—	-0.203	0.895
50万人及以上	—	—	—	0.694 **
Pseudo R^2	0.019	0.027	0.032	0.014
个案数（N）	1191	1850	1200	1165

模型7是对越南样本的回归分析结果，发现性别、年龄和受教育程度均对因变量有显著影响，但与其他国家不同的是，受教育程度的提高会抑制该国民众与外国人接触的意愿，而且以未受过正式教育为参照组来看的话，其他各受教育程度对因变量的影响效果基本接近。还有跟其他国家不

同的是，越南受访者的经济成分偏好对因变量发挥显著负向作用，这也是在其他国家样本中没有观察到的，这说明在越南越是偏好私营经济的受访者越有可能愿意与外国人做邻居。此外，在越南，与亚洲的亲近程度会提高受访者与外国人接触的意愿，身在人口规模为2万~10万人的区域的受访者与参照组相比，其愿意与外国人做邻居相比于不愿意做邻居的可能性之比更小。模型8是对泰国样本的回归分析结果，只有50万人及以上这个人口规模等级对因变量有显著正向作用，其余变量均无显著影响（见表2-22b）。

3. 关于对外国人信任程度的影响因素分析

本研究将对外国人的信任程度从低到高分为完全不信任、不太信任、比较信任、非常信任，这是一个定序/等级变量，它是本小节的因变量，因此我们使用序次逻辑斯蒂回归方法对中国与泰国等七国的样本进行分析，报告的结果是回归系数。首先还是先观察中国样本的回归分析结果，从模型1发现，性别和年龄都对因变量有显著负向影响，而且受教育程度中的小学和初中对因变量也有显著负向影响，说明这两个受教育程度的受访者要比未受过正式教育的受访者更倾向于对外国人保持较低的信任程度。家庭收入水平对因变量有显著正向影响，说明受访者的家庭收入水平越高，其越有可能对外国人保持较高的信任程度。与亚洲的亲近程度也对因变量有显著正向影响，而且基本呈现与亚洲的亲近程度越高的受访者，其越倾向于对外国人保持较高的信任程度。模型2是对缅甸样本的回归分析结果，首先看到女性受访者要比男性受访者更有可能对外国人表现出较低的信任程度。除菲律宾和泰国外，这一现象在东南亚五国中都显著存在。缅甸受教育程度为初中、高中、大学3个等级的受访者要比参照组更有可能对外国人表示出较高的信任程度。缅甸受访者的经济成分偏好对因变量有显著负向影响，也就是说当受访者对经济成分的偏好倾向于国有经济时，其对外国人的信任更有可能表现出较低程度。在缅甸，受访者与亚洲的亲近程度对因变量有显著正向影响，说明表示与亚洲亲近的相比于完全不亲近的受访者，其对外国人的信任更有可能呈现出较高程度。在居住地人口规模方面，缅甸也只有2万~10万人的规模等级对因变量有显著正向影响（见表2-23a）。

　　模型 3 是对印度尼西亚样本的回归分析结果，从中可发现，性别对因变量有显著负向影响，而受教育程度中的高中、大学、研究生及以上等级则对因变量有显著正向影响。家庭收入水平对因变量也有显著正向影响，说明家庭收入水平越高的受访者，其对外国人的信任程度越高。与亚洲亲近程度的所有 3 个等级都对因变量有显著正向影响。居住地人口规模中的 2 万~10 万人规模等级对因变量有显著正向影响，而 50 万人及以上规模等级则对因变量有显著负向影响，这再次体现出居住地人口规模对受访者对外国人信任程度的复杂影响。模型 4 是对马来西亚样本的回归分析结果，从中可发现，性别对因变量有显著负向影响，而受教育程度对因变量有显著正向影响。家庭收入水平和与亚洲的亲近程度都对因变量有显著正向影响（见表 2-23a）。

表 2-23a　对外国人信任程度的序次逻辑斯蒂回归分析

	模型 1 （中国）	模型 2 （缅甸）	模型 3 （印度尼西亚）	模型 4 （马来西亚）
性别	-0.143^{*}	-0.311^{***}	-0.310^{***}	-0.318^{***}
年龄	-0.006^{*}	0.004	-0.003	-0.003
受教育程度：				
小学	-0.378^{**}	0.159	0.174	0.788^{**}
初中	-0.395^{**}	0.682^{*}	0.162	0.716^{**}
高中	-0.270	0.912^{**}	0.432^{***}	0.699^{**}
大学	0.125	0.829^{**}	0.838^{***}	0.678^{**}
研究生及以上	0.408	0.562	1.169^{***}	0.175
经济成分偏好	-0.003	-0.041^{**}	0.014	-0.034
家庭收入水平	0.044^{**}	-0.022	0.040^{**}	0.071^{**}
与亚洲的亲近程度：				
不是很亲近	0.566^{***}	0.205	0.174^{**}	0.977^{***}
亲近	0.895^{***}	0.316^{**}	0.495^{***}	1.478^{***}
非常亲近	0.864^{***}	0.334	0.688^{***}	1.629^{***}
居住地人口规模：				
0.5 万~2 万人	-0.025	0.507	0.027	-0.019
2 万~10 万人	-0.038	0.087^{***}	0.297^{**}	-0.138
10 万~50 万人	—	—	0.668	-0.227
50 万人及以上	—	—	-0.062^{*}	-0.214
Pseudo R^2	0.020	0.032	0.021	0.045
个案数（N）	2785	1196	3010	1311

模型 5 是对菲律宾样本的回归分析结果，从中可以看出年龄对因变量有显著负向影响，而受教育程度中的初中等级对因变量也有显著负向影响。除此以外，其他变量对因变量没有显著的影响。模型 6 是对新加坡样本的回归分析结果，从中可以看出性别和年龄均对因变量有显著负向影响。与亚洲的亲近程度的 3 个等级均对因变量有显著正向影响，而且与亚洲亲近程度越高的受访者对外国人的信任程度越高（见表 2-23b）。

表 2-23b　对外国人信任程度的序次逻辑斯蒂回归分析

	模型 5 （菲律宾）	模型 6 （新加坡）	模型 7 （越南）	模型 8 （泰国）
性别	-0.177	-0.306 ***	-0.214 *	-0.089
年龄	-0.009 **	-0.013 ***	-0.002	-0.002
受教育程度：				
小学	-0.140	-0.325	-0.299	0.697
初中	-0.455 **	-0.324	-0.003	0.509
高中	-0.333	-0.216	-0.416 **	0.521
大学	-0.052	0.285	0.017	0.494
研究生及以上	0.676	0.223	0.553	0.576
经济成分偏好	-0.009	0.026	-0.011	-0.066 ***
家庭收入水平	0.011	0.030	0.066	0.026
与亚洲的亲近程度：				
不是很亲近	-0.313	0.306 *	0.660 ***	0.438 ***
亲近	0.110	0.905 ***	1.293 ***	1.226 ***
非常亲近	-0.019	1.357 ***	1.656 ***	1.585 ***
居住地人口规模：				
0.5 万~2 万人	0.005	—	—	-0.463 ***
2 万~10 万人	0.129	—	0.428 ***	-0.292
10 万~50 万人	—	—	-0.216	-0.600 **
50 万人及以上	—	—	—	-0.181
Pseudo R^2	0.012	0.042	0.039	0.041
个案数（N）	1195	1818	1200	1151

模型 7 是对越南样本的回归分析结果，从中可以看出性别对因变量有显著负向影响，而高中受教育程度对因变量也有显著负向影响。与亚洲的

亲近程度对因变量有较强的显著正向影响，居住地人口规模中的 2 万~10 万人规模等级对因变量也有显著正向影响。模型 8 是对泰国样本的回归分析结果，从中可以看出经济成分偏好对因变量有显著负向影响，而与亚洲的亲近程度则对因变量有显著正向影响（见表 2-23b）。

4. 关于对外国人综合评价的影响因素分析

对外国人的综合评价这一问题的选项有非常坏、有些坏、既不好也不坏、有些好、非常好，它也被处理成定序变量，它是本小节的因变量，因此沿用序次逻辑斯蒂回归方法，本节在这里只就对外国人的综合评价进行分析，其他具体方面的评价不再展开分析。模型 1 是对中国样本的回归分析结果，报告的依然是回归系数，性别对因变量有显著负向影响，意味着中国的女性相比于男性更有可能对外国人做出负向的评价。经济成分偏好对因变量也有负向影响，说明偏向于国有经济的中国受访者更有可能对外国人做出负向的评价。与亚洲的亲近程度中只有非常亲近等级达到了 0.05 的显著性水平，这说明自认为与亚洲的亲近程度为非常亲近的受访者相对于参照组的受访者更有可能对外国人做出正向的评价。模型 2 是对缅甸样本的回归分析结果，其所有的自变量中只有与亚洲的亲近程度发挥了显著作用，这意味着缅甸受访者与亚洲的亲近程度越紧密，其对外国人做出正向的评价的可能性越大（见表 2-24a）。

模型 3 是对印度尼西亚样本的回归分析结果，从中可以发现年龄对因变量有显著负向影响。与亚洲的亲近程度变量中，只有亲近和非常亲近两个等级对因变量有显著正向影响。居住地人口规模中只有 0.5 万~2 万人和 2 万~10 万人两个规模等级对因变量有显著负向影响，说明受访者所在区域人口规模在这个范围内时，更有可能对外国人做出负向的评价。模型 4 是对马来西亚样本的回归分析结果，从中可以发现性别对因变量有显著负向影响，而受教育程度对因变量则有显著正向影响，与前三个国家相比，受教育程度的提高确实会使马来西亚受访者更有可能对外国人做出正向的评价。此外，经济成分偏好对因变量有显著正向影响，这说明在马来西亚，越是偏向国有经济的受访者，越有可能对外国人做出正向而非负向的评价。与亚洲的亲近程度对因变量有显著正向影响，居住地人口规模中的 2 万~10 万人和 50 万人及以上两个规模等级对因变量有显著负向影响

（见表 2-24a）。

表 2-24a　对外国人综合评价的序次逻辑斯蒂回归分析

	模型 1 （中国）	模型 2 （缅甸）	模型 3 （印度尼西亚）	模型 4 （马来西亚）
性别	-0.235 ***	-0.133	-0.008	-0.269 ***
年龄	0.002	-0.006	-0.008 ***	-0.003
受教育程度：				
小学	-0.108	0.210	-0.072	1.039 **
初中	-0.053	0.219	-0.275	0.857 *
高中	-0.005	0.428	-0.249	0.917 **
大学	-0.007	0.105	-0.311	0.901 *
研究生及以上	0.395	-0.311	-0.278	1.335 **
经济成分偏好	-0.031 **	-0.006	-0.002	0.067 ***
家庭收入水平	-0.005	-0.001	-0.019	0.023
与亚洲的亲近程度：				
不是很亲近	-0.085	0.316 **	0.082	0.372 **
亲近	0.116	0.306 **	0.207 **	0.725 ***
非常亲近	0.486 **	0.533 *	0.915 ***	0.660 ***
居住地人口规模：				
0.5 万~2 万人	-0.337	0.166	-0.202 ***	-0.118
2 万~10 万人	0.029	-0.122	-0.266 **	-0.318 **
10 万~50 万人	——	——	0.405	-0.270
50 万人及以上	——	——	-0.307	-0.395 **
Pseudo R^2	0.006	0.007	0.007	0.014
个案数（N）	2777	1196	2981	1311

模型 5 是对菲律宾样本的回归分析结果，从中可以看出年龄对因变量有显著负向影响，受教育程度中除研究生及以上之外，其他受教育程度都对因变量有显著负向影响。经济成分偏好对因变量有显著负向作用，但显著性水平只达到 0.1，而家庭收入水平对因变量有显著的正向影响。与亚洲的亲近程度变量中，只有非常亲近等级才对因变量有显著正向影响，而其他亲近程度对因变量没有显著影响。居住地人口规模变量中的 0.5 万~

2万人、2万~10万人两个规模等级对因变量有显著负向影响，说明居住在这些区域的受访者相比于居住在0.5万人以下区域的受访者，更有可能对外国人做出负向的评价。模型6是对新加坡样本的回归分析结果，受教育程度变量中的大学和研究生及以上等级对因变量有显著正向影响，家庭经济收入水平对因变量也有显著正向影响。与亚洲的亲近程度变量中，选择亲近和非常亲近等级的受访者相比于参照组，更有可能对外国人做出正向的评价（见表2-24b）。

表2-24b 对外国人综合评价的序次逻辑斯蒂回归分析

	模型5 （菲律宾）	模型6 （新加坡）	模型7 （越南）	模型8 （泰国）
性别	-0.024	-0.137	-0.531 ***	-0.104
年龄	-0.013 ***	-0.001	-0.010 *	-0.006
受教育程度：				
小学	-0.569 **	-0.128	1.301 ***	-0.233
初中	-0.635 ***	0.304	0.950 ***	-0.160
高中	-0.582 **	0.129	0.778 ***	-0.188
大学	-0.469 **	0.403 *	0.799 ***	-0.411
研究生及以上	0.346	0.817 ***	0.410	-1.273 *
经济成分偏好	-0.038 *	-0.034	-0.031	-0.094 ***
家庭收入水平	0.075 ***	0.101 ***	0.020	0.089 **
与亚洲的亲近程度：				
不是很亲近	0.181	-0.045	0.643 ***	0.347 ***
亲近	0.439	0.321 *	0.736 ***	-0.169
非常亲近	0.890 ***	1.242 ***	0.764 **	-0.233
居住地人口规模：				
0.5万~2万人	-0.269 *	—	—	-0.013
2万~10万人	-0.268 **	—	0.146	0.204
10万~50万人	—	—	0.197	0.488
50万人及以上	—	—	—	1.044 ***
Pseudo R^2	0.020	0.024	0.017	0.023
个案数（N）	1195	1847	1200	1160

模型7是对越南样本的回归分析结果，从中可看出性别和年龄对因变

量有显著负向影响，受教育程度对因变量有显著正向影响，而且与亚洲的亲近程度变量对因变量也有显著正向影响，亲近程度越高的受访者相比参照组，更有可能对外国人做出正向的评价。模型8是对泰国样本的回归分析结果，从中可看出受教育程度变量中只有研究生及以上等级对因变量有较为显著负向影响，但显著性水平只达到0.1。经济成分偏好对因变量有显著负向影响。与亚洲的亲近程度变量中，只有不是很亲近等级才对因变量有显著正向影响，说明选择不是很亲近等级的受访者比选择完全不亲近等级的受访者更有可能对外国人做出正向的评价。居住地人口规模变量中也只有50万人及以上等级才对因变量有显著正向影响（见表2-24b）。

5. 关于对外国人政策倾向的影响因素分析

在开始这部分的分析之前，有两件事需要说明。首先，关于对外国人政策倾向的变量，公开数据中的中国样本没有包含此类信息，因此这部分的影响因素分析仅限于泰国等七国。其次，4个政策倾向包含了不同的内容，选择哪个选项属于从多个类别中选取一项，理论上应使用多类别逻辑斯蒂回归分析（multinomial logistic regression），但其模型拟合结果较多，需要每一类别分别与参照组比较，而且其结果相对更加复杂，对其结果的描述和解释也更不直观。另外，这些政策倾向中蕴含的接纳或排斥的态度强度呈渐近性趋势，因此我们将4个政策倾向当作总的政策倾向变量中的4个选项，从而构成本小节的因变量，将该变量视为定序变量，等级越高意味着对外国人的政策倾向越趋于排斥，相应地就可以使用序次逻辑斯蒂回归分析了。为了与各国样本进行参照，我们也对所有国家的总样本进行了回归分析，但我们意在进行国别比较，所以总样本的回归分析结果报告在表2-25a中，但不对其进行文字总结，本小节报告的是回归系数。

模型2是对缅甸样本的回归分析结果，该模型显示年龄对因变量有显著正向影响。与亚洲的亲近程度变量中只有不是很亲近和亲近两个等级对因变量有显著负向影响，其中亲近等级的显著性水平更高，达到了0.01的水平，说明那些感到自身与亚洲亲近的缅甸受访者，更有可能对外国人进入本国工作持接纳态度。居住地人口规模变量中，只有0.5万~2万人规模等级对因变量有显著负向影响，说明这部分受访者要比参照组的受访者更有可能对外国人进入本国工作持接纳态度（见表2-25a）。

表 2-25a　对外国人政策倾向的序次逻辑斯蒂回归分析

	模型 1（总样本）	模型 2（缅甸）	模型 3（印度尼西亚）	模型 4（马来西亚）
性别	0.142***	0.172	0.046	0.264**
年龄	0.014***	0.010**	0.020***	0.009*
受教育程度：				
小学	−0.430***	−0.132	−0.234	−1.325
初中	−0.127	−0.003	0.181	−0.794
高中	−0.089	−0.112	0.147	−0.674
大学	−0.111	−0.294	0.200	−0.879
研究生及以上	−0.410**	0.374	−0.288	−1.255
经济成分偏好	0.016**	−0.003	0.015	−0.027
家庭收入水平	−0.020*	0.018	−0.029	−0.105***
与亚洲的亲近程度：				
不是很亲近	−0.084	−0.234*	−0.119	−0.193
亲近	−0.350***	−0.441***	−0.236**	−0.805***
非常亲近	−0.650***	−0.445	−0.110	−1.128***
居住地人口规模：				
0.5 万 ~2 万人	0.294***	−0.263**	0.205**	0.730***
2 万 ~10 万人	0.328***	−0.089	0.226**	0.689***
10 万 ~50 万人	−0.293***	—	0.250	0.619***
50 万人及以上	−0.149**	—	0.240	0.750***
Pseudo R^2	0.016	0.010	0.013	0.035
个案数（N）	10913	1196	3016	1311

　　模型 3 是对印度尼西亚样本的回归分析结果，该模型中年龄对因变量有显著正向影响，这在所有国家的样本中都能观察到，说明年龄越大的人越有可能对外国人表现出排斥的态度，尤其是考虑到这些外国人是到本国寻求工作岗位的潜在竞争者。与亚洲的亲近程度变量中，选择亲近等级的受访者要比参照组的受访者更有可能对外国人进入本国工作持接纳态度。居住地人口规模变量中，0.5 万 ~2 万人、2 万 ~10 万人规模等级对因变量有显著正向影响，说明居住在这些人口规模区域的受访者要比参照组的受访者更不可能对外国人进入本国工作持接纳态度。模型 4 是对马来西亚

样本的回归分析结果，该模型中性别和年龄都对因变量有显著正向影响，就如之前的分析一样，女性受访者相比于男性受访者更有可能对外国人进入本国工作持拒绝态度。家庭收入水平变量对因变量有显著负向影响，说明家庭收入越高的受访者越不可能对外国人进入本国工作持拒绝态度。此外，与亚洲的亲近程度变量对因变量有显著负向影响，说明受访者更有可能对外国人进入本国工作持接纳态度，但居住地人口规模变量对因变量有显著正向影响，相对于参照组的受访者而言，居住在所有人口规模等级区域的受访者都更有可能对外国人进入本国工作持拒绝态度（见表2-25a）。

模型5是对菲律宾样本的回归分析结果，该模型中性别对因变量的影响不显著，但年龄对因变量有显著正向影响。在与亚洲的亲近程度变量中，选择非常亲近的受访者要比参照组的受访者更有可能对外国人进入本国工作持接纳态度。模型6是对新加坡样本的回归分析结果，它的影响模式跟菲律宾非常接近，除了年龄起到抑制受访者开放倾向的作用之外，在与亚洲的亲近程度变量中，选择亲近和非常亲近的受访者都比参照组的受访者更有可能对外国人进入本国工作持接纳态度，这可能意味着新加坡的开放包容程度要比菲律宾更高（见表2-25b）。

模型7是对越南样本的回归分析结果，该模型中性别和年龄对因变量有显著正向影响，这在其他国家中也有出现。但与其他国家不同的是，在越南，受教育程度变量中除研究生及以上之外，其他受教育程度都对因变量有显著负向影响，说明教育确实提高了该国受访者对外国人的开放包容倾向。此外，在与亚洲的亲近程度变量中，只有非常亲近等级对因变量有显著负向影响，说明更大范畴更亲近的归属感有助于提高越南受访者对外国人的开放包容倾向。模型8是对泰国样本的回归分析结果，该模型中性别和年龄也对因变量有显著正向影响。家庭收入水平对因变量有显著正向影响，该现象在其他国家中没有发现，说明家庭收入水平越高的泰国人越有可能"排外"，这与马来西亚形成鲜明对比。但在与亚洲的亲近程度变量中，选择亲近和非常亲近两个等级的泰国受访者都要比参照组更有可能对外国人进入本国工作持接纳态度。在居住地人口规模变量中，除2万~10万人规模等级外，其余人口规模等级都显示出了对因变量的显著正向作用，说明居住在这些区域的泰国受访者要比参照组受访者更有可能对外国人进入本国工作持拒绝态度（见表2-25b）。

表2-25b　对外国人政策倾向的序次逻辑斯蒂回归分析

	模型5 （菲律宾）	模型6 （新加坡）	模型7 （越南）	模型8 （泰国）
性别	0.133	0.124	0.310 **	0.323 ***
年龄	0.017 ***	0.019 ***	0.016 ***	0.011 **
受教育程度：				
小学	0.068	−0.325	−1.112 ***	−0.180
初中	−0.127	−0.403	−0.804 ***	−0.214
高中	0.053	0.142	−0.850 ***	−0.087
大学	−0.100	0.051	−0.639 **	−0.237
研究生及以上	−0.061	−0.493	−0.912	1.187 *
经济成分偏好	0.018	0.027	−0.025	0.035
家庭收入水平	0.023	0.024	−0.042	0.074 **
与亚洲的亲近程度：				
不是很亲近	−0.242	−0.018	−0.232	−0.184
亲近	−0.262	−0.667 ***	−0.305	−0.524 ***
非常亲近	−0.662 *	−1.546 ***	−0.857 **	−1.485 ***
居住地人口规模：				
0.5万~2万人	0.039	—	—	0.699 ***
2万~10万人	0.163	—	0.432	0.228
10万~50万人	—	—	−0.122	0.770 ***
50万人及以上	—	—		0.434 **
Pseudo R^2	0.014	0.038	0.015	0.036
个案数（N）	1195	1835	1200	1160

四　小结

本节我们对中国和泰国等共计8个国家的开放社会心态进行了描述统计和影响因素分析，由于比较研究的对象较多，可能无法对其中的发现进行一一比较和总结，但是有一些发现需要而且值得在此总结出来，并进行必要的拓展分析。"一带一路"倡议要想能够获得沿线国家和地区的支持，当地民众的认同和支持不可或缺，这就是民心相通的意义所在。为此，本节尝试从开放社会心态角度入手，并将"一带一路"倡议的发起国——中国，和"一带一路"倡议的重要参与国——东南亚国家放在一起进行比较研究。我们选择从对外国人的态度来研究各国的开放社会心态，是基于"一带一路"倡议的现实需要。但从更基本的角度来看，所谓开放社会心态，其基础就是对陌生事物的好奇心、主动了解的意愿以及包容和接受的程度。我们发现了不同国家的受访者在与外国人做邻居的意愿、对外国人的信任程度等方面所表现出的差异分布，以及不同国家开放社会心态的影响模式的差异，这些都受到受教育程度、经济成分偏好、家庭收入水平、与亚洲的亲近程度以及居住地人口规模的影响。

教育不仅是给人专业的知识和一纸文凭，它还担负着教化民众的作用。好的教育应当是面向现代化、面向世界、面向未来，这样的要求使得教育应当向受教育的人展示多样性和包容性。教育在不少国家中发挥了积极作用，我们可以看到受过教育尤其是受过高等教育的人相对于那些未受过正式教育的人，更有可能愿意与外国人做邻居，对外国人表现出更高的信任程度和更积极的评价。这一现象出现在社会制度、经济发展水平和历史文化传统都不尽相同的国家，说明教育的作用具有根本性。由此我们或许可以推论，受教育程度越高的东南亚民众，其越有可能认同和支持"一带一路"倡议及其背后的人类命运共同体理念。

与此同时，存在提升开放社会心态水平的积极因素，也就存在抑制开放社会心态水平的负面因素。本节所使用的经济成分偏好变量，它所代表的是对私有经济或国有经济不同程度的倾向，所反映的是个人对市场和国家在经济发展中的作用的不同认识。我们已然知道市场和计划是资源配置的两种方式，任何一个国家无论其社会制度为何，都要在这两者间综合"调配"，以更好地促进本国经济发展。在本节中，马来西亚偏好国有经济的受访者更有可能对外国人做出积极而非消极的评价，而在部分模型中，经济成分偏好变量没有发挥显著影响，但除此之外，在很多模型中也出现了对国有经济的偏好会降低受访者对外国人的接受和包容度的情况，如越南受访者与外国人的居住意愿、缅甸和泰国受访者对外国人的信任程度等都会因为受访者对国有经济的偏好而降低。

家庭收入水平是家庭社会经济地位的重要指标，甚至有时是最核心的指标之一，家庭收入水平越高，意味着家庭的社会经济地位越高。我们发现大部分国家的受访者，只要其家庭收入水平越高，就更有可能愿意与外国人做邻居，更有可能对外国人持有较高的信任程度，更有可能对外国人做出正向的评价，而且也更有可能对外国人前来本国工作持接纳的态度。当然也不是没有例外，比如泰国的受访者，其家庭收入水平越高，反而越有可能对外国人前来本国工作持拒绝的态度。我们认为，家庭收入水平越高的受访者，有可能与外部（国）的联系更多，社会经济安全保障程度更高，外国人前来本国工作带来的资源竞争冲击更小，他们对外国人更加倾向于采取开放包容的态度，因此在社会信任、社会评价和政策倾向等方面展现出更多的开放心态。

当前有不少观点认为民族主义渐成世界主流，但也有一些观点认为全球化乃至世界主义仍然不可取代，而对"一带一路"倡议而言，它与全球化有相似的路径安排。而从更高层面和更积极的角度来看，世界主义更加有利于人类的合作与发展。本节考察的自我归属感，就是测量受访者的自我身份认同的范畴，因为分析的是东南亚各国，所以我们将考察的范畴限定在大洲的层次，结果毫无例外地发现，只要是对亚洲感到亲近甚至非常亲近的受访者，就一定会对外国人持更加开放和包容的态度。因此，积极弘扬人类命运共同体理念，让东南亚国家更多的民众有更大范畴的自我身份认同，那他们对"一带一路"倡议的认知也就会更加全面和积极，从而也就更有可能支持并共同参与"一带一路"建设。

以上总结分析的因素都源于个体或者家庭的层次，对外国人的态度也会受到更高层次的因素的影响。本节我们加入的居住地人口规模就是一个区域层次的变量，这个变量不仅代表了人口数量的多少，还代表了受访者居住地的社会网络规模和潜在交往机会，在某种程度上也能体现出社会关系的性质。我们发现居住地人口规模在有些国家对受访者的开放社会心态有正向影响，而在少部分国家则发挥负向影响。我们推测，在人口更多的区域，社会交往更加偏向于工具性交往和理性计算，居住在这里的受访者因而从利益比较的角度来看待外国人，而居住在人口规模较小的区域的受访者，其价值观和行为偏向于传统，因而可能从更加感性的角度看待外国人。但理性也好，感性也罢，它们之间并无好坏的区别，关键在于从理性或者感性出发能够做出怎样的判断。基于理性的比较和审视，家庭收入水平较高的受访者不会将外国人视为资源竞争者和社会冲突制造者，而家庭收入水平较低的受访者，他们或许认为前来本国工作的外国人就是要和他们"抢饭碗"，反而更不倾向于同意政府让外国人不加限制地进入本国。而基于感性的认识，部分受访者可能因为传统的友善的价值观，更有可能对外国人表示好感，并对他们采取开放和接纳的态度。但也有受访者可能因为居住于人口较少的地区，其社会网络高度同质，缺乏与外国人交往的经历，从而对陌生事物更加敏感，从而有可能对外国人采取排斥和拒绝的态度。可以看出，单一因素的作用并不是绝对的，它在其他因素的"调节"下会产生其他的可能，这也提示我们，东南亚各国民众的开放社会心态需要从更多的角度和层面继续深入研究。

第三章 中国人和东南亚国家华人的价值观比较分析

第一节 中国人和新加坡华人、马来西亚华人的文化价值观比较分析

一 华人价值观渐进式扩散①

（一）价值观及其传播

价值观是文化的主要内容之一，它是人类个体或群体所持有的，有关什么是可取的、恰当的、好的或者坏的观念。② 价值观直接影响了个人对自身观念和行为的选择，所以个人看似对事物有自身的判断，但其背后的价值观与个人生活于其中的文化密切相关。因此，我们可以说不同的价值观是人类文化差异的核心表现。③ 据此，我们可以从价值观的角度观察不同文化的相似和差异之处，这样的价值观也就是文化价值观，它能体现一种文化的基本特点。

不同文化可能存在相同、相近或者相似的价值观，这一方面可能与不同文化内部相似的历史和传统有关，即内部性、本源性的起因；另一方面

---

① 本小节曾以《华人价值观渐进式扩散与语言传承研究》为题，载贾益民、张禹东、庄国土主编《华侨华人研究报告（2020）》，社会科学文献出版社，2020。收入本书时对部分内容进行了修订。

② 〔英〕安东尼·吉登斯：《社会学（第五版）》，李康译，北京大学出版社，2009，第844页。

③ 〔英〕安东尼·吉登斯：《社会学（第五版）》，李康译，北京大学出版社，2009，第844页。

则有可能是价值观在不同文化之间存在传播的结果。价值观完全有可能因为地理相近或者贸易往来等原因，通过人员流动实现文化层面的面对面的交流互鉴。

（二）华人价值观渐进式扩散的设想

华人向海外移民的历史足够长，以至于可以在世界大多数地方看到华人在当地耕耘的身影。受到多种因素的影响，有些国家和地区的华人规模更大，发展历史更长。比如东南亚地区的新加坡和马来西亚等地就有数量不少的华人，而且他们仍然不同程度地保有与当地其他族群不同的文化，进而不同程度地体现出华人文化的价值观，这就是华人价值观渐进式扩散的一种表现。因此，本章所说的华人价值观渐进式扩散是海外不同地区的华人践行华人文化，进而不同程度地体现出华人文化价值观的动态过程。它是华人群体内部对华人文化价值观跨越时空的传承，而非华人向所在地其他族群的外部传播。

华人价值观渐进式扩散何以可能？借用布劳关于社会交往结构的理论，这与不同交往群体的人口规模、交往对象有关，另外还取决于交往的形式。① 虽然历史上不同时间先后到达东南亚上述地区的华人与当地其他族群存在各类直接或间接的交往，比如居住在相邻地区、在同一个社会结构中占据不同的位置等间接性交往，或者成为同事、邻居和朋友等直接性交往，但是根据布劳的理论，在人口规模上体现为"小群体"的华人更有可能跟"内群体"的其他华人进行交往，这种同类文化的内部交往可能维持或强化原有的价值观。另外，不同世代的华人尤其是家庭内部的代际交往，使得华人价值观在微观层面得以传递，虽然也有可能存在代际文化断裂的情形。总之，一个横向传播、一个纵向传递，这两个方面都是华人传承华人价值观的主要渠道。

文化传承和价值观扩散，这种大量且在微观层面发生的现象易于观察却不易于统计，这给大规模的量化分析带来困难。研究国际贸易可以依靠较为准确的统计数据，但是研究华人之间的交往类型和次数却没有

---

① 〔美〕彼特·布劳：《不平等和异质性》，王春光、谢圣赞译，中国社会科学出版社，1991，第126页。

类似的统计数据加以使用分析。不过，新近的一种分析方法和技术——基于数据驱动的多能动体仿真①可以解决类似的困难，从而展现出大量微观层次的现象及其动力逻辑，比如研究价值观在不同世代之间的传递和演变，此类研究也为本章提出的华人价值观渐进式扩散提供了理论和事实依据。

二 中国人与新加坡华人、马来西亚华人的价值观比较分析

(一) 问题、数据和方法

1. 研究问题

本节要对可能存在的华人价值观渐进式扩散进行研究，但是由于数据问题无法进行基于数据驱动的多能动体仿真分析，而是使用调查数据对价值观渐进式扩散的状态进行研究。具体而言，本节将以中国人与新加坡华人、马来西亚华人为研究对象，分析三个群体在价值观上的分布状态及其相似和差异之处。

2. 数据来源和分析方法

就不同国家和地区间的价值观比较研究来说，没有哪个数据如世界价值观调查 (World Values Survey, WVS) 那样选取如此众多的国家和地区，调查如此大量的对象，而且时间持续这么久，所以本节仍将使用 WVS 数据。该数据已经被国内外相关学科的学者用于研究一国的价值观变迁或者多国的比较，有较好的使用基础。

在分析方法上，本研究主要使用列联分析、方差分析，这些方法可以比较中国、新加坡、马来西亚三国的样本在价值观上的相似和差异之处，从而发现其中可能存在的渐进式扩散迹象。此外还需要说明的是，有学者对跨区域的文化比较持保留态度，特别是就价值观之间的异同进行分析，持保留态度的人认为价值观在不同文化中可能存在不同的含义，因而对此类比较研究的可行性和可信性表示怀疑。我们认为这种疑虑有一定道理，

---

① Agent-Based Simulation，亦有翻译为多智能体仿真。

相近价值观①在不同文化中可能存在不同的含义和意义，但是 WVS 在开展调查时就考虑到了此问题，所以为了最大限度地进行比较研究并使之具有意义，它所采用的是肖像价值观方法，即通过描述一个人的目标或者期望来建构一个人物肖像，然后让受访者判断自己同该肖像之间的相似程度，换句话说，该方法是询问受访者自己在多大程度上是一个具备某类特征的人，而 WVS 则把这类特征概括为它所提出的 10 个价值观中的一个，而全部 10 个价值观则依次为自我导向、权力、安全、享乐主义、仁慈、成就、刺激、服从、普遍主义、传统。

3. 样本概况

本研究选取中国、新加坡和马来西亚三个国家的样本进行分析，之所以没有选择更多国家是因为就 WVS 的东南亚地区来看，除中国之外，只有新加坡和马来西亚②有调查到一定数量的本国华人群体。WVS 目前虽然已经完成第七轮调查，但该轮调查与上一轮一样，仍然只有新加坡和马来西亚样本包含一定数量的华人，故本节使用第六轮调查数据，其中中国于 2012~2013 年进行调查，新加坡和马来西亚则于 2012 年开展调查。根据有关研究③，此轮新加坡样本中的华人比重同 2010 年新加坡人口普查统计的华人比重非常接近，而马来西亚的情形类似。④ 由此可以认为这 3 个国家的样本对中国人或华人来说有较好的代表性，而且非常凑巧的是，除中国外，新加坡和马来西亚的华人比重呈现差异式分布，在 2012 年有超过 70%的新加坡人口为华人，而有 22%~23%的马来西亚人口为华人⑤，这种华人规模上的差异可能同华人价值观渐进式扩散存在一定

① 这里的相近价值观指在概念用词上的一致或相近，比如不同文化中都有诸如勇敢、勤奋的词语用以概括、说明一些现象，但是这些现象可能并不相同，因为不同文化对什么是勇敢、勤奋可能有不同的认知。

② 除这两个国家之外，在菲律宾开展的调查也在族群类别中设置了华人（Chinese）一项，但第六轮 WVS 中实际上并没有相应的样本。

③ 王嘉顺：《宗教信仰与价值观扩散：以新加坡华人和其他族群为例》，载贾益民、张禹东、庄国土主编《华侨华人研究报告（2018）》，社会科学文献出版社，2018，第 129~153 页。

④ 邵岑：《马来西亚华人人口变动历程、现状与趋势分析》，载贾益民、张禹东、庄国土主编《华侨华人研究报告（2018）》，社会科学文献出版社，2018，第 276~317 页。

⑤ 在 WVS 的样本中，新加坡华人占其样本的 72.12%，而马来西亚华人占其样本的 24.54%。

关联。

在样本构成方面，在剔除掉非正常回答个案后，中国人样本有 2067 人[1]，其中男性有 1002 人，占 48.5%；女性有 1065 人，占 51.5%。新加坡华人样本有 1221 人，其中男性有 542 人，占 44.4%；女性有 679 人，占 55.6%。马来西亚华人样本有 319 人，其中男性有 160 人，占 50.2%；女性有 159 人，占 49.8%。

（二）中国人与新加坡华人、马来西亚华人的价值观比较分析

1. 信度检验

由于 WVS 共涉及 10 个不同方面的价值观，而且将其设计为量表形式，所以在正式分析之前还需要进行信度检验。依照惯常做法，这里使用克隆巴赫系数（Cronbach's α）来测量 WVS 的价值观量表对本研究样本的适用性。将 3 个国家的样本作为整体的信度检验显示其克隆巴赫系数为 0.75，且量表中每个条目的信度系数都达到了 0.72。然后依次对 3 个国家的样本分别进行信度检验，结果显示中国样本的信度系数达到了 0.74，而新加坡和马来西亚样本的信度系数则分别为 0.77、0.72，说明该量表对新加坡华人样本的适用性更高一些，但是在其他两个国家样本中也有较高的适用性。分项的信度检验发现，量表多项内容在中国人样本的信度检验中达到了 0.70，新加坡华人样本的这一信度检验多项达到了 0.74，而马来西亚华人样本中有 7 项内容的信度系数在 0.7 以下，说明部分条目在马来西亚华人中的适用性一般，因此我们要在整体层面使用该量表。不同国家样本的分项的克隆巴赫系数值分别如表 3-1、表 3-2 和表 3-3 所示。

2. 描述统计

在进行比较分析之前，首先对 3 个不同国家的样本进行描述统计，主要计算他们在 WVS 价值观量表上的总体得分和分项得分情况，具体通过得分的最小值、最大值、平均值和标准差等统计指标来分析不同国家样本的价值观认同情况。在计分方式上，WVS 针对价值观量表上的每项条目询问受访者与肖像间的相似程度，并要求其在非常像我、像我、有点像

---

[1] 第六轮 WVS 的中国人样本规模为 2300 人，有 233 人在价值观变量的填答方面不满足要求，故在分析中剔除。

我、有一点像我、不像我、完全不像我中选择，并对应以 1、2、3、4、5、6 分来计分。

表 3-1 WVS 价值观量表的描述统计与信度水平：中国人

题目序号	价值观类型	个案数	最小值	最大值	$\bar{x} \pm s$	信度水平
V70	自我导向	2067	1	6	3.36±1.36	0.7055
V71	权 力	2067	1	6	3.42±1.29	0.7223
V72	安 全	2067	1	6	2.68±1.14	0.7100
V73	享乐主义	2067	1	6	3.87±1.27	0.7286
V74	仁 慈	2067	1	6	2.69±1.05	0.7081
V75	成 就	2067	1	6	3.11±1.31	0.6964
V76	刺 激	2067	1	6	4.16±1.34	0.7303
V77	服 从	2067	1	6	3.14±1.27	0.7508
V78	普遍主义	2067	1	6	2.82±1.15	0.7052
V79	传 统	2067	1	6	2.89±1.32	0.7542
总 计	—	2067	10	60	32.13±6.88	0.7426

表 3-2 WVS 价值观量表的描述统计与信度水平：新加坡华人

题目序号	价值观类型	个案数	最小值	最大值	$\bar{x} \pm s$	信度水平
V70	自我导向	1221	1	6	2.90±1.29	0.7423
V71	权 力	1221	1	6	3.35±1.36	0.7481
V72	安 全	1221	1	6	2.52±1.13	0.7638
V73	享乐主义	1221	1	6	3.14±1.26	0.7387
V74	仁 慈	1221	1	6	2.65±1.08	0.7478
V75	成 就	1221	1	6	2.91±1.21	0.7371
V76	刺 激	1221	1	6	3.39±1.30	0.7418
V77	服 从	1221	1	6	2.82±1.11	0.7494
V78	普遍主义	1221	1	6	2.91±1.06	0.7542
V79	传 统	1221	1	6	3.01±1.15	0.7654
总 计	—	1221	10	60	29.60±6.83	0.7685

表 3-3　WVS 价值观量表的描述统计与信度水平：马来西亚华人

题目序号	价值观类型	个案数	最小值	最大值	$\bar{x} \pm s$	信度水平
V70	自我导向	319	1	6	2.88±1.23	0.6898
V71	权　力	319	1	6	3.22±1.45	0.6662
V72	安　全	319	1	6	2.07±1.16	0.7013
V73	享乐主义	319	1	6	3.57±1.36	0.6711
V74	仁　慈	319	1	6	2.56±1.14	0.7189
V75	成　就	319	1	6	3.11±1.26	0.6991
V76	刺　激	319	1	6	4.16±1.66	0.7310
V77	服　从	319	1	6	2.30±1.26	0.6935
V78	普遍主义	319	1	6	2.30±1.10	0.6907
V79	传　统	319	1	6	2.29±1.13	0.6929
总　计	—	319	12	60	28.46±6.83	0.7179

由于本节使用的是 WVS 的原始编码，这也就意味着量表得分越低，说明受访者认为量表所刻画的肖像越接近其对自己的判断。就中国人的样本来看，得分从低到高的量表维度即价值观分别是安全、仁慈、普遍主义、传统、成就、服从、自我导向、权力、享乐主义、刺激。就新加坡华人样本来看，得分从低到高的量表维度即价值观分别是安全、仁慈、服从、自我导向、普遍主义、成就、传统、享乐主义、权力、刺激。就马来西亚华人样本来看，得分从低到高的量表维度即价值观分别是安全、传统、普遍主义、服从、仁慈、自我导向、成就、权力、享乐主义、刺激。从上述得分情况可以发现，3 个国家的样本都将安全放在第一位，而将刺激放在最后一位。为了更方便地观察，本节依据 3 个国家在 WVS 价值观量表上的得分情况，将其从低到高整理在一起。从中可以发现，中国人和新加坡华人都将仁慈认为是第二重要的价值观，而中国人和马来西亚华人都将普遍主义看作第三重要的价值观。另外，中国人和马来西亚华人在最不认同的价值观及其排序方面完全一致，他们最不认同的依次是刺激、享乐主义和权力，而新加坡华人跟这两个群体也非常接近，只是在享乐主义和权力的排序上有所差异（见表 3-4）。

表 3-4 WVS 价值观得分排序：中国人、新加坡华人和马来西亚华人

价值观排序	中国人	新加坡华人	马来西亚华人
1	安 全	安 全	安 全
2	仁 慈	仁 慈	传 统
3	普遍主义	服 从	普遍主义
4	传 统	自我导向	服 从
5	成 就	普遍主义	仁 慈
6	服 从	成 就	自我导向
7	自我导向	传 统	成 就
8	权 力	享乐主义	权 力
9	享乐主义	权 力	享乐主义
10	刺 激	刺 激	刺 激

3. 中国人与新加坡华人、马来西亚华人的价值观量表得分比较分析

在前面的描述统计中，我们发现中国、新加坡和马来西亚 3 个国家的样本对某些价值观的认同比较接近，对某些不认同的价值观也比较接近，但同时也存在一些差异，我们需要将它们之间的相似和差异之处更加细致地描述并加以分析。接下来，我们首先比较 3 个国家的样本在 WVS 价值观量表的每个条目上的得分情况。WVS 将自我导向价值观描述为具有新思想和创造力，按自己方式行事。中国人在这项上的得分要依次高于新加坡华人和马来西亚华人，这也反映了 3 个国家样本地在此价值观上的认同程度差异（见表 3-5）。

表 3-5 WVS 价值观量表的描述统计与信度水平：自我导向（V70）

	个案数	最小值	最大值	$\bar{x} \pm s$	信度水平
中国人	2067	1	6	3.36±1.36	0.7055
新加坡华人	1221	1	6	2.90±1.29	0.7423
马来西亚华人	319	1	6	2.88±1.23	0.6898
总 计	3607	1	6	3.16±1.35	0.7191

WVS 将权力价值观描述为追求财富，想拥有大量金钱和贵重品。这个"肖像"被刻画成关注金钱等物质财富，同一般意义上的权力不完全一致，在这项价值观上，仍然是中国人得分最高，新加坡华人和马来西亚

华人次之（见表3-6）。

WVS将安全价值观描述为注重安全的环境，避免任何危险。这样的描述易于理解，在不同文化中的理解差异可能相对小一些。中国人在此项价值观上的得分最高，新加坡华人和马来西亚华人次之，而且中国人和马来西亚华人之间的得分差距也较大，达到了0.61分，认同程度差异由此体现（见表3-7）。

表3-6　WVS价值观量表的描述统计与信度水平：权力（V71）

	个案数	最小值	最大值	$\bar{x}\pm s$	信度水平
中国人	2067	1	6	3.42±1.29	0.7223
新加坡华人	1221	1	6	3.35±1.36	0.7481
马来西亚华人	319	1	6	3.22±1.45	0.6662
总　计	3607	1	6	3.38±1.33	0.7314

表3-7　WVS价值观量表的描述统计与信度水平：安全（V72）

	个案数	最小值	最大值	$\bar{x}\pm s$	信度水平
中国人	2067	1	6	2.68±1.14	0.7100
新加坡华人	1221	1	6	2.52±1.13	0.7638
马来西亚华人	319	1	6	2.07±1.16	0.7013
总　计	3607	1	6	3.16±1.35	0.7312

WVS将享乐主义价值观描述为享受生活，惯着（spoil）自己。3个国家样本在此项价值观上的得分都比较高，说明相对于其他价值观来说更不认同享乐主义，按照从高到低的顺序，中国人的得分是3.87分，马来西亚华人的得分为3.57分，新加坡华人的得分为3.14分。这样的顺序也体现了3个国家在该价值观上的认同或者不认同的程度差异（见表3-8）。

表3-8　WVS价值观量表的描述统计与信度水平：享乐主义（V73）

	个案数	最小值	最大值	$\bar{x}\pm s$	信度水平
中国人	2067	1	6	3.87±1.27	0.7286
新加坡华人	1221	1	6	3.14±1.26	0.7387
马来西亚华人	319	1	6	3.57±1.36	0.6711
总　计	3607	1	6	3.60±1.32	0.7299

　　WVS 将仁慈价值观描述为做有利于社会的事情，本意还包含着为他人着想的含义。在这一维度的价值观上，3 个国家的得分都不算高且都低于 3 分，说明仁慈在 3 个国家都得到认同。中国人的得分是最高的，其次是新加坡华人的得分，最后是马来西亚华人的得分，但是它们之间的差距相比于其他价值观的得分差距并不算大（见表 3-9）。

表 3-9　WVS 价值观量表的描述统计与信度水平：仁慈（V74）

	个案数	最小值	最大值	$\bar{x} \pm s$	信度水平
中国人	2067	1	6	2.68±1.05	0.7081
新加坡华人	1221	1	6	2.65±1.08	0.7478
马来西亚华人	319	1	6	2.56±1.14	0.7189
总　计	3607	1	6	2.66±1.07	0.7280

　　WVS 将成就价值观描述为追求成功和他人对自己成就的认可，这里包含两层含义。在这一项价值观上，中国人和马来西亚华人的得分一样，而且中国人得分的标准差要比马来西亚华人得分的大，说明马来西亚华人的得分更加集中。新加坡华人的平均分要低于中国人和马来西亚华人，说明新加坡华人更加认同成就价值观（见表 3-10）。

表 3-10　WVS 价值观量表的描述统计与信度水平：成就（V75）

	个案数	最小值	最大值	$\bar{x} \pm s$	信度水平
中国人	2067	1	6	3.11±1.31	0.6964
新加坡华人	1221	1	6	2.91±1.21	0.7371
马来西亚华人	319	1	6	3.11±1.26	0.6991
总　计	3607	1	6	3.04±1.28	0.7164

　　WVS 将刺激价值观描述为追求冒险、新奇和刺激的生活。从其得分来看，刺激价值观在 3 个国家都是最不被认可的，它的得分在 3 个国家中都是最高的，其中中国人和马来西亚华人的得分都达到了 4.16 分，但中国人得分的标准差略小一些，说明中国受访者的评价更加集中。此外，新加坡华人的得分为 3.39 分，说明新加坡华人要比中国人和马来西亚华人较为认同此项价值观（见表 3-11）。

表 3-11　WVS 价值观量表的描述统计与信度水平：刺激（V76）

	个案数	最小值	最大值	$\bar{x} \pm s$	信度水平
中国人	2067	1	6	4.16±1.34	0.7303
新加坡华人	1221	1	6	3.39±1.30	0.7418
马来西亚华人	319	1	6	4.16±1.66	0.7310
总　计	3607	1	6	3.90±1.41	0.7383

WVS 将服从价值观描述为生活中循规蹈矩，避免别人非议。该项价值观在 3 个国家样本中有着不同的表现。其中中国人的得分最高，达到 3.14 分；其次是新加坡华人，得分为 2.82 分；而马来西亚华人的得分为 2.30 分，说明中国人相对而言最不认同服从价值观，而马来西亚华人最认同此项价值观，新加坡华人的认同情况居中（见表 3-12）。

表 3-12　WVS 价值观量表的描述统计与信度水平：服从（V77）

	个案数	最小值	最大值	$\bar{x} \pm s$	信度水平
中国人	2067	1	6	3.14±1.27	0.7508
新加坡华人	1221	1	6	2.82±1.11	0.7494
马来西亚华人	319	1	6	2.30±1.26	0.6935
总　计	3607	1	6	2.95±1.24	0.7471

WVS 将普遍主义价值观描述为保护环境，关心自然并节约生活资源（save life resources）。该项价值观从字面意思看有点抽象，其实它表现的是对自然和人类社会可持续发展的关注。这一项价值观在 3 个国家都得到一定程度认同，其中马来西亚华人得分最低，中国人的得分居中，而新加坡华人得分最高（见表 3-13）。

表 3-13　WVS 价值观量表的描述统计与信度水平：普遍主义（V78）

	个案数	最小值	最大值	$\bar{x} \pm s$	信度水平
中国人	2067	1	6	2.82±1.15	0.7052
新加坡华人	1221	1	6	2.91±1.06	0.7542
马来西亚华人	319	1	6	2.30±1.10	0.6907
总　计	3607	1	6	2.80±1.12	0.7269

WVS 将传统价值观描述为注重传统，遵从家庭或宗教传承下来的习俗。马来西亚华人在此项上的得分是 2.29 分，是 3 个国家中最低的，也可以看作是相对最认同此项价值观；中国人得分为 2.89，居中；新加坡华人得分为 3.01 分，最高（见表 3-14）。

表 3-14 WVS 价值观量表的描述统计与信度水平：传统（V79）

	个案数	最小值	最大值	$\bar{x} \pm s$	信度水平
中国人	2067	1	6	2.89±1.32	0.7542
新加坡华人	1221	1	6	3.01±1.15	0.7654
马来西亚华人	319	1	6	2.29±1.13	0.6929
总 计	3607	1	6	2.88±1.26	0.7574

4. 中国人与新加坡华人、马来西亚华人价值观量表得分的秩和检验

基于对 3 个国家样本的描述统计和 WVS 价值观量表得分平均分的简单比较，我们可以初步认为 3 个国家样本在某些价值观上比较认同或者说不认同，而在另一些价值观方面则存在差异，从而形成认同梯度。但是这些结论都是通过对样本的简单描述得出的，能否将这些结论推广到整个中国人、新加坡华人和马来西亚华人，则需统计检验来判断，具体需要使用多总体比较的假设检验方法。为此，本节在 3 个国家的样本中进行两两比较检验，这样可以简化做法，同时更加细致地展现两个比较对象可能存在的差异。为了保证假设检验所使用方法的可靠性，本节首先对 3 个国家样本在 WVS 价值观量表各维度上的得分分布进行检验，结果显示这 3 个国家的样本在所有价值观维度上的得分都不服从正态分布。另外考虑到这些样本所来自的总体方差未知，因此接下来的均值比较使用非参数检验方法来完成。

除了分别进行中国人与新加坡华人、中国人与马来西亚华人、新加坡华人与马来西亚华人的假设检验之外，我们还估计了比较组的得分大于被比较组得分的概率值，这个概率值不是单侧检验的结果，但是可以辅助我们判断总体上 3 个国家得分差异的相对大小。检验结果显示，在自我导向价值观上，中国人与新加坡华人、中国人与马来西亚华人之间在得分上有显著差异，而新加坡华人与马来西亚华人则没有显著差异（见表 3-15）。

表 3-15　中国人和新加坡华人、马来西亚华人的 WVS 价值观量表得分的秩和检验

题目序号	价值观类型	中国人/新加坡华人		中国人/马来西亚华人		新加坡华人/马来西亚华人	
V70	自我导向	0.0000	0.595	0.0000	0.601	0.7988	0.495
V71	权　力	0.0859	0.517	0.0108	0.543	0.1386	0.474
V72	安　全	0.0001	0.539	0.0000	0.666	0.0000	0.371
V73	享乐主义	0.0000	0.660	0.0001	0.566	0.0000	0.593
V74	仁　慈	0.2793	0.511	0.0320	0.536	0.1585	0.475
V75	成　就	0.0000	0.541	0.6723	0.493	0.0027	0.553
V76	刺　激	0.0000	0.664	0.2516	0.481	0.0000	0.638
V77	服　从	0.0000	0.568	0.0000	0.691	0.0000	0.357
V78	普遍主义	0.0027	0.470	0.0000	0.631	0.0000	0.338
V79	传　统	0.0002	0.462	0.0000	0.634	0.0000	0.319

注：第一列为双侧检验的 p 值，$\alpha = 0.05$；第二列为前一组比后一组得分大的概率。

在权力价值观上，中国人与新加坡华人、新加坡华人与马来西亚华人在得分上没有显著差异，但中国人与马来西亚华人之间则有显著差异。

在安全价值观上，中国人与新加坡华人、中国人与马来西亚华人，以及新加坡华人与马来西亚华人在得分上均有显著差异。此外，中国人得分大于马来西亚华人得分的概率为 0.67，中国人得分大于新加坡华人得分的概率为 0.54，前者大于后者，这说明中国人的得分在统计意义上有可能最高。

在享乐主义价值观上，中国人与新加坡华人、中国人与马来西亚华人，以及新加坡华人与马来西亚华人在得分上均有显著差异。如果再考虑到 3 组得分比较的概率值，中国人的得分更有可能大于新加坡华人得分，而新加坡华人得分又大于马来西亚华人得分。

在仁慈价值观上，中国人与新加坡华人、新加坡华人与马来西亚华人在得分上没有显著差异，但中国人与马来西亚华人之间则有显著差异。

在成就价值观上，中国人与新加坡华人、新加坡华人与马来西亚华人在得分上存在显著差异，但中国人与马来西亚华人之间没有显著差异。

在刺激价值观上，检验结果与成就价值观的结果一样，即中国人与新

加坡华人、新加坡华人与马来西亚华人在得分上存在显著差异，但中国人与马来西亚华人之间没有显著差异。

在服从价值观上，中国人与新加坡华人、中国人与马来西亚华人，以及新加坡华人与马来西亚华人在得分上均有显著差异。结合 3 组得分比较的概率值，中国人的得分更有可能大于新加坡华人得分，而新加坡华人得分又大于马来西亚华人得分。

最后，在普遍主义和传统两个价值观上，中国人与新加坡华人、中国人与马来西亚华人，以及新加坡华人与马来西亚华人在得分上均有显著差异。

综上，3 个国家价值观得分的秩和检验已经初步透露出一些信息。首先，中国人和新加坡华人在权力和仁慈 2 个价值观上的得分没有显著差异；中国人和马来西亚华人在成就和刺激 2 个价值观上的得分没有显著差异；新加坡华人和马来西亚华人在自我导向、权力和仁慈 3 个价值观上的得分没有显著差异。其次，中国人与新加坡华人、中国人与马来西亚华人，以及新加坡华人与马来西亚华人在安全、享乐主义、服从、普遍主义和传统共 5 个价值观上的得分存在显著差异。最后，得分上的显著或不显著差异体现出中国人与新加坡华人、马来西亚华人之间在诸多价值观认同上的复杂关系。

三　华人价值观渐进式扩散的实证分析

（一）研究问题和思路

从前面的分析可以看出，中国人与新加坡华人、马来西亚华人虽然在一些价值观的得分上没有显著差异，但是在另一些价值观的得分上又有显著差异，而且新加坡华人和马来西亚华人之间也存在类似的情形。这种情形就是华人价值观在不同国家内部的渐进式扩散结果，它是华人群体内部就华人价值观跨越时空的传承。这种传承一方面得益于华人内部的交往，另一方面得益于华人家庭内部的文化传递。由于本研究无法获得海外华人内部群体交往的统计数据，所以只能从华人家庭内部的文化传递来研究华人价值观渐进式扩散，也就是分析这两者之间的关系。

如果以量化思维来考虑华人家庭内部的文化传递，需要找到合适的变量来作为华人家庭内部文化传递的测量指标，从 WVS 的问卷和二手数据的实际情况来看，本研究准备用通常在家中使用的语言（种类）这一变量①。语言无疑是文化传承最重要的媒介，而且语言本身也是被传承的内容之一，通过语言，华人价值观也有可能在代际传递。就本研究的样本而言，中国人以普通话或方言作为主要使用语言，而新加坡华人和马来西亚华人则存在多种语言选择，无论在公共场合还是家庭内部都是如此，但是家庭应该是重要语言尤其是母语的主要使用和学习场所。因此，接下来我们就分析在家中使用的语言（种类）对不同价值观得分的影响。在实际分析中，我们将分两个部分：首先，我们通过回归分析方法，在只加入少量控制变量的基础上，分析国别变量对各价值观得分的影响；其次，我们分别针对新加坡华人和马来西亚华人在家中使用的语言（种类）情况，分析该变量对各价值观得分的影响。

（二）不同国家价值观得分的回归分析

在这部分，我们将国家处理成定类变量，只加入性别和年龄等少量控制变量，通过回归分析可以同时关注中国、新加坡、马来西亚三国的区别。本小节的因变量是受访者对每项价值观的认同程度，操作化方面使用 WVS 的原始编码。在这里我们使用序次逻辑斯蒂回归方法，报告的回归分析结果为比值比（odds ratio）②。

对自我导向价值观（V70）的回归分析显示，女性倾向于不认同自我导向价值观的概率比要比男性的概率比高，换句话说，男性要比女性更可能认同此项价值观。年龄对自我导向价值观认同程度有显著正向影响，而年龄平方则对因变量有显著负向影响，说明受访者随着年龄的增加，其认同自我导向价值观的可能性先减小后增加。回归分析还显示，新加坡华人和马来西亚华人要比中国人更加认同自我导向价值观，而新加坡华人又要比马来西亚华人更认同此项价值观（见表 3-16）。

对权力价值观（V71）的回归分析显示，女性要比男性更倾向于不认同该价值观，年龄对因变量没有显著影响。新加坡华人和马来西亚华人要

---

① WVS 问卷的题目是 "What language do you normally speak at home?"
② 与上一章不同，本节报告的回归分析结果不是回归系数 β 值，而是 exp（β），即比值比，请读者注意。

比中国人更加认同权力价值观，而马来西亚华人又要比新加坡华人更认同权力价值观。对安全价值观（V72）的回归分析显示，性别和年龄对因变量均没有显著影响。新加坡华人和马来西亚华人要比中国人更加认同安全价值观，而马来西亚华人又要比新加坡华人更认同安全价值观。

对享乐主义价值观（V73）的回归分析显示，性别对因变量没有显著影响，而年龄和年龄平方分别对因变量有显著正向和负向影响，说明年龄的影响效果也是呈倒 U 形曲线。新加坡华人和马来西亚华人要比中国人更加认同享乐主义价值观，而新加坡华人又要比马来西亚华人更认同享乐主义价值观。对仁慈价值观（V74）的回归分析显示，性别和年龄对因变量有显著正向影响。新加坡华人和中国人没有显著差异，但是马来西亚华人要比中国人更加认同仁慈价值观（见表 3-16）。

表 3-16　中国人、新加坡华人、马来西亚华人对 WVS 价值观量表得分的
序次逻辑斯蒂回归分析（V70~V74）

	V70	V71	V72	V73	V74
性别[1]	0.710 ***	0.804 ***	1.085	1.024	0.828 ***
年龄	1.060 ***	1.014	0.995	1.053 ***	1.029 **
年龄平方/100	0.962 ***	1.000	1.008	0.956 ***	0.969 **
国家[2]：新加坡	0.545 ***	0.886 *	0.771 ***	0.363 ***	0.943
马来西亚	0.573 ***	0.797 **	0.303 ***	0.672 ***	0.787 **
Pseudo R^2	0.024	0.006	0.011	0.025	0.002
个案数（N）	3607	3607	3607	3607	3607

注：1. 女性作为参照组。2. 中国作为参照组。3. * $p<0.1$；** $p<0.05$；*** $p<0.01$。

对成就价值观（V75）的回归分析显示，新加坡华人要比中国人更加认同此项价值观，而马来西亚华人和中国人没有显著差异。对刺激价值观（V76）而言，新加坡华人要比中国人更加认同此项价值观，但是马来西亚华人要比中国人更不认同此项价值观。就服从价值观（V77）而言，新加坡华人和马来西亚华人都要比中国人更加认同该价值观，而马来西亚华人又要比新加坡华人更认同此项价值观。就普遍主义价值观（V78）来说，中国人要比新加坡华人更加认同此项价值观，马来西亚华人又要比中国人更认同此项价值观，而传统价值观（V79）的认同情形与此相同（见

表 3-17)。

表 3-17　中国人、新加坡华人、马来西亚华人对 WVS 价值观量表得分的序次逻辑斯蒂回归分析（V75～V79）

	V75	V76	V77	V78	V79
性别[1]	0.694 ***	0.699 ***	1.017	0.957	1.011
年龄	1.053 ***	1.098 ***	0.989	1.000	0.979 **
年龄平方/100	0.969 ***	0.929 ***	1.003	1.003	1.005
国家[2]：新加坡	0.745 ***	0.364 ***	0.654 ***	1.203 ***	1.287 ***
马来西亚	1.148	1.296 **	0.231 ***	0.402 ***	0.374 ***
Pseudo R^2	0.017	0.044	0.017	0.009	0.016
个案数（N）	3607	3607	3607	3607	3607

注：1. 女性作为参照组。2. 中国作为参照组。3. $* p<0.1$；$** p<0.05$；$*** p<0.01$。

（三）语言对新加坡华人、马来西亚华人价值观得分的回归分析

1. 语言对新加坡华人价值观得分的回归分析

在这部分，我们将分析语言对新加坡华人和马来西亚华人价值观得分的影响，由于这两国的华人在家中使用的语言不同，所以本节分别对其进行分析。新加坡华人在家中使用的语言（种类）包括汉语方言、英语、普通话和其他语言，其中汉语方言又主要包括闽南话、广东话和海南话等，其他语言包括马来语等。在回归分析中，本节以英语作为参照组。回归分析显示，对于自我导向价值观（V70）而言，在家中使用普通话的新加坡华人要比在家中使用英语的更不认同此项价值观。对于权力价值观（V71）而言，使用其他语言的要比使用英语的新加坡华人更不认同此项价值观，而使用汉语方言或普通话的与使用英语的在此项价值观量表的得分没有显著差异。对于安全价值观（V72）来说，使用语言类型对其没有显著影响。对于享乐主义价值观（V73）来说，使用其他语言的要比使用英语的新加坡华人更不认同此项价值观，而使用汉语方言或普通话的与使用英语的在此项价值观量表的得分没有显著差异。对于仁慈价值观（V74）来说，使用汉语方言和普通话的新加坡华人都要比使用英语的更不认同此项价值观（见表 3-18）。

表 3-18　语言对新加坡华人 **WVS** 价值观量表得分的
序次逻辑斯蒂回归分析（**V70~V74**）

	V70	V71	V72	V73	V74
性别[1]	0.734 ***	0.924	1.024	1.234 **	0.848
年龄	1.045 **	1.038 **	0.993	1.081 ***	1.023
年龄平方/100	0.956 **	0.957 **	1.002	0.925 ***	0.969 *
家中语言[2]：汉语方言	1.063	0.941	1.290	0.931	1.382 *
普通话	1.237 *	0.926	1.028	1.044	1.245 *
其他语言	1.141	2.633 *	0.965	5.369 ***	0.954
Pseudo R^2	0.005	0.003	0.001	0.010	0.004
个案数（N）	1221	1221	1221	1221	1221

注：1. 女性作为参照组。2. 英语作为参照组。3. * $p<0.1$；** $p<0.05$；*** $p<0.01$。

对于成就价值观（V75）来说，使用语言类型对其没有<u>显著</u>影响。对于刺激价值观（V76）来说，使用普通话的新加坡华人要比使用英语的新加坡华人更不认同此项价值观，而其他语言类型对其没有显著影响。对于服从（V77）和普遍主义（V78）价值观而言，使用普通话的新加坡华人要比使用英语的新加坡华人更不认同此两项价值观。对于传统价值观（V79）而言，使用其他语言的新加坡华人要比使用英语的新加坡华人更认同此项价值观（见表 3-19）。

表 3-19　语言对新加坡华人 **WVS** 价值观量表得分的
序次逻辑斯蒂回归分析（**V75~V79**）

	V75	V76	V77	V78	V79
性别[1]	0.772 **	0.689 ***	0.864	0.983	1.223 *
年龄	1.068 ***	1.090 ***	1.027	0.994	0.987
年龄平方/100	0.945 ***	0.927 ***	0.969 *	1.008	0.994
家中语言[2]：汉语方言	0.941	0.929	1.261	1.130	0.882
普通话	0.955	1.447 ***	1.340 ***	1.391 ***	0.884
其他语言	1.053	2.129	0.491	0.356 *	0.164 ***
Pseudo R^2	0.010	0.020	0.004	0.004	0.015
个案数（N）	1221	1221	1221	1221	1221

注：1. 女性作为参照组。2. 英语作为参照组。3. * $p<0.1$；** $p<0.05$；*** $p<0.01$。

2. 语言对马来西亚华人价值观得分的回归分析

马来西亚华人在家中使用的语言（种类）包括中文①、英语、马来语和其他语言，此处我们也将英语设置为参照组，使用其余语言类型的华人与它进行比较。回归分析显示，对于自我导向（V70）、权力（V71）、安全（V72）和享乐主义（V73）价值观来说，使用中文或其他语言的马来西亚华人与使用英语的马来西亚华人在这些价值观上的得分没有显著差异。对于仁慈价值观（V74）来说，使用其他语言的马来西亚华人要比使用英语的马来西亚华人更加认同此项价值观（见表3-20）。

表3-20　语言对马来西亚华人 WVS 价值观量表得分的
序次逻辑斯蒂回归分析（V70~V74）

	V70	V71	V72	V73	V74
性别[1]	0.889	0.762	0.968	1.225	1.298
年龄	1.003	0.949	0.898***	1.000	1.011
年龄平方/100	1.036	1.085*	1.152***	1.020	0.999
家中语言[2]：中文	1.469	1.148	1.536	1.203	1.039
马来语	0.964	0.982	2.273	1.870	0.515
其他语言	1.146	0.924	0.464	0.930	0.055**
Pseudo R^2	0.024	0.010	0.017	1.704	0.015
个案数（N）	319	319	319	319	319

注：1. 女性作为参照组。2. 英语作为参照组。3. * $p<0.1$；** $p<0.05$；*** $p<0.01$。

对于成就价值观（V75）而言，使用中文、马来语或其他语言的马来西亚华人都要比使用英语的更加认同此项价值观，其中使用其他语言的马来西亚华人最认同此项价值观。对于刺激（V76）和服从（V77）两个价值观来说，使用中文、马来语或其他语言的马来西亚华人与使用英语的在这些价值观上的得分没有显著差异。对于普遍主义价值观（V78）而言，使用中文、马来语或其他语言的马来西亚华人均要比使用英语的更加认同

---

① 马来西亚华人在家中实际使用的中文更多是汉语方言，但是 WVS 在马来西亚的问卷设置中没有对中文做细致的区分，而是统称为中文。

此项价值观，其中使用其他语言的马来西亚华人最认同此项价值观。对于传统价值观（V79）而言，只有使用其他语言的马来西亚华人要比使用英语的更加认同此项价值观，而使用中文和马来语的与使用英语的马来西亚华人在此项价值观的得分上没有显著差异（见表 3-21）。

表 3-21　语言对马来西亚华人 WVS 价值观量表得分的
序次逻辑斯蒂回归分析（V75~V79）

	V75	V76	V77	V78	V79
性别[1]	0.953	0.659**	1.080	1.464*	1.228
年龄	0.972	0.996	0.947	0.915**	0.970
年龄平方/100	1.031	1.021	1.066	1.102**	1.032
家中语言[2]：中文	0.406**	0.514	0.742	0.452*	0.530
马来语	0.298**	0.432	0.681	0.293**	0.615
其他语言	0.085**	0.635	0.352	0.170*	0.060**
Pseudo R^2	0.009	0.011	0.003	0.014	0.010
个案数（N）	319	319	319	319	319

注：1. 女性作为参照组。2. 英语作为参照组。3. $* p<0.1$；$** p<0.05$；$*** p<0.01$。

四　小结

价值观是文化的重要内容之一，通过研究价值观可以对其所属的文化有所了解。价值观作为人类社会言行的规范，对什么是对的、好的以及什么是错的、不好的进行了说明，而世界价值观调查对其所关注的价值观的肖像式刻画，使得具体的价值观更加直接和形象，便于进行跨国比较。本节对世界价值观调查的中国人样本、新加坡华人样本和马来西亚华人样本进行了统计描述、比较和回归分析，发现就世界价值观调查关注的自我导向、权力、安全、享乐主义、仁慈、成就、刺激、服从、普遍主义、传统 10 个类型的价值观来说，3 个国家样本在不同价值观的得分上存在差异或者不存在差异，且都经过了统计显著性检验，这意味着相关发现可以推论到 3 个国家所有的中国人或者华人。新加坡虽然以华人人口为主，但其同中国在经济、政治、社会以及历史文化等方面存在诸多的差异，而马来西亚的华人在该国更是少数族群。因此，中国人、新加坡华人和马来西亚华人在价值观上的异同既可能受到华人传统历史文化的影响，从而存在一定共性；也有可能受到不同时期当地其他文化的影响，从而体现出一定差异，而上述共性和差异则体现出华人价值观跨越时空的渐进式扩散状态。

我们更关注的是海外华人与中国人还保留哪些相近或相似的价值观，以及这些价值观是通过什么渠道，以什么方式得以传承。我们在这里提出可能有两条渠道，即横向的华人内部交往和纵向的华人家庭内部传递。本节重点分析了后者可能的影响，通过家中语言使用的主要类型来作为其对中文（普通话或汉语方言）熟悉程度的测量，这里我们假定如果海外华人在家中主要使用中文（普通话或汉语方言），就有可能通过语言使用传递或接受相应的价值观。当然，这后一步的因果链条还需要更有针对性的调查数据或者深度访谈加以印证，但是我们在这里至少使用了回归分析方法，初步发现了使用中文（普通话或汉语方言）有可能导致东南亚不同国家的华人更加认同或者更加不认同某项价值观。所以本研究提示我们仍需重视海外华人尤其是青少年的中文学习及使用，对中文的熟练使用不仅开通了一条了解中国文化的道路，也是多了一条传承华人文化的重要渠道。

第二节　中国人和新加坡华人、马来西亚华人的社会价值观比较分析

一　研究问题、数据和方法

（一）研究问题

本章将比较研究的对象聚焦为中国人和东南亚华人，上一节我们使用第六轮世界价值观调查数据中的基本价值观量表对中国人和新加坡华人、马来西亚华人进行了比较分析，发现了他们在文化价值观层面的联系和差异。本节我们将继续分析他们在社会价值观层面的异同，以及影响不同样本的社会价值观的主要因素和影响模式。

（二）数据

本节我们使用第七轮世界价值观调查数据（WVS），同第六轮调查相

比，第七轮调查虽然增加了更多的东南亚国家，但由于抽样设计和其他原因，第七轮调查中的华人样本仍然不多。除了新加坡和马来西亚之外，像华人数量也不少的泰国、印度尼西亚等国家，其样本中的华人数量却非常少，比如泰国样本中只有 3 名华人，印度尼西亚样本稍多，但也只有 22 名华人，越南样本中包含了 3 名华人。如此少的样本数量无法满足大多数统计分析方法的使用条件，为了能够进行合理的统计比较分析，本节的研究对象仍是中国人和新加坡华人、马来西亚华人，针对后两类群体，本研究将通过族群变量实现对分析样本的选择控制。

（三）方法

本节对中国人和新加坡华人、马来西亚华人的社会价值观进行比较分析，这里对社会价值观的界定、使用变量及其操作化方法沿用第二章的做法，仍将从子女品质偏好、性别平等认知和道德规范认知方面对这 3 个国家的部分样本展开描述统计和影响因素分析。

二　分析结果

（一）描述统计

1. 对子女品质偏好的描述统计

本研究在第二章里对包括中国、新加坡和马来西亚在内的 8 国的所有受访者的子女品质偏好进行了描述统计，发现部分国家的受访者集中选择了部分品质，那是否因为中国人与新加坡华人、马来西亚华人存在文化上的亲近性，所以他们子女品质偏好会更加集中呢？为此，下文先对这 3 类群体子女品质偏好进行描述统计，然后对各个国家的样本选择情况进行统计检验。

中国受访者的子女品质偏好选择情况按选择比例排在前 5 位的分别是有礼貌（84.05%）、责任感（79.19%）、独立性（77.94%）、勤奋（71.54%）、对别人宽容与尊重（60.28%），这个结果同第二章一样。然后是新加坡华人受访者的选择情况，其最看重的子女品质排在前 5 位的分别是有礼貌（78.40%）、责任感（74.53%）、对别人宽容与尊重（66.60%）、独立性（55.28%）、勤奋（47.41%），除了个别品质的选择比例有微小的升降以外，这个排序同全部新加坡受访者选择情况一致。最后是马来西亚华人受访者的选择情况，其最看重的子女品质排在前5位的分别是有礼貌（82.87%）、责任感（75.54%）、对别人宽容与尊重（65.75%）、独立性（57.49%）、勤奋（45.57%），如表3-22所示。

表3-22　中国人与新加坡华人、马来西亚华人的子女品质偏好分布

单位：%

品质偏好	中国人	新加坡华人	马来西亚华人	总体
有礼貌	84.05	78.40	82.87	82.21
独立性	77.94	55.28	57.49	69.45
勤奋	71.54	47.41	45.57	62.20
责任感	79.19	74.53	75.54	77.48
有想象力	21.37	14.29	9.79	18.35
对别人宽容与尊重	60.28	66.60	65.75	62.63
节俭	40.20	33.82	42.51	38.38
坚韧	21.61	43.13	33.33	29.14
虔诚的宗教信仰	1.29	18.84	23.24	8.29
不自私	29.05	27.33	23.24	28.10
服从	5.39	15.25	10.40	8.81

可以看出，新加坡华人和马来西亚华人在子女品质偏好方面非常接近，至少就他们最偏爱的5项子女品质而言，他们的选择完全一样。另外，马来西亚华人的选择情况与所有马来西亚样本的选择情况有一处明显的不同，那就是马来西亚华人更加看重勤奋品质，该项品质排在第五位，而在马来西亚所有样本的选择中，虔诚的宗教信仰原本排在第四位。不过这个差异是就选择比例的大小而言，严格的比较还需经过统计检验的步骤。为了更详细的比较，我们接下来就中国人、新加坡华人、马来西亚华人在每项子女品质上的选择情况进行两两比较。

将中国人与新加坡、马来西亚两国中的华人视为总体，而第七轮WVS中的中国人、新加坡华人、马来西亚华人视为样本。我们对每两个样本中选择该项品质的百分比进行假设检验，原假设就是两个总体中选择的百分比没有显著差异，备选假设就是有显著差异。以0.05的显著性水

平来看，在有礼貌品质上，中国人与新加坡华人在选择比例上存在显著差异，但中国人与马来西亚华人、新加坡华人与马来西亚华人没有显著差异。在独立性品质上，中国人与新加坡华人、中国人与马来西亚华人在选择比例上存在显著差异，但新加坡华人与马来西亚华人没有显著差异。在勤奋品质上，中国人与新加坡华人、中国人与马来西亚华人在选择比例上存在显著差异，但新加坡华人与马来西亚华人没有显著差异。在责任感品质上，中国人与新加坡华人在选择比例上存在显著差异，但中国人与马来西亚华人、新加坡华人与马来西亚华人没有显著差异。在有想象力品质上，中国人与新加坡华人、中国人与马来西亚华人、新加坡华人与马来西亚华人在选择比例上均存在显著差异。在对别人宽容与尊重品质上，中国人与新加坡华人在选择比例上存在显著差异，但中国人与马来西亚华人、新加坡华人与马来西亚华人没有显著差异。在节俭品质上，中国人与新加坡华人、新加坡华人与马来西亚华人在选择比例上存在显著差异，但中国人与马来西亚华人没有显著差异。在坚韧品质上，中国人与新加坡华人、中国人与马来西亚华人、新加坡华人与马来西亚华人在选择比例上都有显著差异。在虔诚的宗教信仰品质上，中国人与新加坡华人、中国人与马来西亚华人在选择比例上存在显著差异，但新加坡华人与马来西亚华人没有显著差异。在不自私品质上，中国人与马来西亚华人在选择比例上存在显著差异，但中国人与新加坡华人、新加坡华人与马来西亚华人没有显著差异。在服从品质上，3个国家的受访者两两之间在选择比例上都存在显著差异（见表3-23）。

表3-23　中国人与新加坡华人、马来西亚华人的子女品质偏好选择比例比较

品质偏好	中国人/ 新加坡华人	中国人/ 马来西亚华人	新加坡华人/ 马来西亚华人
有礼貌	0.0000	0.5829	0.0716
独立性	0.0000	0.0000	0.4669
勤　奋	0.0000	0.0000	0.5457
责任感	0.0005	0.1257	0.7068
有想象力	0.0000	0.0000	0.0313
对别人宽容与尊重	0.0001	0.0551	0.7692

品质偏好	中国人／ 新加坡华人	中国人／ 马来西亚华人	新加坡华人／ 马来西亚华人
节 俭	0.0000	0.4207	0.0030
坚 韧	0.0000	0.0000	0.0012
虔诚的宗教信仰	0.0000	0.0000	0.0704
不自私	0.2371	0.0274	0.1307
服 从	0.0000	0.0003	0.0238

注：表中报告的是双侧检验的 p 值，$\alpha = 0.05$。

可以看出，没有一项品质的选择比例在中国人、新加坡华人和马来西亚华人之间不存在显著差异，有想象力、坚韧和服从品质更是在所有样本比较的组合中存在显著差异。此外，就所有的子女品质偏好选择比例而言，中国人与新加坡华人只在 1 个品质的选择比例上不存在显著差异，中国人与马来西亚华人在 4 个品质的选择比例上不存在显著差异，而新加坡华人和马来西亚华人则在 7 个品质的选择比例上不存在显著差异。选择比例的统计检验可以告诉我们两个样本所在总体的选择情况，不存在显著差异的结论意味着这两个总体中的选择情况一致，说明他们在这一项品质的偏好上非常接近，就上述所有统计比较的结果来说，新加坡华人和马来西亚华人在大半部分的子女品质偏好选择比例上非常相似。

2. 对性别平等认知的描述统计

本节对性别平等认知的操作化方法与第二章一致，就中国人、新加坡华人和马来西亚华人来看，他们对"与女孩相比，大学教育对男孩更重要"这条陈述的认知，整体倾向于不同意或非常不同意，其中新加坡华人和马来西亚华人均要比其本国总样本中的不同意或非常不同意比例更低。具体来说，中国合计有 79.50% 的受访者对该陈述不同意或非常不同意，新加坡华人样本中合计有 83.43% 的受访者对该陈述不同意或非常不同意，而马来西亚华人样本中则有 73.09% 的受访者对该陈述不同意或非常不同意。由此可见，绝大部分中国人和新加坡华人、马来西亚华人更加看重男女之间平等的受教育权利（见表 3-24a）。

表 3-24a　中国人与新加坡华人、马来西亚华人的性别平等认知状况

单位：%

与女孩相比，大学教育对男孩更重要	中国人	新加坡华人	马来西亚华人	总体
非常同意	5.07	2.28	4.89	4.19
同　意	15.43	14.29	22.02	15.54
不同意	60.81	53.00	45.87	57.33
非常不同意	18.69	30.43	27.22	22.95
合　计	100.00	100.00	100.00	100.00

注：已剔除缺失值、无回答、不知道等个案。

对"总的来说，男人比女人能成为更好的经理人"这条陈述的认知，中国人和新加坡华人、马来西亚华人均不太认同，其中新加坡华人样本中有 77.27% 的受访者表示不同意或非常不同意该陈述，持否定态度的比例最高。其次是中国人样本，共有 64.98% 的受访者对该陈述表示不同意或非常不同意。最后是马来西亚华人样本，共有 60.86% 的受访者对该陈述表示不同意或非常不同意。上述结果说明在工作领域，大部分中国人和新加坡华人、马来西亚华人并不认为男性从事商业工作的能力要强于女性（见表 3-24b）。

表 3-24b　中国人与新加坡华人、马来西亚华人的性别平等认知状况

单位：%

总的来说，男人比女人能成为更好的经理人	中国人	新加坡华人	马来西亚华人	总体
非常同意	5.26	1.87	7.03	4.33
同　意	29.76	20.86	32.11	27.16
不同意	56.28	57.10	43.43	55.63
非常不同意	8.70	20.17	17.43	12.88
合　计	100.00	100.00	100.00	100.00

注：已剔除缺失值、无回答、不知道等个案。

对"当就业机会少时，男人应该比女人更有权利工作"这条陈述，新加坡华人样本中表示同意或非常同意的比例最低，合计有 25.88%，其次是马来西亚华人样本，其表示同意或非常同意的比例合计为 38.23%，最后是中国人样本，合计有 44.93% 的受访者表示同意或非常同意。从另

一个角度来看，新加坡华人样本中对该陈述表示不同意或非常不同意的比例共为 54.94%，中国人样本中表示不同意或非常不同意的比例为 48.50%，马来西亚华人样本中表示不同意或非常不同意的比例为 31.50%。此外，马来西亚华人样本中表示既不同意也不反对的比例最高，达 30.28%，新加坡华人样本中有 19.19% 的受访者持此态度，而中国人样本中持此态度的比例最低，只有 6.57%，这说明对该项陈述的态度分布较为复杂，且不少受访者的态度较为含糊，倒是中国的受访者能够有较为清晰的表达（见表 3-24c）。

表 3-24c　中国人与新加坡华人、马来西亚华人的性别平等认知状况

单位：%

当就业机会少时，男人应该比女人更有权利工作	中国人	新加坡华人	马来西亚华人	总体
非常同意	10.26	4.07	11.93	8.45
同　意	34.67	21.81	26.30	30.07
既不同意也不反对	6.57	19.19	30.28	12.17
不同意	42.14	39.96	17.74	39.75
非常不同意	6.36	14.98	13.76	9.57
合　计	100.00	100.00	100.00	100.00

注：已剔除缺失值、无回答、不知道等个案。

对"如果家庭中妻子挣钱比丈夫多，那将出现问题"这条陈述，中国人和新加坡华人、马来西亚华人的态度分布与对上一条陈述中表现出来的态度分布非常接近。从同意或非常同意角度来看，新加坡华人、马来西亚华人和中国人的选择比例依次升高，而其不同意或非常不同意的选择比例从高到低依次为中国人、新加坡华人和马来西亚华人。态度表达为既不同意也不反对的比例从高到低依次为马来西亚华人、新加坡华人和中国人。这样的态度分布说明中国人样本中对该陈述持肯定或否定态度的受访者比例在所有国家样本中是最多的，这一方面说明中国人的态度倾向较为明确，非此即彼，没有太多的含糊、不明确；另一方面也说明中国人能够直率地表达出自己的态度（见表 3-24d）。

表 3-24d　中国人与新加坡华人、马来西亚华人的性别平等认知状况

单位：%

如果家庭中妻子挣钱比丈夫多，那将出现问题	中国人	新加坡华人	马来西亚华人	总体
非常同意	3.52	1.38	5.81	3.01
同　意	23.26	18.56	20.80	21.62
既不同意也不反对	10.69	26.16	37.61	17.41
不同意	54.42	43.48	28.13	49.16
非常不同意	8.11	10.42	7.65	8.80
合　计	100.00	100.00	100.00	100.00

注：已剔除缺失值、无回答、不知道等个案。

3. 对道德规范认知的描述统计

我们先对中国人、新加坡华人和马来西亚华人样本对道德规范稳定性的认知进行描述统计。受访者对"有人认为，当今人们很难决定应该遵循何种正确的道德规范。你是否同意这一说法？"这一问题的回答得分就是其认知得分，得分越小表示其越同意该说法，得分越大则表示越不同意该说法。马来西亚华人样本的分数平均值最小，为 4.80 分，说明其在 3 国样本中最认同该判断。其次是新加坡华人，其得分的均值为 5.06 分，最后是中国人，其得分的均值为 5.19 分。从这个得分分布可以发现，中国人或华人比例较高的国家其受访者更不认同该项陈述，这提示我们人口或文化的多样性与道德规范的稳定性之间可能存在一定关联。此外，我们还要注意到中国人样本得分的标准差是最大的，也就意味着虽然中国人样本更不认同"很难决定应该遵循何种正确的道德规范"，但是有关这个问题的看法存在较大的差异（见表 3-25）。

表 3-25　中国人与新加坡华人、马来西亚华人的道德规范稳定性认知状况得分

	个案数	最小值	最大值	$\bar{x} \pm s$
中国人	2834	1	10	5.19±2.57
新加坡华人	1440	1	10	5.06±2.19
马来西亚华人	327	1	10	4.80±2.04
总　计	4601	1	10	5.12±2.43

注：已剔除缺失值、无回答、不知道等个案。

　　然后，本研究使用 WVS 的道德量表对 3 个国家的受访者的整体社会行为认同状况进行测量。因为对原始样本进行了选择，所以我们需要再一次检验量表对新的分析样本的信度，结果发现测量信度稍有下降，3 个国家的样本的克隆巴赫系数值为 0.80，而中国人样本为 0.74、新加坡华人样本为 0.76、马来西亚华人样本为 0.91，这个信度水平尚可，说明还可以使用该量表进行分析。描述统计发现马来西亚华人样本的得分均值最大，为 36.29 分，说明马来西亚华人要比新加坡华人和中国人更能接受这些行为，新加坡华人样本的得分均值居中，为 22.01 分，中国人样本的得分均值最小，为 20.97 分（见表 3-26）。

表 3-26　中国人与新加坡华人、马来西亚华人的整体社会行为认同状况得分

	个案数	最小值	最大值	$\bar{x} \pm s$
中国人	2839	10	100	20.97±10.20
新加坡华人	1439	10	86	22.01±10.18
马来西亚华人	327	10	95	36.29±18.25
总　计	4605	10	100	22.39±11.62

　　注：已剔除缺失值、无回答、不知道等个案。

　　本研究进一步地对各个国家样本在每个社会行为上的认同状况进行计算，以得分的平均分为分析指标，均值越低表示越不能接受，均值越高表示越能接受。从各个国家样本内部来看，中国人最不能接受的行为是偷盗，能接受的是离婚；新加坡华人最不能接受的是打老婆，能接受的是离婚；马来西亚华人最不能接受的是偷盗，而能接受的是离婚。可以看出，中国人、新加坡华人、马来西亚华人样本都能接受离婚，而在不能接受的行为方面，中国人和马来西亚华人一致，但新加坡华人不同，其不能接受的行为属于家庭内部事务。

　　从各项社会行为的接受程度来看，中国人和新加坡华人、马来西亚华人的选择有一定的差异。对于向政府要求自己无权享受的福利（Q177）来说，马来西亚华人的接受程度最高，而新加坡华人最低。对于逃票（乘坐公共汽车不买票，Q178）来说，马来西亚华人的接受程度最高，而中国人最低。对于偷盗（Q179）来说，马来西亚华人的接受程度最高，而中国人的接受程度最低。对于有机会就逃税（Q180）

来说，马来西亚华人的接受程度最高，而中国人的接受程度最低。对于接受贿赂（Q181）来说，马来西亚华人的接受程度最高，而新加坡华人的接受程度最低。对于卖淫（Q183）来说，马来西亚华人的接受程度最高，而中国人的接受程度最低。对于离婚（Q185）来说，马来西亚华人的接受程度最高，而中国人的接受程度最低。对于打老婆（Q189）来说，马来西亚华人的接受程度最高，而新加坡华人的接受程度最低。对于父母打孩子（Q190）来说，马来西亚华人的接受程度最高，而中国人的接受程度最低。对于针对他人的暴力行为（Q191）来说，马来西亚华人的接受程度最高，而新加坡华人的接受程度最低（见表 3-27）。

表 3-27　中国人与新加坡华人、马来西亚华人的各项社会行为认同状况得分均值

社会行为	中国人	新加坡华人	马来西亚华人	总体
Q177	3.28	2.48	4.21	3.09
Q178	1.60	1.76	3.73	1.80
Q179	1.27	1.32	2.81	1.40
Q180	1.48	1.51	3.34	1.62
Q181	1.59	1.37	3.14	1.63
Q183	1.47	2.85	3.75	2.06
Q185	3.74	4.34	4.83	4.00
Q189	1.55	1.29	2.88	1.56
Q190	3.36	3.52	4.52	3.49
Q191	1.63	1.58	3.07	1.72

注：已剔除缺失值、无回答、不知道等个案。

针对中国人、新加坡华人和马来西亚华人的社会价值观统计描述，可以从中发现这三个群体在子女品质偏好、性别平等认知、道德规范认知方面有较强的联系。整体上，虽然三个群体在不同价值观方面的得分有差异，但是他们相比于其他国家或族群而言，在相当多的方面的认知状况较为接近，比如对大部分社会行为的接受程度相近，在道德规范稳定性方面都有相当肯定的认识等。但他们之间的差异也是客观存在的，比如中国

人、新加坡华人、马来西亚华人对相当多的社会行为有着差异化的接受程度，且接受程度按照中国人或华人比例的变化而变化，从中反映出价值观的一元性和多元性给不同群体带来的差异化影响。新加坡人口的主体是华人，而马来西亚华人在马来西亚人口中占据少数地位，这样的人口比例必然会影响到整个社会的价值观构成，同时对社会内部的不同人口或文化群体的社会价值观产生不同影响。

（二）关于社会价值观的影响因素分析

接下来，将对中国人、新加坡华人和马来西亚华人的社会价值观进行影响因素分析，我们仍将使用第二章第二节当中用到的自变量，如性别、年龄、受教育程度、宗教信仰状况、婚姻状况、是否有子女、主观社会阶层，这些变量的操作化方法也将遵循同样的做法。但与之前稍有不同的是，本节将加入一个新变量——家庭使用语言，这是一个根据原有调查重新处理生成的虚拟变量，当受访者在家中使用的语言为中文时记为 1[①]，否则记为 0。

1. 关于子女品质偏好的影响因素分析

与第二章一样，本节我们仍然使用有礼貌作为子女品质偏好的测量指标参与影响因素分析，本小节因变量为是否选择有礼貌品质，仍然使用二元逻辑斯蒂回归方法对自变量进行回归分析。在分析策略方面，我们将对中国人、新加坡华人和马来西亚华人的样本分别进行回归分析。表 3-28 中的模型 1 是对中国人样本的回归分析结果，可以发现，有宗教信仰的受访者相比于没有宗教信仰的受访者选择有礼貌这个品质的可能性更大。受教育程度对因变量有显著的负向影响，小学到研究生及以上所有受教育程度的受访者选择有礼貌这个品质的可能性要比未受过正式教育的受访者更小。主观社会阶层变量中，只有自认为中层的受访者要比下层的受访者选择有礼貌品质的可能性更大，其余主观社会阶层对因变量均没有显著影

---

① WVS 对不同国家受访者使用语言的分类有差异，其中新加坡的选项包括英语、马来语、中文（普通话）和其他汉语方言，马来西亚的选项包括英语、马来语和中文（普通话等），中国的选项包括中文（普通话）和其他汉语方言，为了简化信息，我们将使用中文（普通话）和其他汉语方言的视为一个类型，而使用英语、马来语和其他语言的为另一个类型（非中文）。

响。本研究在此模型中新加入的家庭使用语言变量对因变量也没有显著影响（见表3-28）。

模型2是对新加坡华人样本的回归分析结果，性别、年龄、宗教信仰状况、婚姻状况、是否有子女、受教育程度、主观社会阶层变量对因变量都没有显著影响，唯独家庭使用语言变量对因变量有显著的正向影响，说明在家中使用中文的新加坡华人偏爱有礼貌品质的可能性要比不在家中使用中文的新加坡华人高。这一点说明中文的使用同偏好有礼貌及其他品质之间存在特定的关联。模型3是对马来西亚华人样本的回归分析结果，该模型中大多数自变量对因变量也没有显著影响，只有性别变量对因变量有较为显著的负向影响，这意味着女性马来西亚华人要比男性马来西亚华人偏爱有礼貌品质的可能性更低（见表3-28）。

表3-28　中国人、新加坡华人、马来西亚华人对子女品质偏好的二元逻辑斯蒂回归分析

	模型 1（中国人）	模型 2（新加坡华人）	模型 3（马来西亚华人）
性别[1]	0.096	0.204	-0.652**
年龄	-0.001	-0.006	-0.011
宗教信仰状况[2]	0.296*	-0.101	0.304
婚姻状况[3]	-0.181	0.403	0.959
是否有子女[4]	0.186	-0.271	-0.952
家庭使用语言[5]	0.528	0.234*	0.052
受教育程度[6]：小学	-0.717**	-0.125	1.861
初中	-0.636**	-0.334	1.234
高中	-0.770**	-0.380	0.373
大学	-1.097***	-0.484	1.046
研究生及以上	-1.834***	-0.522	—
主观社会阶层[7]：中下层	-0.018	0.132	1.149
中层	0.406***	0.014	0.887
中上层	0.259	-0.301	1.278
上层	0.204	-1.021	0.292
Pseudo R^2	0.018	0.016	0.056
个案数（N）	2878	1449	327

注：1. 男性为参照组。2. 无宗教信仰为参照组。3. 未婚为参照组。4. 无子女为参照组。5. 不使用中文为参照组。6. 未受过正式教育为参照组。7. 下层为参照组。8. * $p<0.1$；** $p<0.05$；*** $p<0.01$。下同。

2. 关于性别平等认知的影响因素分析

本研究用对"与女孩相比,大学教育对男孩更重要"这一陈述的意见来测量受访者对性别平等的认知,受访者可以对此表示非常同意、同意、不同意、非常不同意,从而作为本小节的因变量,对定序变量的回归可以使用序次逻辑斯蒂回归方法,本研究将使用该方法对中国人、新加坡华人和马来西亚华人进行回归。

表 3-29 的模型 1 是对中国人样本的回归分析结果,性别和宗教信仰状况对因变量有显著的正向影响,说明女性受访者比男性受访者对该陈述更有可能表现出否定的态度,而有宗教信仰的受访者也要比没有宗教信仰的受访者更有可能对该陈述表现出否定的态度。年龄、婚姻状况、是否有子女、家庭使用语言、受教育程度变量对因变量都没有显著影响。主观社会阶层变量中只有中层变量的影响达到了 0.01 的显著性水平,且其影响效果为负向,这意味着相比于主观社会阶层为下层的受访者,中层的受访者更有可能对该陈述表现出肯定态度(见表 3-29)。

模型 2 是对新加坡华人样本的回归分析结果,其中性别对因变量有显著的正向影响,而年龄、宗教信仰状况对因变量有显著的负向影响。我们特别加入的家庭使用语言变量对因变量有负向影响,且显著性水平达到了 0.01,这意味着在家中使用中文的新加坡华人对该陈述更有可能表现出肯定态度或不太强烈的否定性态度。而受教育程度变量中只有高中、大学、研究生及以上对因变量有显著正向影响,说明较高受教育程度的新加坡华人对该陈述有较强烈的否定态度。而在主观社会阶层变量中,主观上认为自己是上层的受访者相对于下层的受访者对该陈述表现出更为强烈的肯定态度。模型 3 是对马来西亚华人样本的回归分析结果,该模型中性别和年龄均对因变量有显著正向影响,受教育程度变量中,除小学受教育程度的受访者外,其余各等级受教育程度的受访者均要比未受过正式教育的受访者更有可能对该陈述表现出更为强烈的否定态度。而主观上认为自己是上层的马来西亚华人比下层的受访者更有可能对该陈述表现出较为强烈的肯定态度(见表 3-29)。

表 3-29 对性别平等认知的序次逻辑斯蒂回归分析

	模型 1（中国人）	模型 2（新加坡华人）	模型 3（马来西亚华人）
性别	0.337 ***	0.669 ***	0.594 ***
年龄	−0.006	−0.024 ***	0.020 **
宗教信仰状况	0.036 *	−0.280 **	−0.084
婚姻状况	0.122	−0.118	−0.073
是否有子女	−0.267	−0.167	−0.540
家庭使用语言	−1.200	−0.403 ***	−0.359
受教育程度：小学	−0.221	0.162	0.124
初中	−0.107	0.452	1.926 ***
高中	−0.122	0.430 *	2.401 ***
大学	−0.019	0.924 ***	1.892 ***
研究生及以上	−0.021	1.524 ***	1.267 **
主观社会阶层：中下层	0.028	−0.276	−0.137
中层	−0.159 ***	−0.226	−0.325
中上层	−0.328	−0.023	−0.574
上层	−0.449	−1.500 *	−1.746 *
Pseudo R^2	0.008	0.091	0.056
个案数（N）	2878	1449	327

3. 关于道德规范认知的影响因素分析

WVS 道德量表列举的社会行为较多，本小节选择离婚作为观察和分析的切入点，以对它的接受程度来作为对道德规范认知变量的操作化方法，即对离婚的接受程度是本小节的因变量。因为原始的测量方法是根据受访者的态度，即从完全不能接受到完全能接受相应赋值为 1 到 10 分，所以本小节使用一般线性回归方法进行分析。表 3-30 中的模型 1 是对中国人样本的回归分析结果，其中使用的自变量跟前面对子女品质偏好和性别平等认知模型中的一致。在这个模型中，性别、年龄和其他人口特征变量对因变量没有显著影响，但初中及以上受教育程度对因变量有显著正向影响，显示受教育程度越高的受访者对离婚的接受程度越高。主观社会阶层变量中只有主观上自认为是中层的受访者要比参照组

的受访者对离婚的接受程度更高，而其他主观社会阶层的影响没有达到
显著性水平。

模型 2 是对新加坡华人样本的回归分析结果，可以看出，年龄、宗教
信仰状况、是否有子女对因变量都有显著负向影响，这说明年龄越大的、
有宗教信仰的以及有子女的新加坡华人更不能接受离婚。家庭使用语言变
量对因变量也有显著负向影响，这说明在家中使用中文的新加坡华人要比
那些在家中使用非中文的更不能接受离婚。在受教育程度变量中，只有初
中受教育程度达到了 0.1 的显著性水平，说明初中受教育程度的受访者比
参照组的受访者更不能接受离婚，而主观社会阶层变量对因变量没有显著
影响。从模型拟合质量指标——决定系数（R^2）来看，面对相同的自变
量，只有对新加坡华人样本的回归模型有着最高的绝对系数，说明这些自
变量对新加坡华人有更强的解释力。

模型 3 是对马来西亚华人样本的回归分析结果，只有宗教信仰状况和
主观社会阶层变量中的上层才对因变量有显著负向影响。以上结果说明有
宗教信仰的受访者会降低对离婚的接受程度，同时，主观上认为自己是上
层的受访者要比参照组的受访者更不能接受离婚。此外，其他自变量对因
变量没有显著影响，但同样的自变量对马来西亚华人要比对中国人有更强
的解释力，其中前者的决定系数是 0.087，而后者的决定系数则是 0.050，
前者几乎是后者的两倍（见表 3-30）。

表 3-30　中国人、新加坡华人、马来西亚华人对道德规范认知的一般线性回归分析

	模型 1 （中国人）	模型 2 （新加坡华人）	模型 3 （马来西亚华人）
性别	−0.027	0.204	0.183
年龄	−0.005	−0.043 ***	−0.017
宗教信仰状况	−0.074	−0.988 ***	−0.906 ***
婚姻状况	−0.425	−0.065	−0.209
是否有子女	0.024	−0.587 **	−0.311
家庭使用语言	1.312	−0.261 *	0.151
受教育程度：小学	0.226	−0.272	−0.258
初中	0.541 **	−0.696 *	0.216

续表

	模型 1 （中国人）	模型 2 （新加坡华人）	模型 3 （马来西亚华人）
高中	0.945 ***	-0.193	0.257
大学	1.474 ***	0.007	0.552
研究生及以上	2.936 ***	-0.215	0.289
主观社会阶层：中下层	0.243	-0.292	-0.327
中层	0.132 ***	-0.007	-0.706
中上层	0.210	0.197	-0.244
上层	0.438	0.126	-0.109 *
Pseudo R^2	0.050	0.198	0.087
个案数（N）	2878	1449	327

三　小结

就不同的分析样本而言，对因变量发挥显著作用的自变量并不完全相同，从而形成了不同的影响模式。从人口特征变量来看，它对各国样本的社会价值观产生了不同的影响。就性别的影响效果来看，它对马来西亚华人的子女品质偏好有影响，也对中国人与新加坡华人、马来西亚华人的性别平等认知有影响，而且对性别平等认知的影响是相同的，都是女性要比男性更不认同大学对男性更加重要，这体现出华人女性较强的性别平等意识。就年龄的影响来看，它对三个国家受访者的子女品质偏好都没有显著影响，而对新加坡华人和马来西亚华人的性别平等认知有显著影响，但影响效果截然相反，新加坡华人的性别平等认知随着年龄增长而趋于性别不平等化，而马来西亚华人则是随着年龄增长而趋于性别平等化。在对道德规范认知的影响方面，年龄只对新加坡华人的认知有抑制作用，即年龄越大越不能接受离婚。

婚姻状况自始至终没有对任何国家样本的任意社会价值观发挥过显著的影响，但与其相比，是否有子女却能发挥一定的作用。有子女并不一定对其子女品质偏好和性别平等认知发挥作用，但确实能显著地影响新加坡华人对离婚的接受程度。家庭使用语言只对新加坡华人有显著影响，而且这种影响贯穿了本节中社会价值观的各个方面。无论是对性别平等认知还是对离婚的接受程度，在家中使用中文的新加坡华人的态度更加传统，或者也可以说更加保守，使用某种语言与社会价值观的表现有较强的联系。

除此之外，受教育程度和主观社会阶层也对三个国家的受访者的社会价值观起到了重要影响。比如受教育程度提高了新加坡华人、马来西亚华人的性别平等意识，同时也提升了中国人对离婚的接受度。相比之下，主观社会阶层的影响更加深刻且复杂，特别是对中国的中层社会阶层和新加坡华人、马来西亚华人的上层社会阶层来说。具体而言，中国的中层社会阶层似乎更喜欢子女讲礼貌，相对更加认同高等教育对男性的重要性，同时还对离婚有着较高的接受程度。而新加坡华人、马来西亚华人中只有自认为属于上层社会阶层的受访者才更看重高等教育对男性的重要性，这是否说明中国的中层社会阶层和新加坡华人、马来西亚华人的上层社会阶层在性别平等认知方面趋于一致，这还需要从更多方面来测量和分析对性别平等的认知。在对离婚的接受程度方面，中国的中层社会阶层相比于本国的下层更能接受，而马来西亚华人中的上层社会阶层相比于本国的下层却更不能接受，不同华人社会中的主观社会阶层对离婚接受程度的影响存在差异，这一点也再一次提示我们，不同华人社会的社会价值观在具备一定相似性的同时，也明显存在差异，而这种差异并不一定是来自华人文化，更有可能是特定社会文化环境与社会阶层共同影响的结果。

第三节　中国人和新加坡华人、马来西亚华人的开放社会心态比较分析

一　研究问题

作为"一带一路"倡议重要参与方的东南亚，在共建"一带一路"方面有许多得天独厚的优势，数量众多的华侨华人便是其中之一。正是因为有当地的华侨华人"搭桥引路"，中国与东南亚在贸易、资金等方面才能够更加顺畅地展开往来。东南亚华人仍然保留了很多中华文化传统，他们对"一带一路"的认识和参与态度值得我们认真关注。而在此之前，东南亚华人的开放社会心态状况，他们对外国人的整体评价和政策倾向表

现出哪些特点，这些作为基础性的问题需要通过实证研究给予具体回答。

通过研究东南亚华人的开放社会心态，一方面我们可以在更大样本范围内分析特定研究对象的开放社会心态现状及其影响因素、模式，从而进一步加深我们对该概念的认识和理解。特别是通过比较分析，寻找和发现特定研究对象之间的相似点和相异之处，深化有关认识。另一方面，通过实证研究搞清东南亚华人开放社会心态的实际情况，还有助于我们更好地在东南亚推进"一带一路"倡议的宣传和行动转化，更加有效地制定相关政策和措施。

二　研究方法

（一）数据

由于第七轮世界价值观调查数据包含了有关开放社会心态的数据，而且我们在上一章也使用了第七轮 WVS 数据来分析中国和泰国等国的开放社会心态，因此本节使用同样的数据进行分析。同时，因为东南亚各国的样本中只有新加坡和马来西亚收集了必要数量的华人样本，所以本节我们就中国人、新加坡华人和马来西亚华人三个群体进行分析。

（二）变量

本节对开放社会心态的界定和测量，与第二章第三节的做法完全一样。我们将对中国人和新加坡华人、马来西亚华人与外国人接触的意愿、对外国人的信任程度、对外国人的评价和对外国人的政策倾向进行描述统计和影响因素分析。关于上述变量以及影响因素分析中的自变量的操作化方法请参见第二章第三节中的介绍。需要特别说明的是，本节将在影响因素分析中加入一个新的解释变量——家庭使用语言，该变量没有出现在第二章第三节的分析中，但在第三章第二节分析中国人和新加坡华人、马来西亚华人的社会价值观时曾使用过。我们对它的处理仍是依照家庭中主要使用的语言是否为中文进行分类，结果为使用和不使用。加入该变量，本研究也可观察它对三个国家的样本的开放社会心态是否有统计意义上的影响，并进而分析可能的影响的产生方式。

（三）分析方法

在进行影响因素分析时，我们将依据因变量的取值性质，相应地使用二元逻辑斯蒂回归方法和序次逻辑斯蒂回归方法，这两个方法我们已经在之前的分析中多次使用过，这里也不再过多介绍。我们对每个国家的样本使用同样的自变量和解释变量进行分析，以此分析它们在不同国家样本中的差异化影响，这个分析策略和思路也与先前章节的做法一致。此外，我们报告的回归分析结果将是原始的回归系数，而不再将其转化为比值比。

三　分析结果

（一）描述统计

1. 对与外国人接触意愿的描述统计

中国人和新加坡华人、马来西亚华人在与外国人接触意愿上存在一定差异。首先，3个国家样本间的差异较大，其中新加坡华人愿意与外国人做邻居的意愿高达89.3%，中国人的这一比例为73.7%，而马来西亚华人的这一比例为48.0%，马来西亚华人的这一数据与新加坡华人相差了41.3个百分点（见表3-31）。其次，华人的主体地位或占据适当人口比重可能对加强与外国人接触意愿有促进作用。新加坡华人占总人口的70%以上，同时还有适当比重的其他族裔人口，而马来西亚华人属于马来西亚人口中的相对少数，因此，适当比重的华人人口可以确保华人人口稳定和文化心理安全，而较少比重的华人人口可能会令华人更易感受到竞争的激烈和文化心理的不安全，从而体现出不同的与外国人的接触意愿。

表3-31　中国人、新加坡华人、马来西亚华人与外国人做邻居的意愿

单位：%

与外国人做邻居的意愿	中国人	新加坡华人	马来西亚华人	总体
愿　意	73.7	89.3	48.0	76.8
不愿意	26.3	10.7	52.0	23.2
合　计	100.0	100.0	100.0	100.0

2. 对外国人信任程度的描述统计

3个国家的样本在对外国人的信任程度方面也表现出了一定差异，但这种差异又同与外国人接触意愿上的差异表现不同，也就是两个方面有错位。首先，新加坡华人对外国人非常信任和比较信任的比例最高，两者合

计为40.6%，其次是马来西亚华人，其对外国人表示非常信任和比较信任的比例合计为30.6%，最后是中国人，其对外国人表示非常信任和比较信任的比例合计为17.5%（见表3-32）。此外，虽然中国人愿意与外国人做邻居的比例达到了73.7%，比马来西亚华人的48.0%更高一些，但在对外国人的信任程度方面，其非常信任和比较信任的比例还不如马来西亚华人的高。

表3-32 中国人、新加坡华人、马来西亚华人对外国人的信任程度

单位：%

对外国人的 信任程度	中国人	新加坡华人	马来西亚华人	总体
非常信任	0.6	0.9	3.4	0.9
比较信任	16.9	39.7	27.2	24.7
不太信任	57.8	51.6	54.4	55.6
完全不信任	24.7	7.8	15.0	18.8
合 计	100.0	100.0	100.0	100.0

3. 对外国人评价状况的描述统计

（1）综合评价。就在本国的外国人对该国发展的影响来看，3个国家的受访者给出的综合评价再次呈现差异性表现。比如虽然中国的受访者表示对外国人感到不太信任和完全不信任的比例最高，两者合计为82.5%，但是中国的受访者认为外国人非常坏和有些坏的比例最低，而且认为外国人有些好和非常好的比例最高。不得不说这其中有着难以解释的矛盾之处，或者说中国的受访者在信任和评价外国人时是互相独立做出的判断。此外，马来西亚华人受访者对在本国的外国人做出非常坏和有些坏的评价的比例最高，两者合计达到45.9%，而新加坡华人大部分的受访者认为在该国的外国人不好也不坏，所占比例为47.1%，这在3个国家中是最高的（见表3-33）。

（2）具体评价。在对外国人对文化多样性的影响方面，不同国家的受访者感受不同，这首先在于不同国家的外国人占该国人口的比重有差异，而且不同国家对外国文化的包容甚至吸收借鉴也有所不同。中国的受

表 3-33　中国人、新加坡华人、马来西亚华人对外国人的综合评价

单位：%

对外国人的 综合评价	中国人	新加坡华人	马来西亚华人	总体
非常坏	1.0	2.3	15.9	2.5
有些坏	6.8	9.8	30.0	9.4
不好也不坏	39.6	47.1	35.8	41.6
有些好	43.3	34.9	16.5	38.8
非常好	9.3	5.9	1.8	7.7
合　计	100.0	100.0	100.0	100.0

访者中认为外国人的到来增强了当地的文化多样性的比例达到 71.1%，比排在第二的新加坡华人的这一比例高出 21.2 个百分点，这可能是因为相对于本国人口而言，在华外国人所占的比重实在是微不足道，所以外国人的到来能够增强中国的文化多样性。而新加坡虽然其人口构成以华人为主，但仍然有接近 30% 的非华人人口，所以相比之下，新加坡华人受访者并不认为外国人的到来增强了本国的文化多样性，但是其样本中也有半数的受访者认同这一陈述。马来西亚华人对该陈述更加偏向不确定或者不同意，其中有 40.4% 的受访者表示很难说，另有 35.2% 的受访者表示不同意，这可能是因为华人在马来西亚本身就处于少数人口地位，文化上也不占据主流，其本身的文化相较主流文化更像是"多样性文化"中的一种，所以对自身非主流文化身份的感知可能令马来西亚华人倾向于不认同该陈述（见表 3-34）。

表 3-34　中国人、新加坡华人、马来西亚华人对外国人对文化多样性影响的评价

单位：%

外国人的到来 增强了文化多样性	中国人	新加坡华人	马来西亚华人	总体
同　意	71.1	49.9	24.4	61.2
很难说	18.9	24.1	40.4	22.1
不同意	10.0	26.0	35.2	16.7
合　计	100.0	100.0	100.0	100.0

在可能造成的社会冲突方面①，3 个国家呈现的意见分布与综合评价中展现出的分布状况非常接近。新加坡华人和马来西亚华人同意"外国人的到来会造成社会冲突"这一陈述的比例都占首位，说明这两个国家的华人对潜在的社会冲突有一定的判断，其中马来西亚华人更是有59.3%的受访者同意外国人的到来会造成社会冲突，但是马来西亚华人也有 35.2%的受访者对此表示很难说，这个比例数字是 3 个国家样本中选择很难说这一项中最高的。相较而言，中国人样本中只有20.9%的受访者同意此陈述，而不同意此陈述的受访者占据了多数，占该样本的50.2%，这可能是因为中国人对外国人更加友好，所以一般不从消极的方面来评价和判断外国人，但也有可能中国人中很少有人实际接触过外国人，所以对可能的社会冲突不能准确判断（见表 3-35）。

表 3-35 中国人、新加坡华人、马来西亚华人对外国人对社会冲突影响的评价

外国人的到来会造成社会冲突	中国人	新加坡华人	马来西亚华人	总体
同意	20.9	37.8	59.3	28.9
很难说	28.9	33.0	35.2	30.6
不同意	50.2	29.2	5.5	40.5
合计	100.0	100.0	100.0	100.0

4. 对外国人政策倾向的描述统计

因为缺少中国受访者在该问题上的回答资料，所以这里只分析新加坡和马来西亚两国的华人样本。整体上，两国的华人都不支持对外国人无条件开放进入本国工作，但也不支持完全限制外国人进入本国工作，毕竟对新加坡和马来西亚来说，还需要适当补充引进外国人到其所需的行业，以此弥补劳动力乃至高端人才的短缺。两国的华人更倾向于对外国人数量进行严格控制，其中新加坡华人有 71.2%的受访者选择此项，而马来西亚华人则有 73.1%的受访者选择此项（见表 3-36）。

---

① "社会冲突"是 WVS 问卷中的说法。它并不是指群体间的暴力对抗，而是指由于文化差异、社会经济机会竞争导致的紧张关系。

表 3-36　新加坡华人、马来西亚华人对外国移民的政策倾向

单位：%

政策倾向	新加坡华人	马来西亚华人	总体
政策倾向 1	1.5	3.7	1.9
政策倾向 2	22.9	19.5	22.3
政策倾向 3	71.2	73.1	71.5
政策倾向 4	4.4	3.7	4.3
合　计	100.0	100.0	100.0

(二) 关于开放社会心态的影响因素分析

1. 关于与外国人接触意愿的影响因素分析

本小节以是否愿意与外国人做邻居为因变量，对其进行回归分析。表 3-37 报告的是对与外国人接触意愿的二元逻辑斯蒂回归分析结果，这里使用的自变量和解释变量与第二章第三节几乎一样，唯一的不同是添加了家庭使用语言变量，目的是想观察中文使用情况是否会影响新加坡华人和马来西亚华人的开放社会心态。模型 1 是对中国人样本的回归分析结果，在添加了 1 个新的解释变量后，各变量的影响效果（回归系数的大小和正负）几乎没有变化，甚至连模型的 Pseudo R^2 数值也没有变化，因为这些变量的影响效果已在第二章第三节总结过，这里不再赘述。

模型 2 是对新加坡华人样本的回归分析结果，从中发现性别和年龄都对因变量有显著的负向影响，说明新加坡华人女性要比男性更不愿意与外国人做邻居，而且年龄的增加也会抑制新加坡华人与外国人做邻居的意愿。除此之外，只有与亚洲的亲近程度变量中的亲近等级对因变量有显著正向影响，说明该等级的受访者要比参照组的受访者更有可能愿意与外国人做邻居，因为新加坡人口的主体是华人，所以该模型的回归分析结果与第二章第三节中对全体新加坡人样本的回归分析结果几乎一致，除了与亚洲的亲近程度变量中的不是很亲近和非常亲近两个等级从 0.1 的显著性水平变成不显著。我们特别添加的家庭使用语言变量在该模型中不显著，说明在家中是否使用中文对其与外国人做邻居的意愿没有影响（见表 3-37）。

表 3-37　对与外国人接触意愿的二元逻辑斯蒂回归分析

	模型 1 （中国人）	模型 2 （新加坡华人）	模型 3 （马来西亚华人）
性别[1]	-0.034	-0.456 **	0.222
年龄	-0.017 ***	-0.019 ***	-0.008
受教育程度[2]：			
小学	0.299	0.364	-14.040 ***
初中	0.514 ***	0.356	-14.693 ***
高中	0.755 ***	-0.202	-13.920 ***
大学	0.899 ***	-0.432	-14.951 ***
研究生及以上	1.821 **	-0.284	-12.753 ***
经济成分偏好	-0.016	0.015	0.119 **
家庭收入水平	0.024	0.097	-0.045
家庭使用语言[3]	0.269	-0.016	0.026
与亚洲的亲近程度[4]：			
不是很亲近	-0.074	0.292	0.265
亲近	0.236	0.665 **	0.834 **
非常亲近	0.159	0.764	0.479
居住地人口规模[5]：			
0.5 万~2 万人	0.191	—	-0.369
2 万~10 万人	0.086	—	0.171
10 万~50 万人	—	—	-0.364
50 万人及以上	—	—	-0.262
Pseudo R^2	0.039	0.029	0.067
个案数（N）	2758	1418	326

注：1. 男性为参照组。2. 未受过正式教育为参照组。3. 不使用中文为参照组。4. 完全不亲近为参照组。5. 0.5 万人以下为参照组。6. * $p<0.1$；** $p<0.05$；*** $p<0.01$。7. "—"表示无数据。下同。

　　模型 3 是对马来西亚华人样本的回归分析结果（如表 3-37 所示），其中受教育程度变量各等级都对因变量有显著的负向影响，说明受教育程度的提高会抑制该国华人与外国人做邻居的意愿。经济成分偏好变量对因变量有显著的正向影响，这说明越是倾向于国有经济的受访者越有可能愿意与外国人做邻居。与亚洲的亲近程度变量中只有亲近等级对因变量有显著正向影响，家庭使用语言变量对因变量没有显著影响。与全体马来西亚人样本相比，教育的显著正向影响变成了显著的负向影响，说明马来西亚华人与马来西亚的其他族群在这方面有很大的不同，而且经济成分偏好变量只对马来西亚华人有影响。

2. 关于对外国人信任程度的影响因素分析

表3-38报告的是对外国人信任程度的序次逻辑斯蒂回归分析结果，模型1是对中国人样本的回归分析结果，其中所表现出的影响模式与第二章第三节的分析结果完全一致，即使添加了家庭使用语言变量后，各自变量和解释变量对因变量的影响系数大小、正负乃至显著性水平基本没有变化。

模型2是对新加坡华人样本的回归分析结果，首先，性别、年龄均对因变量有显著的负向影响，这与对全体新加坡人样本的回归分析结果一致。在受教育程度变量方面，初中和高中两个等级的受访者都要比参照组的受访者更有可能对外国人保持较低的信任程度，而这个影响效果在对全体新加坡人样本进行回归时就没有发现。其次，与亚洲的亲近程度变量对因变量有显著正向影响，每个等级的受访者相比于参照组的受访者都更有可能对外国人保持较高的信任程度。最后，本节特别添加的家庭使用语言变量对因变量有显著的负向影响，显著性水平达到了0.01，这意味着在家中主要使用中文的新加坡华人要比那些在家中不使用中文的新加坡华人更有可能对外国人保持较低的信任程度。虽然新加坡华人在此次分析中要比其他两个国家的受访者对外国人表现出更高比例的非常信任和比较信任，但在新加坡华人内部的差别还是比较明显的。本节在这里推测，在家中使用中文的新加坡华人的价值观和行为规范要比那些家中不使用中文的新加坡华人更加接近中华传统文化价值观，但是不是因为这一点而导致这部分群体更有可能对外国人表示较低的信任程度，还需要我们进行更加细致的理论推理和假设验证（见表3-38）。

模型3是对马来西亚华人样本的回归分析结果，受教育程度对因变量有显著的正向影响，这一点在对全体马来西亚人样本进行回归时也有出现，但马来西亚华人各受教育程度等级相比于参照组的发生比要比全体马来西亚人样本的大，说明马来西亚华人受教育程度的影响之间差异巨大。

此外，与亚洲的亲近程度变量中的所有等级均对因变量有显著正向影响，而且各等级的回归系数逐渐增大，说明随着亲近程度的提高，各等级的受访者相对于参照组的受访者更有可能对外国人表示较高的信任程度（见表 3-38）。

表 3-38　对外国人信任程度的序次逻辑斯蒂回归分析

	模型 1 （中国人）	模型 2 （新加坡华人）	模型 3 （马来西亚华人）
性别	-0.145 *	-0.407 ***	-0.144
年龄	-0.006 *	-0.014 ***	-0.009
受教育程度：			
小学	-0.379 **	-0.468	15.763 ***
初中	-0.396 **	-0.962 ***	15.056 ***
高中	-0.271	-0.490 **	15.290 ***
大学	0.122	-0.027	15.108 ***
研究生及以上	0.409	-0.282	14.850 ***
经济成分偏好	-0.003	0.002	-0.009
家庭收入水平	0.044 **	0.018	0.034
家庭使用语言	-0.617	-0.334 ***	-0.328
与亚洲的亲近程度：			
不是很亲近	0.565 ***	0.465 **	1.691 ***
亲近	0.894 ***	0.981 ***	2.275 ***
非常亲近	0.864 ***	1.061 ***	2.475 ***
居住地人口规模：			
0.5 万~2 万人	-0.024	—	-0.457
2 万~10 万人	-0.038	—	-0.097
10 万~50 万人	—	—	-0.255
50 万人及以上	—	—	-0.634
Pseudo R^2	0.020	0.049	0.081
个案数（N）	2785	1394	326

3. 关于对外国人综合评价的影响因素分析

表 3-39 报告的是对外国人综合评价的序次逻辑斯蒂回归分析结果。模型 1 是对中国人样本的回归分析结果，在增加了家庭使用语言变量后，

与第二章第三节的回归分析结果相比较，所有自变量和解释变量对因变量的影响均没有变化，同时新增加的家庭使用语言变量对因变量没有显著影响（见表3-39）。

表3-39　对外国人综合评价的序次逻辑斯蒂回归分析

	模型1 （中国人）	模型2 （新加坡华人）	模型3 （马来西亚华人）
性别	−0.237 ***	−0.161	0.079
年龄	0.002	−0.006 **	−0.019 **
受教育程度：			
小学	−0.109	−0.288 ***	14.213 ***
初中	−0.055	0.301	14.832 ***
高中	−0.006	0.359	14.656 ***
大学	−0.010	0.431 *	14.325 ***
研究生及以上	0.396	0.711 **	14.446 ***
经济成分偏好	−0.031 **	−0.046	0.083
家庭收入水平	−0.006	0.112 ***	0.001
家庭使用语言	−0.711	0.227 **	−0.213
与亚洲的亲近程度：			
不是很亲近	−0.087	−0.029	0.200
亲近	0.115	0.294	0.309
非常亲近	0.486 **	0.760 *	0.177
居住地人口规模：			
0.5万~2万人	−0.337	—	−0.223
2万~10万人	0.029	—	0.193
10万~50万人	—	—	−0.177
50万人及以上	—	—	−0.237
Pseudo R^2	0.006	0.021	0.014
个案数（N）	2777	1417	326

模型2是对新加坡华人样本的回归分析结果，首先是年龄对因变量有显著负向影响，受教育程度变量中的小学、大学和研究生及以上等级对因变量有显著影响，但小学等级是负向影响，而大学和研究生及以上等级是正向影响。值得注意的是，年龄和受教育程度中的小学等级在对全体新加

坡人样本进行分析时并未发现其对因变量的显著影响。家庭收入水平对因变量有显著正向影响，说明家庭收入水平越高的新加坡华人，越有可能对外国人做出正向的评价。新加入的家庭使用语言变量对因变量有显著正向影响，说明在家中使用中文的新加坡华人相比于在家中不使用中文的新加坡华人更有可能对外国人做出正向的评价。除上述发现之外，与亚洲的亲近程度变量中只有非常亲近等级对因变量有微弱显著的正向影响，显著性水平只达到 0.1，而在对全体新加坡人样本的回归中，该等级的显著性水平达到了 0.05，而且亲近等级也能达到 0.01 的显著性水平。家庭使用语言变量的加入，可能抑制了与亚洲亲近程度变量对因变量的影响作用（见表 3-39）。

　　模型 3 是对马来西亚华人样本的回归分析结果，年龄对因变量有显著的负向影响，说明年龄越大的马来西亚华人越有可能对外国人做出正向的评价，这一点在对全体马来西亚人样本的回归中并未出现，而且性别变量的显著影响在马来西亚华人样本中也未发现。受教育程度变量各等级均对因变量有显著正向影响，但不同等级之间的影响效果差异不大。除此之外，包括新加入的家庭使用语言变量在内的其余解释变量均对因变量没有显著影响，而在原先对全体马来西亚人样本的回归分析中，经济成分偏好、与亚洲的亲近程度和居住地人口规模变量对因变量有显著的正向或负向影响，这一差异说明马来西亚华人同马来西亚其他族群在对外国人综合评价的影响模式上存在较大的差异，背后或许是不同族群之间文化价值观的差异在发挥引导性作用（见表 3-39）。

　　4. 关于对外国人政策倾向的影响因素分析

　　表 3-40 报告的是对新加坡华人和马来西亚华人对外国人政策倾向的序次逻辑斯蒂回归分析结果。模型 1 是对新加坡华人样本的回归分析结果，其中年龄对因变量有显著正向影响，说明年龄越大的新加坡华人越对外国人保守和排斥，更有可能对外国人进入本国工作持拒绝态度。新加入的家庭使用语言变量对因变量有显著负向影响，说明在家中使用中文的新加坡华人要比在家中不使用中文的新加坡华人对外国人更加包容，更有可能对外国人进入本国工作持接纳态度。与亚洲的亲近程度变量中的亲近和非常亲近等级对因变量有显著负向影响，这说明更加亲近的身份认同会促

进新加坡华人对外国人的包容，更有可能促使他们对外国人进入本国工作持接纳态度。这一影响模式非常稳定，我们在对全体新加坡人样本进行回归分析时，上述变量中除了新添加的家庭使用语言变量之外，各自变量和解释变量对因变量的影响效果均无变化（见表3-40）。

表3-40　对外国人政策倾向的序次逻辑斯蒂回归分析

	模型 1 （新加坡华人）	模型 2 （马来西亚华人）
性别	0.086	−0.085
年龄	0.023***	0.019*
受教育程度：		
小学	−0.178	−0.698
初中	−0.444	−0.266
高中	−0.088	−0.454
大学	−0.132	−0.933
研究生及以上	−0.417	−0.888
经济成分偏好	0.028	−0.065
家庭收入水平	0.009	−0.046
家庭使用语言	−0.242**	−0.263
与亚洲的亲近程度：		
不是很亲近	−0.094	−0.563
亲近	−0.802***	−0.672
非常亲近	−1.411***	−0.715
居住地人口规模：		
0.5 万~2 万人	—	0.819*
2 万~10 万人	—	0.614
10 万~50 万人	—	0.117
50 万人及以上	—	0.238
Pseudo R^2	0.041	0.038
个案数（N）	1407	326

模型 2 是对马来西亚华人样本的回归分析结果，其中年龄对因变量有微弱显著的正向影响，居住地人口规模变量中的 0.5 万~2 万人规模等级对因变量也有微弱显著的正向影响，上述两个变量的显著性水平都只达到

0.1，这个结果意味着年龄越大的、居住在人口规模为0.5万~2万人区域的马来西亚华人更有可能对外国人进入本国工作持拒绝态度。马来西亚华人与全体马来西亚人样本的影响模式确实不一样，对后者而言，性别能够发挥正向作用，而家庭收入水平、与亚洲的亲近程度对因变量发挥负向作用。开放社会心态的不同侧面所表现出的差异化影响模式，提示我们需要就马来西亚华人和其他族群展开进一步的比较分析（见表3-40）。

四　小结

本节我们对中国人与新加坡华人、马来西亚华人的开放社会心态进行了描述统计，并从个人、社会不同层次，社会经济状况和自我归属感不同方面分析其态度的影响模式。对外国人的社会态度最能体现一个国家、一个社会、一个族群的民众的开放社会心态。本书其他章节还比较了中国和其他国家之间，以及马来西亚华人和马来西亚其他族群的开放社会心态，这样的做法也是跟之前分析文化价值观和社会价值观的思路一样。但不同之处在于，我们希望通过比较来发现中国人或华人在不同社会制度、文化背景下的开放价值观的相似和不同之处。

我们确实发现了中国人与新加坡华人、马来西亚华人在开放社会心态方面的相同之处，如在与外国人做邻居的意愿方面、对外国人的信任程度方面。但在对外国人的评价和对外国人的政策倾向方面，相同之处不再是普遍存在的，而是只存在于某两个国家之间。共同之处的差异性存在，体现了同为中国人或华人在开放社会心态上的复杂特征。除了同为华人所共享的中华文化价值观之外，不同国家的制度背景、族群结构和历史文化传统在相应地"调节"中国人和其他两国华人的开放社会心态。例如新加坡，该国的人口规模不大，华人是该国人口的主体，但仍具有较高的族群多样性/文化多样性。这是因为新加坡建立的历史和发展过程中，本就存在不同的族群共同生活在一起的事实，而且由于人口增长缓慢和为了促进经济发展等，新加坡不断吸纳外部移民，所以对新加坡华人而言，外国人前来本国工作对他们来说不是陌生的事物。此外，华人构成了新加坡人口的主体，使得新加坡华人从人口结构、经济能力和文化引领上更具有主导性。因此在开放社会心态的各个方面，新加坡华人相对于中国人和马来西亚华人展现出了更大的包容性和更广泛的接纳性。

中国经过 40 多年的改革开放，国民对外部事物的接受程度也不断提高。目前也有不少的外国人在中国学习、工作和生活，但其人口数量相较中国的人口数量不能相提并论，而且绝大部分的外国人分布在中国少数沿海经济发达地区，所以并不是每一个中国人都能像新加坡华人那样，有更多的机会同外国人进行交往。缺少交往机会就使得中国人不能更加全面、真实和深入地认识来华外国人，并进而影响中国人对来华外国人的社会态度。马来西亚的人口规模虽然比中国小，但显著地大于新加坡，不过马来西亚华人是该国人口上的少数，这种人口的少数地位使得马来西亚华人并不能像新加坡华人那样处于更加优势的社会地位，所以该群体对前来本国工作的外国人会更倾向于拒绝。从更加综合的角度来看，就是马来西亚华人的开放社会心态可能处于较低水平，当然必须要指出的是，这种较低的水平只是相较新加坡华人而言。下一章针对马来西亚华人、马来人和印度人的比较研究会发现，在马来西亚内部，华人的开放社会心态相对还处于较高水平。

第四节　中国人对来华外国人的社会态度分析

一　研究背景

改革开放以来，中国不断加强对外开放的广度和力度，逐渐形成人员密集往来的新格局。据中国国家移民管理局统计，2019 年中国边检机关检查外国人入出境达 9767.5 万人次。① 为了进一步吸引外国人才来华和简化外国人入出境流程，中国有关部门从 2019 年 8 月 1 日起，扩大外国人才申请永久居留对象范围；从 12 月 1 日起，开渠简政，进一步吸引便利外国人入境来华。2020 年 2 月 27 日，中国司法部将《中华人民共和国外国人永久居留管理条例（征求意见稿）》全文公布，并向社会各界征求意见。该意见稿发布后，引起公众的广泛关注和讨论，讨论的焦点是中

---

① 《国家移民管理局：去年我国出入境人员达 6.7 亿人次》，中国网，https：//t. m. china. com. cn/convert/c_1x9LvD8I. html。

国目前是否需要一定数量的外国人获得来华永久居留权以及相关操作细则。民间的热议体现出中国人对来华外国人的社会态度，其背后则反映出当今中国民众在新的国际关系和全面开放新格局背景下对外部世界的社会心态。

中国历史和传统文化中不乏对异域文明和外国人的欢迎，特别是改革开放以后，来华外国人数量开始增加，使得中国普通民众有机会与外国人近距离接触。近十年来，来华外国人的规模不断攀升，他们深入参与了中国的经济发展和社会运行，在这期间来华外国人与中国普通民众的关系也在不断深化。但整体上，中国并未放开大量外国人来华永久居留，而且从来华外国人的规模、来源国和区域分布来看，还未形成如欧美国家那般的多元文化社会。特别是这次《中华人民共和国外国人永久居留管理条例（征求意见稿）》公布后引起的热烈讨论，凸显中国民众对来华外国人的复杂态度，它可能是接纳或者拒绝，也可能是二者之间更为复杂的情形。此类现象目前尚未被学术界充分关注，对相关问题的学理解释及其现实指导意义也未得到充分讨论，因此亟待规范的实证研究加以分析和回答。

二　关于对外部移民态度的研究及理论解释

（一）社会偏见：研究对外部移民态度的切入点

欧美较大规模的国家基本是多元文化社会，不同族群的人口生活在同一个制度框架下，而且当中的不少国家持续吸纳外部移民，从而使得国家内部的人口异质性和文化多样性程度不断提高。在这种背景下，主流社会对少数族群的社会态度受到学术界和政策制定者的格外关注。整体上，国外相关研究涉及的学科领域非常广泛，包括社会学、政治学、心理学等在内的学科聚焦于社会偏见或者它的反面——社会包容，而研究对象则涵盖本国公民和外国移民两个群体。因此其研究问题又分为两个方面：第一，本国公民对外部移民的社会态度，如德国人对进入德国的难民的社会偏见或社会包容；第二，本国主流族群对少数族群的社会态度，如美国白人对美国非裔、亚裔群体的社会偏见或社会包容等。

西方社会科学学者很早就关注不同族群间的社会交往和社会态度，美国心理学家奥尔波特（Gordon W. Allport）在《偏见的本质》一书中集中探讨了各种类型的偏见，如基于种族、宗教、民族、经济和性别背景的偏见等，他同时还提出了减少偏见及其负面影响的建议。对后来社会学和社会心理学发展非常有启发的是，他界定了何谓内群体和外群体，进而对群体成员身份的划分进行了讨论，在此基础上他提出不同群体的接触有助于减少群体之间的偏见，但要满足四个条件：平等的群体地位、共同的目标、群体间的合作和权威支持。这也就是所谓的群际接触理论。[①]

涉及社会偏见的另一个重要理论是群际威胁理论。该理论与群际接触理论的思路截然不同，它认为一个社会中如果出现了外群体或者外群体数目逐渐增加，将会造成内群体遭受现实或感知的威胁，这些威胁包括政治、经济和文化优势或特权的丧失，因此令内群体对外群体产生偏见。[②]由此可见，群际接触理论和群际威胁理论对群际接触持完全相反的观点，并且它们带动了更多的后续研究，使得不同领域的学者就不同类型的偏见及其产生机制进行研究。

（二）个体与群体：分析社会偏见的两条路径

群际接触理论和群际威胁理论注重从群体层次分析社会偏见。但同其他心理现象的多重研究路径类似，就社会偏见的产生原因和机制来看，现有研究也分属社会心理学的两个主要研究思路和路径，一个是从个体或曰心理学的社会心理学角度展开，另一个是从群体或曰社会学的社会心理学角度展开。[③] 个体角度的研究强调人格对偏见产生的重要性，该理论认为具备崇尚权威、因循守旧等权威主义性格的人更不容易容纳异己。[④]这类人可能遭受"对权威被压抑的敌意的痛苦"，从而令其倾向将这种痛苦投于外群体，偏见由此产生。[⑤] 性格起因非常具有启发性，后续研究在阿多诺（或译为阿道诺）的基础上又发展出右翼权威主义和社会

① G. W. Allport, *The Nature of Prejudice*, Reading, MA: Addison-Wesley, 1979.

② J. Eric Oliver, J. Wong, "Intergroup Prejudice in Multiethnic Settings," *American Journal of Political Science*, Vol. 47, No. 4, 2003, pp. 567-582.

③ 杨宜音：《个体与宏观社会的心理关系：社会心态概念的界定》，《社会学研究》2006 年第 4 期。

④ 〔美〕西奥多·W. 阿道诺等：《权力主义人格》，李维译，浙江教育出版社，2002。

⑤ 〔美〕克里斯托弗·拉什：《真实与惟一的天堂——进步及其评论家》，丁黎明译，上海人民出版社，2007，第 431 页。

支配倾向两种理论流派。

群体角度的研究主要围绕群际接触理论或群际威胁理论展开。前述的学术史已经提到上述两个理论在偏见的产生机制上存在相反的解释，而大量的实证研究也表明其中的因果关系确实错综复杂。外群体的数目会在不同研究结果中呈现不同的作用，因此群体规模逐渐成为学者们关注的焦点，而且成为用来解释群际接触理论和群际威胁理论互相矛盾的突破口，当然也有研究尝试整合群际接触理论和群际威胁理论的解释框架，从而提高对偏见产生机制的解释力。随着研究的深入，除了单纯的内群体、外群体数目之外，学者们也发现群体在社区内的分布，如居住隔离、居住均匀性等特征也会影响内群体的负面态度。总之，无论从哪个角度展开的研究都呈现偏见产生机制的复杂性和多样性。

（三）关于对外部移民社会偏见的研究

不同族群社会关系的复杂性及其产生的社会后果吸引了大量学者的关注，产生了一系列具有理论和实际意义的研究。综合来看，国外关于对外部移民社会偏见的研究具有以下特点。

第一，在研究主题方面，族群偏见要远多于其他类型的偏见。虽然奥尔波特在其著作中广泛探讨了各种类型的偏见，但是欧美国家逐渐增加的族群多样性使得族群偏见成为该研究主题中的主要领域，特别是关于美国白人对美国非裔、亚裔、墨西哥裔等少数群体的偏见研究。[1] 移民政策一直是美国政党及普通民众关注并展开争论的焦点，近年来，由于美国时任总统特朗普对移民的政治主张颇为部分美国白人所认同，所以也有研究关注美国人特别是白人对基于族群背景的外部移民的偏见。[2]

第二，在研究内容方面，既重视对偏见本质及其表现进行研究，也重视对偏见产生原因、机制进行研究。就偏见的定义和测量来看，偏见属于个人主观态度的一种，但同时也存在于群体层面，因此首先需要说清楚何

---

① M. Taylor, "How White Attitudes Vary with the Racial Composition of Local Populations: Numbers Count," *American Sociological Review*, 63 (4), 1998, pp. 512-535.

② Thomas F. Pettigrew, "Social Psychological Perspectives on Trump Supporters," *Journal of Social and Political Psychology*, 5 (1), 2017, pp. 107-116.

谓偏见及其表现和测量方法。阿多诺较早从人格层面对偏见进行界定和测量，而像奥尔波特这类社会心理学家则将偏见视为存在于个人但体现为群体现象的一种负面态度。① 直接测量态度尤其是偏见这类负面社会态度在测量信度和效度上是一个挑战，但大部分研究仍沿用传统的社会心理量表直接测量偏见。② 随着研究的深入，学者将偏见这种态度进一步区分成情感、行为和认知三个维度，并以更加细致的方式进行测量，对已有研究进行元分析（meta-analysis）发现，不同的测量方式可能导致研究结论有细微的变化。除了直接测量偏见以外，也有不少研究对偏见的外在表现进行测量和研究，如研究美国白人居民对社区族群多样性的态度，英国伦敦地区的白人居民对社区族群多样性的态度等，有研究从反面测量偏见，即测量社会包容。

第三，在研究方法方面，量化统计分析占有主要地位，质性方法相对较少，定量定性混合方法、社会实验法、地理信息可视化等方法逐渐被采用。从对偏见进行研究开始，定量方法成为主流方法，其中又以调查研究和实验研究的使用最为突出，这体现了社会学和心理学惯常的研究风格。定量研究在标准化、程序化和可操作性方面有其优势，但是对于复杂的人类态度而言，定量研究不能全面且毫无遗漏地观察并收集偏见的多样性变化。③ 因此也有学者采用定性方法对偏见进行研究，随着研究方法的深入发展，越来越受到关注的混合方法，如定量定性混合方法用于偏见研究。此外，地理信息可视化手段或方法也用于偏见研究。

由于中国尚未出现如欧美国家那样的多元文化社会，相关议题的研究较为少见，特别是社会学、心理学和社会心理学领域缺少对中国人对来华外国人社会态度的研究，但是类似的研究仍有迹可循。如涉及传播领域的

---

① G. W. Allport, *The Nature of Prejudice*, Reading, MA: Addison-Wesley, 1979.

② J. Laurence, L. Bentley, "Does Ethnic Diversity Have a Negative Effect on Attitudes towards the Community? A Longitudinal Analysis of the Causal Claims within the Ethnic Diversity and Social Cohesion Debate," *European Sociological Review*, 32 (1), 2016, pp. 54-67.

③ S. Zhou et al., "The Extended Contact Hypothesis: A Meta-Analysis on 20 Years of Research—Personality and Social Psychology Review," *An Official Journal of the Society for Personality and Social Psychology*, 23 (2), 2019, pp. 132-160.

偏见尤其是中外传播中的意识形态偏见①，对青年群体的偏见研究②，对流动人口或外来人口的偏见③。虽然有关中国人对来华外国人的偏见研究几乎没有，但是有学者研究反向社会偏见即来华外国人对中国人的偏见。④

在全面开放新格局日趋形成的情况下，可以预计来华外国人数量将不断增加，除了部分短期观光旅游之外，越来越多的外国人将在中国长期学习、工作和生活，他们与中国民众的社会交往将是全方位和不断深化的。由于中国人口体量巨大，一定时期内很难出现多元族群和多元文化共存的情形，但是及早对中国民众对来华外国人的社会态度进行研究具有十分重要的理论和现实意义。一方面，对改革开放以来中国民众对来华外国人的社会态度进行实证研究有助于从学理上搞清相关社会心理现象的影响因素和发生机制，建立适合于中国经验的理论解释框架。另一方面，在来华外国人法律法规制定、政策宣讲和舆论引导、来华外国人管理与服务实践方面，可以向有关政府部门和社会组织提供决策或建议参考。

三　研究方法

（一）研究问题

由于缺乏关于中国民众对来华外国人社会态度的研究，所以本研究首先要分析说明目前中国民众整体上对来华外国人的社会态度的状况。其次，作为搭建适用于中国经验的理论解释框架的尝试，本研究将在社会心理学的传统研究路径基础上分析有可能影响中国民众对来华外国人社会态度的不同因素。

（二）数据

本研究使用的数据来源于第七轮世界价值观调查（World Values Sur-

---

① 苏锦平：《澳洲对华偏见从何而来？——从里约奥运会澳洲涉华事件谈起》，《对外传播》2016 年第 10 期。
② 程永佳、杨莉萍：《当代青年群际偏见的原因及对策分析》，《江苏师范大学学报（哲学社会科学版）》2016 年第 5 期。
③ 王嘉顺：《区域差异背景下的城市居民对外来人口迁入的态度研究——基于 2005 年全国综合社会调查数据》，《社会》2010 年第 6 期。
④ 王洁洁：《跨文化交往中入境旅游者外显态度与隐性偏见的实验比较》，《旅游学刊》2019 年第 8 期。

vey，WVS）数据，该轮调查的时间跨度从 2017 年到 2021 年，在全世界范围内共调查了 79 个国家和地区的居民，其中中国的调查执行于 2018年。调查的目标总体为 18~70 岁、在调查地点居住超过 6 个月的中国公民，调查的目标区域几乎覆盖了中国所有省、自治区、直辖市①。样本通过多段概率比例规模（PPS）抽样得到，计划样本规模为 5450 个，实际抽取合格样本为 4921 个，其中有效完成样本 3036 个，应答率为 61.7%。②

（三）研究假设

阿多诺开启的权威主义人格研究让我们注意到特殊人格与社会偏见之间可能存在的影响关系，所以我们不能忽视个人性格对中国民众对来华外国人社会态度的影响，所以本研究提出假设 1。

假设 1：权威主义人格特质越强的人，其对来华外国人社会态度越趋于负面。

阿多诺主要使用相关的量表来测量研究对象具备权威主义人格的强度，而 2018 年在中国开展的世界价值观调查中没有直接测量受访者权威主义人格的相关量表，但是阿多诺在其研究中提到具备权威主义人格的人通常更加认同强有力的权威，仇视外群体成员以及不信任他人等，因此作为权威主义人格特质的间接测量，我们从对待权威的态度和社会信任程度两方面来分析其与对来华外国人社会态度的关系，其中对待权威的态度我们使用世界价值观调查问卷中的题目，对"有一个不受选举限制的强有力的领袖"的态度来测量，受访者可以选择好、非常好、不好、非常不好中的一项。对社会信任的测量我们使用对"第一次见面的人"的信任程度来测量，选项是非常信任、比较信任、不太信任、完全不信任。据此，我们提出假设 1 的子假设。

假设 1a：越青睐于权威的人，其对来华外国人的社会态度越趋于负面。

假设 1b：社会信任程度越低的人，其对来华外国人的社会态度越趋

---

① WVS 公布的数据中只有中国 29 个省份（除新疆、西藏和港澳台地区）的样本。

② 关于本轮中国调查更具体的信息，可参见 WVS 的网站，http://www.worldvaluessurvey.org/WVSDocumentationWV7.jsp。

于负面。

除了人格特质从个体层次影响民众对外群体的社会态度之外，内群体与外群体之间的接触也会影响内群体对外群体的社会态度。本研究还想观察群际接触与群体社会态度之间的关系，但非常遗憾的是，此次调查中完全没有涉及该方面的问题，作为一个不太完美的替代，本研究使用调查对象所在地人口规模作为潜在接触可能性的替代①。在前文的综述中我们看到群际接触有可能降低社会成员对外群体的社会偏见，也有可能提高其负面社会态度，本研究将遵照阿多诺的观点②，由此提出假设2。

假设2：生活在人口规模越大地区的人，其对来华外国人的社会态度越趋于正面。

除了社会偏见领域传统的人格特质和群际接触两个层面的理论解释之外，本节也尝试从世界主义价值观角度来分析它对中国民众对来华外国人的社会态度的影响。一个世界主义者相对更具包容性③，此类价值观承认不同文化群体之间的差异，能够带领人们超越族群和文化的界限，摒弃偏见和私念，从更大的视野和更高的视角看待人类自身。当然，东西方关于世界主义价值观的内涵及其理解不尽相同，④ 但在世界主义的跨国移民伦理看来，跨国迁徙自由是人类享有的一项基本权利，⑤ 其中蕴含着对构建全球社会的想象和锻造世界公民的理想。⑥ 因此，一个世界主义者有可能对来到本国或本地区的外国人更具包容性，更少表现出负面社会态度。本研究就此提出假设3。

假设3：世界主义价值观倾向越强的人，其对来华外国人的社会态度

---

① 这里我们假定受访者所在城市的外国人越多，受访者越有可能同外国人进行接触。同时，我们假定外国人更有可能集中于人口规模较大的城市。

② 阿多诺并不是简单地认为群际接触可以降低内群体成员对外群体的社会偏见，而是需要满足平等的群体地位等四个条件，但在本节中我们无法假定这么多条件都成立，因此只在一般意义上假设群际接触有可能降低对来华外国人的负面社会态度。

③ 〔美〕奎迈·安东尼·阿皮亚：《世界主义——陌生人世界里的道德规范》，苗华建译，中央编译出版社，2012。

④ 刘贞晔：《世界主义思想的基本内涵及其当代价值》，《国际政治研究》2018年第6期。

⑤ 杨通进、由田：《世界主义的跨国移民伦理：挑战与期许》，《东南大学学报（哲学社会科学版）》2019年第6期。

⑥ 杨君、曹锦清：《全球社会的想象：从世界社会到世界主义》，《社会建设》2020年第4期。

越趋于正面。

本研究通过两个方面来测量受访者的世界主义价值观倾向：首先，选择受访者对"在我国，当就业机会少时，雇主应优先考虑中国人而非外国移民"的态度，受访者可以选择非常同意、同意、不知道、不同意、非常不同意中的一项。其次，测量受访者的自我归属感，即询问其对世界的亲近感程度，选项有非常亲近、亲近、不很亲近、完全不亲近，按照本题的设置，一个人对世界越亲近，则其对世界的归属感越强①。据此，我们提出假设3的子假设。

假设3a：越不同意中国人就业优先的人，其对来华外国人的社会态度越趋于正面。

假设3b：对世界的归属感越强的人，其对来华外国人的社会态度越趋于正面。

（四）变量及其操作化方法

1. 因变量

本节的因变量是中国民众对来华外国人的社会态度，由于 WVS 问卷的限制，这里我们选择受访者与外国人做邻居的意愿作为因变量的测量变量。调查询问受访者是否愿意和外国移民/来华工作的外国人做邻居，②受访者可以回答愿意或者不愿意。除了询问受访者与外国人做邻居的意愿之外，问卷还询问了受访者与其他社会群体做邻居的意愿，这里所说的其他社会群体包括不同种族/民族的人、酗酒者、未婚同居的人、讲不同方言的人，以期与受访者是否愿意与外国人做邻居的结果进行比较。

2. 自变量

除研究假设中正式提出的解释变量之外，本研究还将考察以下自变量对因变量的影响效果。它们是国际知识常识具备情况、受访者是否本地

---

① 除询问对世界的亲近程度之外，WVS 还测量了中国受访者对其所在的村镇市、所在的省、所在的国（中国）、所在的大洲（亚洲）的亲近程度。

② 原题提及的是外国移民/来华工作的外国人，考虑到目前获得中国永久居留权的外国人数量较少，绝大部分来华外国人是因为学习、工作或旅游等原因获得短期的在华居留权。从字面意思来看，这询问的是与来华工作的外国人做邻居的意愿，而没有询问与来华留学的外国人做邻居的意愿，但是我们认为中国民众可能不会做如此细致的区分，因此该题可以看作是基于来华外国人整体询问。

人。对国际知识常识具备情况的测量是根据受访者对联合国安理会常任理事国的了解状况，受访者需要从法国、中国、印度三国中正确选出不是安理会常任理事国的国家，我们将选择印度视为具备国际知识常识，选择其他两个国家视为不具备国际知识常识。受访者是否本地人是通过询问其"出生在本地还是移民来到这里？"来测量，由于这里没有询问受访者的户口及其变动情况，所以此处的移民可能包括有户口迁移和没有户口迁移（流动）两种情况，但无论如何都意味着出生地非目前的居住地（调查地）。

3. 控制变量

本研究的控制变量包括性别、年龄、婚姻状况、孩子数量、受教育程度和调查地点属性。其中婚姻状况变量将 WVS 原有的单身、已婚、同居、离异、分居、丧偶 6 种情形简化为单身、已婚（含同居）、无事实婚姻（含离异、分居、丧偶）3 种情况。对于孩子数量这个变量，我们根据孩子个数重新编码分组，具体是无子女、有 1 个子女，有 2 个及以上子女 3 种情况。受教育程度变量也基于 WVS 的选项重新分组，分组后的取值分别是小学及以下、初中、高中（含中专）、大学（含大专）及以上。调查地点属性使用 WVS 原有的变量，变量值有城市和农村两种。

四　分析结果

（一）中国民众对来华外国人的社会态度

我们用是否愿意与外国人做邻居来测量中国民众对来华外国人的社会态度，这种操作化方法侧重于测量中国民众是否愿意与外国人居住在一起，与鲍格达斯社会距离量表相比，它介于可以做朋友与可以在同一行业共事之间，体现了比一般化更近一步的社会距离。① 从初步的描述统计来看，中国民众整体对来华外国人较为友善，没有表现出较大的社会距离。在扣除了不知道和无回答的情况之外，有 73.80% 的受访者表示愿意和外国人做邻居，有 26.20% 的受访者则明确表示不愿意和外国人做邻居。通

---

① 在中文语境中，做邻居可能有两个含义，一个是相邻居住，互为隔壁；另一个是居住在同一栋建筑或同一个小区内，虽然不清楚 WVS 在调查时是如何提问的，但是无论哪种情况都不影响我们将其视为中国民众对来华外国人社会态度的测量。

过比较能进一步体现出中国民众与外国人的社会距离在其他类似社会距离中的相对位置，因此我们还计算了受访者愿意与不同种族/民族的人、讲不同方言的人、未婚同居的人、酗酒者做邻居的比例，结果显示愿意与外国人做邻居的比例基本居于中间位置。与其相比，受访者愿意与不同种族/民族的人（81.35%）、讲不同方言的人（81.08%）做邻居的比例更高一些，而愿意与未婚同居的人（59.43%）、酗酒者（15.17%）做邻居的比例则低得多（见表3-41）。

表3-41　中国民众与不同群体做邻居的意愿分布

单位：%

不同群体	愿意	不愿意	合计
不同种族/民族的人	81.35	18.65	100.00
讲不同方言的人	81.08	18.92	100.00
外国移民/来华工作的外国人	73.80	26.20	100.00
未婚同居的人	59.43	40.57	100.00
酗酒者	15.17	84.83	100.00

（二）影响中国民众对来华外国人社会态度的因素

为了寻找可能影响中国民众对来华外国人社会态度的因素，同时也为了检验本节的研究假设，我们接下来的分析策略如下。

第一步，只加入控制变量并分析其对因变量的影响作用（模型1）。

第二步，在加入控制变量的基础上，再加入自变量并分析其对因变量的作用（模型2）。

第三步，在加入控制变量和自变量的基础上，再加入权威主义人格特质变量并分析其对因变量的作用，同时检验假设1（模型3）。

第四步，在加入控制变量和自变量的基础上，再加入城市规模变量并分析其对因变量的作用，同时检验假设2（模型4）。

第五步，在加入控制变量和自变量的基础上，再加入世界主义价值观倾向变量并分析其对因变量的作用，同时检验假设3（模型5）。

第六步，在加入控制变量和自变量的基础上，再加入研究假设涉及的所有解释变量，但只保留对因变量有显著作用的解释变量（模型6）。

1. 国际知识常识和迁移经历对因变量的影响

初步的分析发现，性别、婚姻状况和孩子数量对因变量没有显著影响。年龄对因变量有显著的负面影响，说明年龄越大的人越不愿意与外国人做邻居[①]。受教育程度对偏见有较强的抑制作用，受教育程度越高的人越愿意与外国人做邻居（见表 3-42a 中的模型 1）。

表 3-42a　中国民众对来华外国人社会态度的二元逻辑斯蒂回归分析

	模型 1	模型 2	模型 3
性别（男性＝0）	-0.040	-0.015	0.004
年龄	-0.017 ***	-0.015 ***	-0.016 ***
婚姻状况	0.021	0.005	0.030
孩子数量	-0.017	-0.014	-0.011
受教育程度	0.222 ***	0.187 ***	0.174 ***
调查地点属性（城市＝0）		-0.163 *	-0.167 *
国际知识常识具备情况（不具备＝0）		0.389 ***	0.412 ***
是否本地人（外地＝0）		-0.200 *	-0.203 *
权威青睐程度			0.055
社会信任程度			-0.254 ***
居住地人口规模			
本国人就业优先同意程度			
对世界的归属感			
Pseudo R^2	0.034	0.039	0.043
个案数（N）	2846	2846	2846

注：* $p<0.1$；** $p<0.05$；*** $p<0.01$。下同。

拒绝可能是因为不了解，如果普通民众对国际知识有所了解，他们可能降低对外国人的负面态度。本研究中我们使用对联合国安理会常任理事国的知晓情况来测量其对国际知识常识的了解，样本中能准确识别错误国家的个案占所有样本的 72.1%，知晓程度较高。回归分析的结果表明知晓哪些国家是联合国安理会常任理事国确实有助于降低受访者对外国人的

[①] 在拟合模型时我们也加入了年龄平方项，但在所有的模型中均不显著，且由于多重共线性的原因抑制了年龄对因变量的显著影响，所以我们在所有模型中都没有报告年龄平方项的影响效果。

负面社会态度，其与外国人做邻居的意愿也要比不知晓该知识的人高。除此之外，居住地的流动经历也可能影响受访者对外国人的社会态度，有过流动经历的人对其他处于流动状态的人似乎更加包容，更少偏见等负面态度。我们使用是否本地人作为其流动经历的测量，结果发现相比于外地人来说，"土生土长"的本地人确实对外国人表现出一定的负面态度，后者更不愿意与外国人做邻居（见表 3-42a 中的模型 2）。

2. 权威主义人格特质对因变量的影响

权威主义人格对社会偏见的影响是经久不衰的话题，虽然有时其影响效果随着对权威主义人格界定和测量的变化而变化，但整体上，具备权威主义人格特质或者具备该特质越多的人越有可能对预设的外群体表现出敌意、偏见等负面态度。本研究从两个方面测量了权威主义人格特质，回归分析发现变量权威青睐程度对因变量没有显著影响，假设 1a 没有通过检验。出现这种结果，可能是因为变量操作化的缘故，本研究的操作化变量不能全面地测量一个人的权威主义人格倾向，而且跟已有的研究相比，本研究对权威主义人格特质的测量可能略显牵强。另外，社会信任程度对因变量有显著的负面影响，这意味着对陌生人越不信任的受访者越不愿意与外国人做邻居，假设 1b 通过检验（见表 3-42a 中的模型 3）。

3. 群际接触对因变量的影响

此项分析的本意是观察群际接触理论在本研究中的解释效果，无论是现实中面对面的接触还是想象中的接触都算是群体间的接触，但遗憾的是问卷中没有询问此类问题，这里使用调查地区人口规模作为群际接触的测量。① 我们考虑的是，人口规模越大的地区城市发展基础可能更好，现代化程度和开放水平相对比较高，外国人会更多一些，从而使这些地区的受访者有更多的机会与外国人进行各类接触。回归分析的结果显示该变量对因变量没有显著影响，假设 2 没有通过检验。虽然如此，通过以往国外对不同族群接触效果的研究，以及国内城市居民跟外来人口接触效果的研究，群际接触对降低群体间负面态度有重要的影响作用，这里假设 2 没

---

① 这里的人口规模标准使用 WVS 原有的划分，即 0.5 万人以下、0.5 万~2 万人、2 万~10 万人、10 万~50 万人、50 万人及以上，它是基于联合国对城市（人口规模）的界定，即 2 万人是城市的人口基本数量要求，10 万人是大城市的人口基本数量要求。

有通过检验未必是群际接触效果不彰的体现，主要原因可能是反映群际接触的变量在本次分析样本中缺乏非常合适的测量变量（见表3-42b中的模型4）。

表3-42b　中国民众对来华外国人社会态度的二元逻辑斯蒂回归分析

	模型4	模型5	模型6
性别（男性＝0）	−0.017	−0.009	−0.004
年龄	−0.015***	−0.015***	−0.016***
婚姻状况	0.002	0.017	0.037
孩子数量	−0.012	−0.010	−0.012
受教育程度	0.186***	0.180***	0.172***
调查地点属性（城市＝0）	−0.163*	−0.166*	−0.175*
国际知识常识具备情况（不具备＝0）	0.386***	0.396***	0.414***
是否本地人（外地＝0）	−0.200*	−0.200*	−0.207*
权威青睐程度			
社会信任程度			−0.228**
居住地人口规模	−0.039		
本国人就业优先同意程度		0.088**	0.079*
对世界的归属感		−0.140**	−0.128**
Pseudo R^2	0.039	0.043	0.046
个案数（N）	2846	2846	2846

4. 世界主义价值观对因变量的影响

一个胸怀世界、以世界主义价值观为导向的人，他/她会对外国人（外部社会群体）抱持怎样的看法呢？本节从两个方面测量了受访者的世界主义价值观导向，从就业优先权的角度来看，越不同意"在我国，当就业机会少时，雇主应优先考虑中国人而非外国移民"的观点，相对而言越愿意与外国人做邻居，表现出了对外群体的包容性，这确实是世界主义价值观的体现，假设3a通过检验。从对世界的亲近感或者归属感来看，受访者越感觉与世界不亲近，则其对外国人的态度越趋于负面。换句话说，对世界越亲近的人，越愿意与外国人做邻居，假设3b也通过检验。无论从哪个方面来看，世界主义价值观都对降低对外国人的负面态度发挥出稳定的作用（见表3-42b中的模型5）。模型6是本研究的最终模型，在剔除掉对因变量没有显著作用的自变量和解释变量后，在本节的研究假设基础上，它是用来预测中国民众与外国人做邻居的意愿的最精简模型。

五　结论与讨论

(一) 研究结论

本节的研究发现可以总结为以下四个方面。

首先，如果以是否愿意与外国人做邻居来测量中国民众对外国人的社会态度，就我们的分析样本而言，至少有超过 70% 的受访者愿意与外国人做邻居，这是一个比较高的数字。中国民众在选择邻居的时候，更看重邻居的品行而不太在意他们的民族、国籍以及使用语言背景。年龄越大的人、生活在农村而非城市的人更不愿意与外国人做邻居，而受教育程度越高的人，越愿意与外国人做邻居。

其次，对国外乃至整个世界越了解的人，越愿意与外国人做邻居。我们使用对联合国安理会常任理事国的知晓情况来预测受访者对外国人的社会态度，结果看到了显著的积极效果，这意味着对世界越了解，越有可能降低对世界的误解和偏见。此外，流动经历也可能产生类似的效果，因此本研究也发现从外地来的人要比本地人更愿意与外国人做邻居。

再次，权威主义人格对个人的负面态度有影响。可能是因为本研究对权威主义人格的界定与以往研究不同，所以此次未观察到对权威的态度对受访者的负面社会态度的影响效果。但是如果以权威主义人格的另一类表现——对社会的信任程度来看，对社会尤其是陌生人越信任的人，就越愿意与外国人做邻居。

最后，具有世界主义价值观导向的人更愿意与外国人做邻居。从现实的优先就业权利来看，越不认同中国人优先于外国移民就业的人越愿意与外国人做邻居；从胸怀世界的程度来看，越感到自己与世界亲近的人越愿意与外国人做邻居。

(二) 讨论

以往国内社会学或社会心理学界很少关注中国民众对外国人的社会态度，这对学术发展和现实关怀都是一个遗憾。而在来华外国人数量不断增加，国内外交往不断深化的时代背景下，研究此类问题就显得十分必要和迫切。由于国内缺乏专项的调查，已有的全国性社会调查也不询问此类问题，所以本节使用世界价值观调查数据对此进行了初步探索。

本研究尝试在经典社会心理研究的基础上纳入符合中国实情的分析维度，以期构建一个能够解释中国民众对外国人社会态度的初步分析框架，但与预期相同和不同的情况夹杂其中。从个人角度来看，权威主义人格作为偏见或负面社会态度研究的重要切入点仍具有十分重要的价值。虽然本节缺乏使用权威主义人格量表的条件，但是通过尽可能接近权威主义人格特质内涵的操作化变量，本研究仍然发现了较高的社会信任程度能够有效地降低对来华外国人的负面社会态度。对陌生人的信任最能集中代表个人对社会整体的信任程度，能够对陌生人保持较高的信任程度，这说明个人对外部环境有较高水平的开放心态，这种情况下更有可能对外国人持正面社会态度。

开放心态具有一定的弹性，就如同社会距离的相对性一样，内群体和外群体的划分随着社会情境的变化而变化。个人的迁移经历增添了个人身份的多重性和复杂性，使其在面临内外群体划分时更具灵活性，同样使其在面临文化多样性时保持开放的心态，所以相比于有迁移经历的人，"土生土长"的本地人在身份群体划分时选择更少，也使得本地人在包容性方面缺少一定程度的弹性，从而更可能表现出对来华外国人的负面社会态度。但是迁移经历的作用不是绝对的，从根本上来说，一个人的心态未必要由迁移的经历来练就，个人对外部世界的接触意愿同样很重要，虽然本次研究没有很好地找到能够测量群际接触的变量，但是群际接触的作用是不能忽视的。奥尔波特对群际接触能够降低族群间的负面社会态度深信不疑，但是他认为这需要满足他提出的四个条件。虽然来华外国人与中国民众在社会地位、交往目的方面不一定都能保持相同或接近，但该群体的整体水平和素质还是可以的，我们可以大胆推测，如果中国民众能增加与外国人的接触，特别是面对面的交往，这将有助于减小两个群体的社会距离，特别是有助于那些原本对外国人持负面态度的民众减少偏见等负面态度，从而提高正向评价水平。

虽然近期国际环境有了新变化，但是中国改革开放的步伐没有停止，与国际交往的意愿没有减少，而且中国还要继续不断扩大对外开放的规模和层次，形成全面开放新格局。在这个过程中，来华外国人的数量会有明显的增加，中国民众也有更多的机会与不同国家、不同民族、不同文化背景的外国人接触。在这个背景下，培育普通民众开放包容的心态就显得尤为重要，因此本节的研究发现有一定的现实意义。

首先，培育开放的心态尤为重要。开放不仅是经济、科技和文化领域的开放，同时也是社会各界民众心态上的开放，只有心态上的开放才能有真正的经济交流等方面的开放。因此我们要加大力度宣传开放心态的重要性，让民众意识到国内国际环境的变化需要我们以更从容、更包容、更开放的心态来面对。

其次，要加强对世界的了解。建设好"一带一路"不仅要"走出去"，也有"走进来"的需要，不仅要关注政策沟通、设施联通、贸易畅通、资金融通方面的内容，更要关注民心相通，它是开展区域合作的民意基础和社会基础。只有如此，才能让中国民众以理性平和的方式与外国人沟通，才能真正做到互相理解，从而消除群体偏见，夯实合作基础。

最后，以"国民化"标准管理和对待来华外国人。无论是经商、留学，还是爱好中国文化，抱持各种目的的来华外国人整体是尊重中国文化、遵行中国法律的，但是也不能排除少数外国人在中国违法违纪。对于此类事件应当及时依法依规处理，避免超"国民化"待遇，从而引起不必要的媒体放大效应，进而导致中国民众对少数案例形成强烈的负面评价，并泛化到整个外国人群体，从而恶化中国民众对外国人的社会态度。

第四章　东南亚国家华人和其他族群的价值观比较分析

第一节　新加坡华人和其他族群的宗教信仰与价值观扩散①

一　宗教信仰与价值观的关系概述

（一）背景

宗教信仰是人类社会的文化特征之一，也是人类社会价值观及其体系的重要来源之一，宗教信仰在传播的同时也在扩散它所蕴含的价值观，可以说宗教信仰与价值观之间具有重要的联系。东南亚是世界上最具宗教多样性的地区之一，有很多大大小小的宗教信仰，甚至在一个国家内部也能见到诸多的宗教派别，其中尤属新加坡最为典型。众所周知，新加坡是一个规模不大的城市国家，人口构成以华人为主，但是它的宗教信仰组成又是复杂的，除了常见的佛教、道教、基督教和伊斯兰教之外，还有耆那教、锡克教、犹太教、拜火教。② 但是众多的宗教信仰并没有使信众之间产生隔阂和冲突，反而是不同族群、不同宗教信众间保持和谐共处的局面，这种美好的场景不是自发出现的，它与新加坡政府的积极引导分不

---

① 本节曾以《宗教信仰与价值观扩散：以新加坡华人和其他族群为例》为题，载贾益民、张禹东、庄国土主编《华侨华人研究报告（2018）》，社会科学文献出版社，2018。收入本书时对部分内容进行了修订。

② 韦红：《浅谈新加坡宗教宽容及其原因》，《中南民族学院学报（人文社会科学版）》2001年第3期。

开。通过颁布旨在维护宗教和谐的法律，制定保持多元但不失整体性的族群政策等措施，[①] 特别是新加坡政府于 2003 年面向全体新加坡人发表《新加坡宗教和谐声明》，并鼓励他们在每年的族群和谐日朗读该声明，以这种颇具仪式感的方式来培养和巩固新加坡人的宗教和谐意识。[②] 新加坡政府的做法给其他同样面临族群和宗教多样性的国家和地区树立了一个典范，这种典范不仅体现在对多族群和多宗教人口的管理方面，而且也体现在不同族群和宗教间的文化交流互鉴方面。宗教信仰作为人类价值观的主要来源之一，它的传播与发展对价值观的扩散发挥着重要的作用，而价值观的扩散也是文化交流互鉴的重要方式和表现。因此新加坡的宗教和谐现象值得我们从宗教信仰和价值观的关系角度加以研究，本章试图比较包括华人在内的新加坡不同族群在宗教信仰、基本价值观上的异同，并对这种异同和各族群的宗教信仰之间的关系进行研究，并由此探讨宗教信仰对价值观扩散的作用。

（二）价值观的概念及其作用

价值观是一个受到众多学科关注的现象，这些学科从哲学、人类学等人文学科延伸到社会学、社会心理学等社会科学学科，[③] 由于这些学科在基本观点、方法论以及研究范式上的差异，它们对价值观的着眼点并不相同，[④] 由此导致它们对价值观的界定也莫衷一是。而本章则将价值观视为一种社会心理现象，因此主要从社会心理学角度介绍该学科对价值观的认识。最早对价值观进行界定并获得相当共识的是美国著名文化人类学家 C. 克拉克洪（C. Kluckhohn），他认为价值观是关于什么是"值得的"的看法，它是个人或群体的特征，而且它还影响人们对行为方式、手段和目的的选择。[⑤] 到 20 世纪 70 年代，波兰裔美国社会心理学家 M. 罗克奇

---

① 王学风：《新加坡宗教和谐的原因探析》，《东南亚纵横》2005 年第 9 期。
② 《新加坡宗教和谐声明》，《中国宗教》2003 年第 10 期。
③ 李德顺：《充分重视价值观念系统的建设》，《中国特色社会主义研究》1997 年第 2 期。
④ 杨宜音：《社会心理领域的价值观研究述要》，《中国社会科学》1998 年第 2 期。
⑤ Clyde Kluckhohn, "Value and Value Orientation in the Theory of Action: An Exploration in Definition and Classification," in T. Parsons, E. A. Shils (eds.), *Toward a General Theory of Action*, Cambridge, MA: Harvard University Press, 1951, 转引自杨宜音《社会心理领域的价值观研究述要》，《中国社会科学》1998 年第 2 期。

（M. Rokeach）深化了人们对价值观的认识，他认为价值观是"一个持久的信念，认为一种具体的行为方式或存在的终极状态，对个人或社会而言，比与之相反的行为方式或存在的终极状态更可取"①。

从以上学者的论述可以看出，价值观不仅对个人具有重要作用，对一个社会也是如此。美国著名社会学家 T. 帕森斯（T. Parsons）就曾经指出，价值观是社会成员共享的符号系统。② 如此一来，价值观就具有了群体属性或曰社会属性，但是这又生发出两种看似有联系但又有差异的价值观，即社会价值观和文化价值观。社会价值观是指"隐含在一套社会结构及制度之内的一套价值，这套价值的持有使现有的社会架构得以保持。社会制度在这里包括社会化、社会控制、社会规范及社会奖惩等。它通过规范、价值、惩罚等，给个人带来外在压力，也通过社会价值的内化，给个人带来就范的压力"③。而文化价值观则是指一种文化中的成员在社会化过程中被教导的一套价值，而该套价值在这个文化的成员中是普遍存在的。④ 社会价值观和文化价值观虽然都是指群体成员共有且需遵守的价值，但两者又有所差异。一方面，前者强调面向社会所有成员的价值观，而后者只强调针对一种文化中所有成员的价值观。如果一个社会只有单一文化，那么社会价值观和文化价值观较为接近；如果一个社会包含多种文化，比如由族群、宗教分化导致的多个文化群体，那么社会价值观要辐射到可能多种的文化价值观。另一方面，社会价值观一般通过社会控制、社会规范及社会奖惩等强力手段实现价值观的社会化，施加这些强力手段的往往是国家；而文化价值观的强力性稍弱，施加手段的是非国家主体，比如家庭、社区等。

虽然社会层次的价值观有细微的差别，但是它们对社会成员的作用比较接近。比如罗克奇认为价值观具有规范性和禁止性的特征，它是社会成

---

① M. Rokeach, *The Nature of Human Values*, New York: Free Press, 1973, 转引自杨宜音《社会心理领域的价值观研究述要》，《中国社会科学》1998 年第 2 期。
② 转引自杨宜音《社会心理领域的价值观研究述要》，《中国社会科学》1998 年第 2 期。
③ 杨中芳：《中国人真是集体主义的吗？——试论中国文化的价值体系》，载杨国枢主编《中国人的价值观——社会科学观点》，中国人民大学出版社，2013，第 280 页。
④ 杨宜音：《社会心理领域的价值观研究述要》，《中国社会科学》1998 年第 2 期。

员的行动和态度的指导。① 在具体社会中，国家或社区可以通过正式或非
正式的制度安排，实现价值观的社会化，从而达到特定的目的。比如，新
加坡政府对本国的大学生进行共享价值观的培育，他们将中国儒家的
"八德"作为培育的内容之一，尤其突出爱国精神和对国家的认同，并强
调个人对国家、社会的责任。② 新加坡的做法凸显大多数国民持有共享价
值观的重要性，因为这种共享价值观同国家和社会稳定息息相关。对于现
代国家来说，有一种能让大多数社会成员认同的价值观非常重要，它可以
减少社会发生冲突的风险，更可以促进社会的有效整合与均衡、协调
发展。③

（三）新加坡宗教信仰概况

宗教信仰是人类社会的重要特征。新加坡作为一个建国时间不长、
族群构成复杂的城市国家，多元的宗教信仰是政府和执政党需要谨慎处
理的国家治理课题。新加坡作为一个东南亚国家，它的宗教信仰具备以
下四个方面的特点：第一，宗教种类很多很复杂；第二，宗教具有多变
性；第三，宗教带有神秘性；第四，宗教具有明显的混合性。④ 上述特
征是围绕宗教信仰本身的发展和变化来总结的，但是，不同宗教信仰人
口的变迁也能反映出新加坡宗教信仰不同于其他国家和地区的特征。张
禹东在国内较早使用新加坡人口普查数据对其宗教信仰进行了分析，使
我们得以从社会人口结构角度来把握新加坡的宗教信仰状况，他发现新
加坡的宗教信仰体现为：第一，多元宗教信仰与其多元族群相关联；
第二，宗教多样性与语言多样性相互作用；第三，各种宗教信仰间缺
乏深层互动和沟通；第四，华人以其人口规模的绝对优势使其宗教信
仰占据了新加坡宗教的主流。⑤

---

① 转引自杨宜音《社会心理领域的价值观研究述要》，《中国社会科学》1998 年第 2 期。
② 徐光井、胡静丽：《新加坡大学生共享价值观培育的实践及启示》，《老区建设》2016 年
第 12 期。
③ 涂小雨：《转型期共享价值观的确立与执政党社会整合》，《求实》2009 年第 5 期。
④ 刘金光：《东南亚宗教的特点及其在中国对外交流中的作用——兼谈东南亚华人宗教的
特点》，《华侨华人历史研究》2014 年第 1 期。
⑤ 转引自孟庆梓《近 20 多年来国内新加坡宗教信仰问题研究述略》，《甘肃社会科学》
2008 年第 1 期。

　　由于华人在新加坡的人口结构中占据优势地位，所以对新加坡宗教信仰概况的把握尤其要关注华人的宗教信仰。整体而言，新加坡华人宗教有以下特点：第一，宗教信仰主要来自中国家乡，但在移入国获得发展；第二，所供奉的神明趋于多元化；第三，各种神明掺杂，不加区分地崇拜。① 如果仍以社会人口结构角度观之，特别是从华人宗教信仰基本构成的变化来看，其特征主要有：第一，华人宗教信仰类别基本不变，但构成比例出现明显变化；第二，华人传统宗教信奉者的年龄构成趋于老化，而无宗教信仰者和基督教徒的年龄则趋于年轻化；第三，华人各主要宗教信仰的信奉者的受教育水平普遍提高，但各类别的教育构成比例发生较大变化。② 除了上述人口结构的变迁特征之外，近些年来，华人宗教信仰还呈现世俗化的特征，其主要表现有：第一，华人对传统宗教的信仰逐步淡化；第二，宗教崇拜仪式等礼仪活动逐步简化宽松；第三，华侨华人传统宗教的伦理化和当地化现象明显。③ 需要说明的是，上述新加坡宗教信仰概况主要基于 20 世纪末的人口普查资料的梳理，时至今日，一些新现象、新状况、新特征已经出现，需要研究者基于最新的数据资料进行整理和分析，这也是本研究的主要内容之一。

（四）新加坡宗教信仰与价值观的关系概述

　　宗教信仰是价值观的主要来源之一，那些关于值得做和不值得做的意念大部分来自各种宗教信仰的教义。由于不同宗教信仰通过各种教义或者戒律要求自己的信众应该做什么和不应该做什么，所以宗教信仰几乎就是价值观。对于多民族和多宗教的国家和地区来说，民族与宗教既是文化共同体又是价值共同体，尽管两者有时互相渗透，但有时也呈现不同的价值诉求。④ 对于这种状况，新加坡政府采取的是宗教宽容或曰宗教和谐政

---

① 刘金光：《东南亚宗教的特点及其在中国对外交流中的作用——兼谈东南亚华人宗教的特点》，《华侨华人历史研究》2014 年第 1 期。

② 张禹东：《新加坡华人宗教信仰的基本构成及其变动的原因与前景》，《华侨华人历史研究》1995 年第 4 期。

③ 张禹东：《华侨华人传统宗教的世俗化与非世俗化——以东南亚华侨华人为例的研究》，《宗教学研究》2004 年第 4 期。

④ 司律：《"族教分离"：社会主义核心价值观引领下的"族—教"关系》，《广西民族研究》2017 年第 4 期。

策，对新加坡宗教信仰有所了解的人可能都不会否认的一点就是各宗教间虽然有所差异，但求同存异是主流，标新立异则不被肯定和支持。一方面，新加坡以华人为主的社会人口结构，使整个社会更加包容和开放，那种孤立极端的宗教信仰不被整个新加坡社会认同和接受；另一方面，政治人物认识到宗教的复杂性和敏感性，因此制定了适合新加坡的宗教政策。[①]

要说新加坡的宗教政策，那就不得不说新加坡政府对共同价值观的重视，因为所谓宗教和谐其实就是族群和谐，也就是价值观和谐。早在1991年，新加坡政府就发表了《共同价值观白皮书》，而所谓共同价值观即"国家至上，社会优先；家庭为根，社会为本；关怀扶持，同舟共济；求同存异，协商共识；种族和谐，宗教宽容"[②]。这些价值观在不同族群和不同宗教信仰的民众中得到广泛认可，所以世界上没有哪一个地方像新加坡这样，能够做到不同宗教信仰信众间的价值观趋同，由于宗教差异而导致的基本价值观差异甚至背离得到了较好的解决。

二　新加坡族群和宗教人口结构分析

（一）数据和方法

对族群和宗教进行社会人口结构分析是进一步分析宗教与价值观关系的基础，在本研究之前，已经有不少研究使用新加坡人口普查资料对相关内容进行分析并得到了重要发现。但是这些研究基本使用2010年，甚至是2000年和1990年的新加坡人口调查资料，这些资料反映出的状况在这几十年间可能发生了重要变化，因此本节主要使用2015年新加坡人口抽样调查资料对其族群和宗教人口结构进行分析。该数据资料来源于新加坡综合住户调查（General Household Survey），该调查是在两次人口普查中期进行的抽样调查，它也可以被看作小普查，而一般的人口普查是每十年进行一次，这也就意味着新加坡2015年的小普查数据能够反映该国目前较新较全面的族群和宗教状况。本研究收集到的数据不

① 韦红：《浅谈新加坡宗教宽容及其原因》，《中南民族学院学报（人文社会科学版）》2001年第3期。
② 郑汉华：《新加坡共同价值观及其启示》，《高等农业教育》2006年第1期。

是小普查的原始资料，而是经过加工处理的汇总性数据，因此本研究将主要采用描述统计方法来分析新加坡当前的族群和宗教人口的状况。除此之外，为了分析人口的变迁趋势，本节也将结合 2000 年、2010 年新加坡人口普查数据以及《新加坡统计年鉴（2017）》上登载的数据一并进行分析。

（二）各族群人口结构分析

以族群分布来看，新加坡是一个典型的以华人为主的多族群国家，这样的族群构成最早可以追溯到新加坡建国伊始。华人占新加坡总人口的绝对优势无论是从公民人口数来看，还是从常住人口数来看都是当之无愧的。表 4-1 报告的是 2015 年新加坡 0 岁及以上公民按族群、年龄组和性别划分的人口数据，由该数据可以计算得到新加坡各族群人口数占总人口的比重，其中华人占 76.2%、马来人占 15.0%、印度人占 7.4%、其他族群占 1.4%。需要说明的是，表 4-1 中的公民人口统计只包括新加坡的正式公民，不包括持永久居住许可证的人。根据笔者计算，新加坡（60 岁以下的）华人男性数量要超过华人女性数量，但是从 60 岁开始，华人女性数量反超华人男性数量，至于马来人和印度人按性别划分的人口数量演化趋势基本也是如此，这可能主要同男女人均寿命的差异相关。

除了公民人口数体现出华人占新加坡公民人数比例高的绝对优势外，常住人口的族群构成也很明显地表现出上述优势。表 4-2 是 2015 年新加坡 0 岁及以上常住人口按族群、年龄组和性别划分的人口数据，由该数据可以计算得到各族群人口数占总人口数的比重，其中华人占 74.3%、马来人占 13.3%、印度人占 9.1%、其他族群占 3.3%。从构成比重来看，华人仍然具有人数上的优势，同时印度人的比重略有上升；从绝对数量来看，华人增加的数量最多，印度人次之；从男女构成来看，华人、马来人和印度人均从 20～44 岁年龄段开始女性数量超过男性数量，由此可以推测新加坡 20 岁及以上永久居民中女性占的比例超过 50%。

依常住人口的统计口径来看，新加坡的族群构成在比较长的时间内都保持较为稳定的状态。表 4-3 是使用新加坡 2000 年、2010 年人口普查资料和 2015 年小普查等资料计算得到的各族群人口构成，其中 2000 年由于资料可得性原因，只统计了 15 岁及以上人口数据，而其他年份则是 0 岁及以上人口数据，2000 年的比重结果或许可以说明华人少年儿童所占比重相对其他族群少年儿童较少。

表 4-1　新加坡 0 岁及以上按族群、年龄组和性别划分的公民人口数据

单位：千人

族群类别	0～14 岁		15～19 岁		20～44 岁		45～64 岁		65 岁及以上	
	男性	女性	男性	女性	男性	女性	男性	女性	男性	女性
华　人	193.0	181.8	81.0	75.6	432.6	423.2	400.5	409.0	167.2	207.1
马来人	51.3	48.4	22.3	20.9	94.4	90.6	68.9	69.9	17.5	21.1
印度人	22.3	21.7	9.4	9.2	44.9	43.1	38.6	36.7	11.2	13.2
其　他	7.1	7.1	2.0	2.0	7.4	7.7	5.1	5.7	1.9	2.3
总　计	273.7	259.0	114.7	107.7	579.3	564.6	513.1	521.3	197.8	243.7

注：1. 公民人口数指新加坡公民人数，不包含永久居民人数。

　　2. 依据 2015 年新加坡综合住户调查数据计算。

资料来源：Singapore Department of Statistics，http：//www. tablebuilder. singstat. gov. sg/public-facing/createSpecialTable. action？refId＝8187&exportType＝csv。

表 4-2　新加坡 0 岁及以上按族群、年龄组和性别划分的常住人口数据

单位：千人

族群类别	0～14 岁		15～19 岁		20～44 岁		45～64 岁		65 岁及以上	
	男性	女性	男性	女性	男性	女性	男性	女性	男性	女性
华　人	208.9	198.2	86.7	81.9	508.1	543.9	438.3	448.1	173.3	212.6
马来人	51.9	48.9	22.5	21.1	96.4	96.5	70.2	72.8	18.1	22.5
印度人	34.2	34.7	11.3	11.4	74.3	70.1	49.6	42.3	12.8	14.2
其　他	12.1	13.4	3.7	4.3	23.3	31.0	17.5	15.3	3.3	2.9
总　计	307.1	295.2	124.2	118.7	702.1	741.5	575.6	578.5	207.5	252.2

注：1. 常住人口数包括新加坡公民人数和永久居民人数。

　　2. 依据 2015 年新加坡综合住户调查数据计算。

资料来源：Singapore Department of Statistics，http：//www. tablebuilder. singstat. gov. sg/public-facing/createSpecialTable. action？refId＝8187&exportType＝csv。

表 4-3 　新加坡 2000、2010、2015、2016 年各族群人口比重

单位：%

族群类别	2000 年	2010 年	2015 年	2016 年
华　人	84.98	74.08	74.31	74.31
马来人	9.02	13.36	13.35	13.37
印度人	5.13	9.23	9.10	9.07
其　他	0.88	3.33	3.25	3.24
总　计	100.00	100.00	100.00	100.00

注：1. 总人口包括新加坡公民和永久居民。

　　2. 2000 年的人口比重数据根据 15 岁及以上人口计算，其他年份的人口比重数据根据 0 岁及以上人口计算。

资料来源：2000 年、2010 年基于新加坡人口普查数据，2015 年基于新加坡综合住户调查数据，2016 年基于《新加坡统计年鉴（2017）》。

（三）各宗教人口结构分析

1. 不同居民身份和性别的宗教人口分析

依照新加坡官方确定的宗教类别，新加坡 15 岁及以上各宗教人口所占比重依居民身份有所差异，而且不同宗教人口的性别结构也呈现一定特点。我们从新加坡公民、永久居民以及常住人口 3 个统计口径来分析新加坡宗教人口结构。首先，从公民来看，新加坡宗教人口比重排在前 5 位的依次是佛教、伊斯兰教、其他基督教、道教、天主教，但如果将天主教和其他基督教合并计算的话，这两者的比重可以达到 18.25%，则将超过信奉伊斯兰教人口比重，其比重可以排在第 2 位。其次，从永久居民来看，新加坡宗教人口比重排在前 5 位的依次是佛教、印度教、其他基督教、天主教和伊斯兰教，同样地，我们还可以将天主教和其他基督教合并为一类，但是它们的比重位次没有变化。最后，从常住人口来看，新加坡宗教人口比重排在前 5 位的依次是佛教、伊斯兰教、其他基督教、道教和天主教，如果将天主教和其他基督教合并计算，则其比重位次将上升至第 2 位（见表 4-4）。

从表 4-4 我们还可以看出，无论是新加坡公民还是永久居民，他们当中有宗教信仰的比例较高，两类人群中无宗教信仰的比例分别只有 18.24% 和 19.77%。表 4-4 中以性别比作为性别结构的指标，从各宗教人口的性别结构来看，女性比重整体上更高。首先，从新加坡公民来看，所

有的宗教类别中均是女性人口超过男性人口，其中道教和伊斯兰教信众的男女比重极为接近，佛教和印度教信众的男女比重较为接近，而天主教和其他基督教信众的男女比重则差异较大。但是在没有宗教信仰的人口中，男性比重大大超过女性。其次，从永久居民来看，各宗教人口整体上仍然是女性人口多于男性人口，但是有两个变化。一个是信奉印度教和其他宗教的男性人口要多于女性人口；另一个是除上述两个宗教类别之外的宗教信众中女性人口仍然要比男性人口多，而且差距相较于新加坡公民中的差距更大。最后，从常住人口来看，除了印度教和其他宗教的信众中男女人口基本持平以外，其余宗教信众中的女性人数要比男性人数多，但相差不会太大，而只有锡克教、天主教和其他基督教信众中的男女比重差异较大。

表 4-4　新加坡 15 岁及以上人口按居民身份计算的宗教人口比重和性别比

宗教类别	新加坡公民		永久居民		常住人口	
	宗教人口比重（%）	性别比	宗教人口比重（%）	性别比	宗教人口比重（%）	性别比
佛　教	33.30	97.3	32.51	66.1	33.19	92.5
道　教	10.76	99.2	4.89	71.1	9.96	97.0
伊斯兰教	15.39	99.5	5.47	58.1	14.03	96.7
印度教	3.46	93.5	14.43	111.8	4.96	100.4
锡克教	0.36	80.7	0.29	85.7	0.35	81.3
天主教	6.15	78.6	10.52	85.4	6.74	80.0
其他基督教	12.10	78.4	11.82	85.0	12.06	79.2
其他宗教	0.23	94.1	0.29	160.0	0.24	102.6
无宗教信仰	18.24	116.8	19.77	79.5	18.45	110.4
总　计	100.00	97.1	100.00	78.4	99.98	94.3

注：1. 常住人口数包括新加坡公民人数和永久居民人数。
　　2. 依据 2015 年新加坡综合住户调查数据计算。
资料来源：Singapore Department of Statistics, http://www.tablebuilder.singstat.gov.sg/public-facing/createSpecialTable.action? refId=8226&exportType=csv。

2. 不同年龄组的宗教人口分析

我们使用 2015 年新加坡综合住户调查数据计算了 15 岁及以上常住人口中不同年龄段的宗教信仰状况，这里将年龄划分成 15~19 岁、20~44

岁、45~64 岁和 65 岁及以上 4 个年龄段，然后计算不同年龄段信奉各宗教的人口比例，并相应计算了按年龄段和按宗教类别的合计百分比，具体分布情况如表 4-5 所示。我们首先按照不同年龄段的宗教人口结构来分析，在 15~19 岁、20~44 岁和 45~64 岁组中，都是佛教、无宗教信仰和伊斯兰教的人口比重相对较高；在 65 岁及以上组中，是佛教、道教和无宗教信仰的人口比重相对较高。如果排除无宗教信仰情况，15~19 岁组则是佛教、伊斯兰教和基督教①的人口比重相对较高；20~44 岁组是佛教、基督教和伊斯兰教的人口比重相对较高；45~64 岁组是佛教、基督教和伊斯兰教的人口比重相对较高；65 岁及以上组是佛教、基督教和道教的人口比重相对较高。其次按照不同宗教中各年龄段人口比重来看，在各宗教信仰中，基本都是 20~44 岁组和 45~64 岁组的人口比重最大，其次是 65 岁及以上组，最后是 15~19 岁组。这种情况同新加坡常住人口的年龄结构有关，同时人们的宗教信仰也是随年龄而发展，年少时接触宗教，然后随着年龄的提高，其宗教信仰越发牢固，一般较难改变。

表 4-5 新加坡 15 岁及以上不同年龄组的常住人口中的宗教人口比重

单位：%

宗教类别	15~19 岁	20~44 岁	45~64 岁	65 岁及以上	合 计
佛 教	2.14	13.01	12.82	5.22	33.19
道 教	0.44	3.25	3.89	2.38	9.96
伊斯兰教	1.51	6.31	4.74	1.47	14.03
印度教	0.40	2.57	1.58	0.42	4.97
锡克教	0.03	0.14	0.14	0.05	0.36
天主教	0.53	2.84	2.20	1.17	6.74
其他基督教	0.98	5.13	4.47	1.48	12.06
其他宗教	0.02	0.09	0.09	0.04	0.24
无宗教信仰	1.72	9.03	5.66	2.04	18.45
总 计	7.77	42.38	35.59	14.26	100.00

注：1. 常住人口数包括新加坡公民人数和永久居民人数。

2. 依据 2015 年新加坡综合住户调查数据计算。

资料来源：Singapore Department of Statistics, http://www.tablebuilder.singstat.gov.sg/public-facing/createSpecialTable.action? refId=8433&exportType=csv。

————————

① 此处将天主教和其他基督教同视为基督教，合并计算。

3. 不同族群的宗教人口分析

基于不同族群人口结构分析和不同年龄组的宗教人口分析的发现，我们能够看出宗教似乎与族群之间存在关联，为了进一步验证这种关系，我们将对不同族群的宗教人口分布进行分析。表4-6是使用2015年新加坡综合住户调查数据来计算15岁及以上不同族群的常住人口的各主要宗教的比重情况，从该表中可以看出各族群主要的宗教信仰，如华人中有42.29%的人信奉佛教，马来人中有高达99.20%的人信奉伊斯兰教，印度人中有59.86%的人信奉印度教，其他族群中则有55.98%的人信奉基督教，因此我们可以说宗教确实与族群存在关联。为了进一步确证这个关系，我们对相关汇总数据进行了列联表分析①，发现两者之间确实存在相关，统计检验达到了0.01的显著性水平，而且两者间的克莱姆V系数（Cramer's V）的数值达到了0.71，这说明宗教和族群之间高度相关。

表4-6　新加坡15岁及以上不同族群的常住人口中的宗教人口比重

单位：%

宗教类别	华　人	马来人	印度人	其　他
佛　　教	42.29	0.05	0.67	20.70
道　　教	12.93	—	0.04	0.80
伊斯兰教	0.34	99.20	21.27	7.84
印度教	0.01	0.03	59.86	0.40
锡克教	—	—	4.25	—
天主教	6.53	0.15	6.92	37.59
其他基督教	14.38	0.23	5.22	18.39
其他宗教	0.23	0.05	0.41	0.90
无宗教信仰	23.29	0.28	1.37	13.37
总　　计	100.00	100.00	100.00	100.00

注：1. "—"表示没有此数据。

2. 常住人口数包括新加坡公民人数和永久居民人数。

3. 依据2015年新加坡综合住户调查数据计算。

资料来源：Singapore Department of Statistics，http：//www. tablebuilder. singstat. gov. sg/publicfacing/createSpecialTable. action？refId = 8228&exportType = csv。

———————————

① 通过 STATA 软件中的 tabi 命令实现。

三　新加坡族群和宗教群体的价值观分析

（一）问题、数据和方法

1. 研究问题

通过上述的分析，我们可以认定宗教受到族群的影响，也即一个族群有其特别的宗教信仰及其特征，或者像新加坡华人那样以佛教为主，辅之以道教和天主教；或者像马来人那样几乎只信仰伊斯兰教，但这都是以族群内部而论。我们已经知道新加坡是一个多族群、多宗教但同时保持宗教宽容与社会和谐的社会，但族群和宗教的差别是否会导致不同族群、不同宗教间的价值观差异？新加坡政府已经颁布了《共同价值观白皮书》，它的效果到底如何，不同族群和宗教信众间是否会出现价值观趋同现象？无论是价值观趋同还是价值观保持显著的多元化态势，宗教在其中的作用如何？上述问题是我们在研究新加坡宗教和谐时感兴趣的方面，我们试图能够从宗教信仰和价值观的关系角度获得答案。

2. 数据来源

已经有研究尝试寻找不同国家和社会的共同价值观或共享价值观，[①] 此类研究从描述统计的角度而言，确实发现国家或社会间具有一些共同的价值观，但是在国家或社会内部，这些共同价值观是否存在，这个问题可以看作是回答国家或社会间是否存在共同价值观的前提。族群和宗教多元是一个国家或社会的人口分化和社会文化分化的重要特征，这种特征同价值观以及共同价值观可能存在一定联系。对此，本节将使用世界价值观调查（World Values Survey，WVS）中的新加坡样本，对新加坡不同族群和宗教间的价值观进行比较研究。WVS 是一个连续的专题调查，第七轮调查已结束。本章使用的新加坡数据是第六轮调查时收集的，关于该调查的基本介绍可以参看笔者的一个相关研究，[②] 也可以访问该调查项目的官方

---

① 冯丽萍：《从施瓦茨价值观维度看中美共享价值观：基于 WVS 第五波调查中的 SVS 数据分析》，载姜加林、于运全主编《世界新格局与中国国际传播——"第二届全国对外传播理论研讨会"论文集》，外文出版社，2012。

② 王嘉顺：《"一带一路"背景下的共享价值观及其传播研究：以东南亚华侨华人为例》，载贾益民、张禹东、庄国土主编《华侨华人研究报告（2017）》，社会科学文献出版社，2017，第 1~26 页。

主页①。

3. 分析方法

作为一项量化比较研究，本研究将主要使用列联表分析、方差分析等统计分析方法在不同族群和不同宗教间进行价值观比较分析。这里使用的主要数据是对价值观的测量结果，测量方法上是通过陈述人生目标或者期望来建立一个人物肖像，并让调查对象评价自己与肖像间的相似程度，测量的结果分别是完全不像我、不像我、有一点像我、有点像我、像我、非常像我，上述结果对应1~6分来计分。② 价值观的维度则包括自我导向、权力、安全、享乐主义、仁慈、成就、刺激、服从、普遍主义、传统10个方面。

4. 样本概况

在正式分析之前，我们就样本的人口特征做一简单描述。首先，样本中包含1972名受访者，其中男性有889人，占45.08%；女性有1083人，占54.92%。其次，平均年龄为41.9岁③，样本中的最小年龄者为18岁，最大年龄者为89岁。再次，样本的族群构成为华人1440人，占73.02%；马来人有289人，占14.66%；南亚人④有214人，占10.85%；欧亚（混血）人有9人，占0.46%；白人3人，占0.15%；其他族群17人，占0.86%。最后，样本的宗教人口构成为佛教532人，占26.98%；道教有154人，占7.81%；伊斯兰教有324人，占16.43%；印度教有143人，占7.25%；天主教133人，占6.74%；其他基督教214人，占10.85%；犹太教有3人，占0.15%；其他宗教有90人，占4.56%；还有375人没有宗教信仰，占19.02%。将该样本的人口特征分布同新加坡2010年人口普查数据相比较，可以发现2012年样本中的华人比例稍低一点，而马来人和南亚人的比例稍高一点，从族群构成来看，2012年样本同2010年人口普查的情况差别不大。但华人的比重略低导致宗教人口构成中的佛教和

---

① http://www.worldvaluessurvey.org/wvs.jsp.
② 本节对 WVS 问卷中的变量编码进行了再编码，得分越高说明相似的程度越高，也意味着认同程度越高。这种变量处理方法与本书其他章节中直接使用原始编码的做法不同，请读者注意。
③ 样本中有33人未回答自己的年龄，因此这里基于其余1939人的年龄来计算。
④ WVS 对南亚人的界定包括印度人和巴基斯坦人等，这与新加坡人口普查的口径略有不同，后者只包括印度人，后续分析以 WVS 的口径来计算相关指标值，特此说明。

道教的比例稍低一些，而伊斯兰教和印度教的比例稍高一些。

（二）不同族群的价值观分析

1. 信度检验

施瓦茨价值观量表在全球不同地区的研究中已被发现具有较好的测量信度，此处我们通过克隆巴赫系数（Cronbach's α）来评判其对新加坡样本的适用性，针对所有样本的信度分析表明其信度较高，克隆巴赫系数值达到 0.77。不同族群的子样本的信度水平略有差异，其中华人、马来人和其他族群的信度水平整体较高，南亚人的信度水平稍低，但整体都超过了 0.7。我们同时计算了价值观量表中分项条目的克隆巴赫系数值，结果显示华人和马来人在各项陈述中的测量信度都较高，但南亚人在所有陈述中的克隆巴赫系数都略低于 0.7 的水平，说明其信度水平一般，但该量表仍可使用，而其他族群中有若干陈述的测量信度也是如此。不同族群样本的分项的克隆巴赫系数值分别如表 4-7、表 4-8、表 4-9 和表 4-10 所示。

2. 描述统计

我们分别计算了华人、马来人、南亚人和其他族群在施瓦茨价值观量表上的逐项得分情况，通过最小值、最大值、平均值和标准差等指标来分析不同族群最认同和最不认同的价值观。对于华人样本来说，最认同的价值观依次是安全、仁慈和服从，最不认同的价值观依次是刺激、权力和享乐主义。对于马来人样本来说，最认同的价值观依次是安全、传统和仁慈，最不认同的价值观依次是权力、享乐主义和刺激。对于南亚人样本来说，最认同的价值观依次是安全、仁慈和传统，最不认同的价值观依次是权力、享乐主义和刺激。对于其他族群样本来说，最认同的价值观依次是自我导向、成就和普遍主义，最不认同的价值观依次是权力、享乐主义和刺激。

表 4-7 施瓦茨价值观量表的描述统计与信度水平：华人

题目序号	价值观类型	个案数	最小值	最大值	$\bar{x} \pm s$	信度水平
V70	自我导向	1440	1	6	4.09±1.27	0.7529
V71	权　　力	1439	1	6	3.63±1.37	0.7562
V72	安　　全	1439	1	6	4.46±1.14	0.7697

续表

题目序号	价值观类型	个案数	最小值	最大值	$\bar{x} \pm s$	信度水平
V73	享乐主义	1439	1	6	3.84±1.27	0.7470
V74	仁　慈	1439	1	6	4.31±1.10	0.7564
V75	成　就	1439	1	6	4.07±1.22	0.7449
V76	刺　激	1439	1	6	3.59±1.29	0.7509
V77	服　从	1439	1	6	4.15±1.11	0.7585
V78	普遍主义	1439	1	6	4.07±1.07	0.7619
V79	传　统	1439	1	6	3.96±1.16	0.7726

表 4-8　施瓦茨价值观量表的描述统计与信度水平：马来人

题目序号	价值观类型	个案数	最小值	最大值	$\bar{x} \pm s$	信度水平
V70	自我导向	289	1	6	4.01±1.34	0.7436
V71	权　力	289	1	6	3.24±1.45	0.7542
V72	安　全	289	1	6	4.42±1.21	0.7498
V73	享乐主义	289	1	6	3.69±1.35	0.7523
V74	仁　慈	289	1	6	4.31±1.15	0.7503
V75	成　就	289	1	6	3.91±1.33	0.7319
V76	刺　激	289	1	6	3.74±1.31	0.7478
V77	服　从	289	1	6	4.15±1.16	0.7434
V78	普遍主义	289	1	6	4.01±1.19	0.7453
V79	传　统	289	1	6	4.42±1.20	0.7660

表 4-9　施瓦茨价值观量表的描述统计与信度水平：南亚人

题目序号	价值观类型	个案数	最小值	最大值	$\bar{x} \pm s$	信度水平
V70	自我导向	214	1	6	4.25±1.28	0.6703
V71	权　力	214	1	6	3.73±1.34	0.6879
V72	安　全	214	1	6	4.50±1.17	0.6776
V73	享乐主义	214	1	6	3.87±1.35	0.6953
V74	仁　慈	214	1	6	4.49±1.20	0.6693

续表

题目序号	价值观类型	个案数	最小值	最大值	$\bar{x} \pm s$	信度水平
V75	成　就	214	1	6	4.27±1.16	0.6607
V76	刺　激	214	1	6	3.88±1.37	0.6799
V77	服　从	214	1	6	4.19±1.24	0.6836
V78	普遍主义	214	1	6	4.29±1.13	0.6864
V79	传　统	214	1	6	4.39±1.23	0.6974

表 4-10　施瓦茨价值观量表的描述统计与信度水平：其他族群

题目序号	价值观类型	个案数	最小值	最大值	$\bar{x} \pm s$	信度水平
V70	自我导向	29	3	6	4.59±0.91	0.7259
V71	权　力	29	2	6	3.69±0.97	0.7319
V72	安　全	29	3	6	4.21±1.08	0.7372
V73	享乐主义	29	2	6	3.86±1.13	0.7449
V74	仁　慈	29	2	6	4.07±1.03	0.7371
V75	成　就	29	1	6	4.55±1.15	0.7128
V76	刺　激	29	2	6	3.90±1.21	0.6942
V77	服　从	29	2	6	4.17±1.26	0.6976
V78	普遍主义	29	2	6	4.41±1.09	0.6890
V79	传　统	29	1	6	3.93±1.41	0.7197

3. 价值观得分的秩和检验

通过对新加坡 3 个主要族群（华人、马来人、南亚人）及其他族群在施瓦茨价值观量表上的得分进行描述统计，本研究初步发现华人、马来人和南亚人在最认同的价值观方面非常接近，虽然在若干价值观量表项目上略有差异，如马来人和南亚人最认同的价值观都是安全、传统和仁慈，而华人最认同的价值观是安全、仁慈和服从。但是新加坡这 3 个主要族群是否在所有价值观量表上的得分都倾向于一致，还需要统计检验来加以确认，所以接下来本研究将在 3 个主要族群中分别进行检验。在正式检验之前，本研究首先检验了不同族群样本各量表得分的分布形态，其中华人样本在几乎所有条目中的得分都不服从正态分布，而其余族群的样本在有些条目中的得分分布是正态的，有些则不是，因此本研究在这里统一使用非参数检验的方法来分析各样本得分的差异。

在自我导向价值观的得分上，华人与马来人之间、华人与南亚人之间没有显著差异，而马来人与南亚人之间有显著差异。在权力价值观的得分上，华人与南亚人之间没有显著差异，而华人与马来人之间、马来人与南亚人之间有显著差异。在安全价值观的得分上，华人与马来人之间、华人与南亚人之间、马来人与南亚人之间都没有显著差异。在享乐主义价值观的得分上，华人与马来人之间、华人与南亚人之间、马来人与南亚人之间都没有显著差异。在仁慈价值观的得分上，华人与马来人之间没有显著差异，而华人与南亚人之间、马来人与南亚人之间有显著差异。在成就价值观的得分上，华人与马来人之间没有显著差异，而华人与南亚人之间、马来人与南亚人之间有显著差异。在刺激价值观的得分上，华人与马来人之间、马来人与南亚人之间没有显著差异，而华人与南亚人之间有显著差异。在服从价值观的得分上，华人与马来人之间、华人与南亚人之间、马来人与南亚人之间都没有显著差异。在普遍主义价值观的得分上，华人与马来人之间没有显著差异，而华人与南亚人之间、马来人与南亚人之间有显著差异。在传统价值观的得分上，马来人与南亚人之间没有显著差异，而华人与马来人之间、华人与南亚人之间有显著差异（见表4-11）。

表4-11   新加坡3个主要族群间的施瓦茨价值观量表得分的秩和检验

题目序号	价值观类型	华人/马来人	华人/南亚人	马来人/南亚人
V70	自我导向	0.3716	0.0724	0.0386
V71	权　　力	0.0000	0.2839	0.0001
V72	安　　全	0.7263	0.6689	0.5664
V73	享乐主义	0.0786	0.6212	0.1150
V74	仁　　慈	0.9646	0.0117	0.0441
V75	成　　就	0.0701	0.0243	0.0024
V76	刺　　激	0.1020	0.0032	0.2088
V77	服　　从	0.7979	0.5352	0.5274
V78	普遍主义	0.5910	0.0072	0.0138
V79	传　　统	0.0000	0.0000	0.8186

注：双侧 z 检验，显著性水平 α = 0.05。

（三）不同宗教群体的价值观分析

1. 信度检验

不同族群在施瓦茨价值观量表上的得分不尽相同，通过秩和检验发现安全、服从和享乐主义在新加坡3个主要族群间的得分均没有显著差异，结合之前的描述统计可以进一步确认，安全和服从是新加坡3个主要族群都认同的价值观，而享乐主义则是他们都不认同的价值观。另外，虽然之前的分析显示宗教与族群的关联很紧密，但不同族群在施瓦茨价值观量表上的差异是否可以套用到宗教信仰方面，还有待检验。因此，接下来我们将分析不同宗教群体在施瓦茨价值观量表上的得分表现。我们首先判断该量表对不同宗教群体的适用性，克隆巴赫系数依然被用来作为评价信度水平的指标值。从表4-12可以看出，除了印度教信众样本在量表大部分项目价值观倾向上的克隆巴赫系数值小于0.7之外，该量表对其他宗教群体样本的测量信度都是比较高的，而如果只看该量表整体对印度教信众的测量信度的话，其克隆巴赫系数值也能达到0.703，说明尚具有一定的信度水平。

表4-12　施瓦茨价值观量表的信度水平：新加坡主要宗教群体

价值观类型	佛教	道教	伊斯兰教	印度教	天主教	其他基督教
自我导向	0.7321	0.7864	0.7343	0.6674	0.7500	0.7938
权　　力	0.7283	0.7987	0.7494	0.6879	0.7449	0.7887
安　　全	0.7605	0.7998	0.7424	0.6774	0.7398	0.7987
享乐主义	0.7309	0.7879	0.7478	0.7011	0.7347	0.7717
仁　　慈	0.7412	0.7884	0.7407	0.6725	0.7407	0.7956
成　　就	0.7243	0.7787	0.7250	0.6512	0.7240	0.7823
刺　　激	0.7398	0.7822	0.7381	0.6810	0.7093	0.7920
服　　从	0.7492	0.7886	0.7404	0.6771	0.7219	0.7997
普遍主义	0.7505	0.7974	0.7354	0.6939	0.7410	0.8031
传　　统	0.7687	0.8007	0.7588	0.6968	0.7448	0.8040

注：题目序号不排在本表中。

2. 描述统计

由于篇幅原因，本小节将不报告各宗教群体样本在每项价值观得分上的最小值和最大值，而只报告其平均值及标准差，由此我们也能了解到各宗教群体样本最认同的价值观和最不认同的价值观。对佛教信众来说，安全、仁慈和服从是其最认同的价值观，而刺激、权力和享乐主义是其最不认同的价值观。对道教信众来说，安全、仁慈和服从是其最认同的价值观，而权力、刺激和自我导向是其最不认同的价值观。对伊斯兰教信众来说，传统、安全和仁慈是其最认同的价值观，而权力、享乐主义和刺激是其最不认同的价值观。对印度教信众来说，安全、仁慈和自我导向是其最认同的价值观，而享乐主义、权力和刺激是其最不认同的价值观。对天主教信众来说，仁慈、自我导向和安全是其最认同的价值观，而权力、刺激和享乐主义是其最不认同的价值观。对其他基督教信众来说，仁慈、安全和普遍主义是其最认同的价值观，而刺激、权力和享乐主义是其最不认同的价值观（见表4-13）。

表4-13 施瓦茨价值观量表的描述统计：新加坡主要宗教群体

价值观类型	佛教	道教	伊斯兰教	印度教	天主教	其他基督教
自我导向	4.04±1.33	3.77±1.33	4.05±1.33	4.43±1.18	4.47±1.15	4.23±1.25
权　　力	3.67±1.35	3.39±1.40	3.30±1.42	3.65±1.43	3.73±1.41	3.79±1.39
安　　全	4.47±1.12	4.49±1.15	4.46±1.20	4.51±1.15	4.46±1.04	4.46±1.19
享乐主义	3.82±1.29	3.80±1.22	3.76±1.38	3.63±1.27	3.86±1.38	3.90±1.31
仁　　慈	4.28±1.11	4.31±1.10	4.34±1.15	4.50±1.17	4.53±0.97	4.49±1.13
成　　就	4.11±1.18	3.97±1.20	4.00±1.33	4.30±1.16	4.03±1.28	3.99±1.29
刺　　激	3.53±1.29	3.47±1.27	3.79±1.33	3.84±1.33	3.77±1.31	3.73±1.30
服　　从	4.17±1.05	4.08±1.16	4.19±1.16	4.22±1.22	4.35±1.21	4.22±1.13
普遍主义	4.01±1.06	4.03±1.04	4.10±1.20	4.32±1.13	4.26±1.17	4.28±1.07
传　　统	4.08±1.11	3.99±1.15	4.47±1.22	4.34±1.24	4.25±1.20	4.02±1.12

注：题目序号不排在本表中。

上述统计描述还进一步说明了什么问题呢？首先，对于被分析的6个主要宗教信众的样本来说，他们比较认同的价值观非常接近，基本上包括仁慈和安全，但这可能不完全是由其宗教背景所导致的。在世界价值观调查中，对仁慈和安全两项价值观的测量分别是"做有利于社会的事情/关心和帮助周围的人"以及"注重安全的环境，避免任何危险"。就安全价值观的描述来说，这可能意味着这是任何一个人最基本的生存安全需要；

而就仁慈价值观而言，现代社会要求其成员成为一个对所属社会有所裨益的人。所以这两项价值观不仅仅反映了各种宗教信仰的影响，更反映了对现代人的规范要求。其次，佛教和道教的信众共有的另一项最认同的价值观是服从，这或许与其信众以华人为主有关，而对于华人的行为和心态的解释，只用宗教信仰还不够，儒家学说的影响可能更重要，而且在许多人眼里，儒家学说已然是具有教化作用的准宗教了。① 伊斯兰教信众最认同的三个价值观中排名第一位的是传统，这说明没有哪个宗教的信众像伊斯兰信众一样对宗教习俗如此看重了。对印度教和天主教的信众来说，他们都认同的价值观还有自我导向，而在世界价值观调查中，自我导向被描述为"具有新思想和创造力，按自己方式行事"，印度教和天主教在这一点上与其他宗教非常不同。最后，从最不认同的价值观来看，刺激、权力和享乐主义几乎是所有宗教信众选择的前三位，但是对于道教信众来说，他们除了权力和刺激之外，排在最不认同价值观第三位的是自我导向，这一选择可能与新加坡官方对道教的认定有关，这里的道教除了传统意义上的道教教派之外，还包括其他中华民间信仰，特别是源于广东、福建和海南等地的民间信仰，② 而这些信仰可能以一种更具约束性的规范形式作用于这些华人移民的后代。

除了从不同宗教信仰角度来分析其最认同和最不认同的价值观之外，表 4-13 还可以从价值观角度来分析最认同和最不认同该项价值观的宗教信仰，如此分析的结果同从不同宗教信仰角度的分析虽没有太大的差异，但是可以让我们看到不同宗教信仰在各价值观上的细微差异。以自我导向价值观来看，最认同它的是天主教信众，最不认同它的是道教信众。以权力价值观来看，最认同它的是其他基督教信众，最不认同它的是伊斯兰教信众。以安全价值观来看，最认同它的是印度教信众，最不认同它的宗教信仰不突出。以享乐主义价值观来看，最认同它的是其他基督教信众，最不认同它的是印度教信众。以仁慈价值观来看，最认同它的是天主教信众，最不认同它的是佛教信众。以成就价值观来看，最认同它的是印度教

<hr />

① 李申：《教化之教就是宗教之教》，《文史哲》1998 年第 3 期。
② 张禹东：《东南亚华人传统宗教的构成、特性与发展趋势》，《世界宗教研究》2005 年第 1 期。

信众，最不认同它的是道教信众。以刺激价值观来看，最认同它的是印度教信众，最不认同它的是道教信众。以服从价值观来看，最认同它的是天主教信众，最不认同它的是道教信众。以普遍主义价值观来看，最认同它的是印度教信众，最不认同它的是佛教信众。以传统价值观来看，最认同它的是伊斯兰教信众，最不认同它的是道教信众。在此，需要特别说明的是，虽然本节在上面的表述中使用了最不认同的说法，但这并不表示某些宗教信众毫不认同这些价值观，而是表示他们在某项价值观上的得分存在相对差异而已，最认同的说法也作如是理解。

四　小结

（一）研究总结

通过对新加坡族群和宗教人口结构、族群和宗教群体的价值观的分析，我们对相关问题有了基本认识。宗教往往和族群紧密相连，宗教作为社会文化的重要特征之一，能够反映出特定社会的族群形态和结构，新加坡也不例外。新加坡作为一个以华人为主的多族群移民国家，其宗教信仰形态也受到其族群结构的影响。特别值得注意的是，新加坡以华人为主，以马来人、南亚人和其他族群为辅的人口族群结构持续了相当长的一段时间，这也意味着各族群特有的宗教信仰也共存了相当长的时间，但是这种共存又是和谐的，其中的缘由需要我们从新加坡官方的宗教政策中寻找，也需要从价值观的角度加以分析。通过分析世界价值观调查数据，我们发现新加坡各族群之间几乎都认同安全和服从这两项价值观，而都不认同享乐主义价值观，族群和价值观之间确实存在一定关联。族群的影响只是表面的，应该还有更深层次的因素在影响不同族群的价值观，而宗教信仰的影响可能是最主要的。因此我们又分析了不同宗教信众的价值观，发现他们之间既有共同点又存在差异。安全和仁慈是每个宗教的信众都会认同和持有的价值观，但是诸如服从、传统和自我导向等价值观又分别体现了佛教、道教、伊斯兰教、印度教和天主教的细微差异。除此之外，新加坡几乎所有的宗教信众都不认同刺激、权力和享乐主义价值观，这一点其实也可以看作是这些宗教信众在价值观方面的另一种共同点。

（二）东南亚华人宗教信仰与价值观扩散

新加坡不同族群混居，不同宗教信仰共存的局面是历史和现实造就的，同时也是新加坡历届政府有意为之的结果，而这恰好为不同宗教信仰的价值观趋同提供了可能性。这里所说的价值观趋同并不是指主要宗教的教义所透出的价值观趋于一致，而是特指像新加坡这样的国家的不同宗教信众的价值观趋于一致，这种趋于一致的价值观既来自相关的宗教信仰，也来自政府的引导和强力约束。

华人在新加坡人口中的占比超过73%，这种人口优势也体现在宗教信仰的传播方面。早期来自中国广东、福建和海南等沿海地区的移民们，在来到新加坡的同时，也将他们故乡的各种宗教信仰带到了这片土地上，他们通过举行宗教信仰仪式等活动给其他族群的人们展示了中华文化的形态，更重要的是，他们的日常言行举止就体现了中华文化的风貌。正如新加坡总理李显龙在新加坡华族文化中心开幕式上所说，新加坡的华人"已经在特定的社会环境中发展出自身的文化身份，具有本身的独特面貌"[①]。李显龙所说的独特面貌也表现在新加坡华人的宗教信仰方面，因为这些宗教信仰也已经不能等同于今日中国的宗教信仰，而是在原有基础上有了新的发展，这种发展是在扩散自身和吸收外来宗教信仰的基础上生成的。

特别重要的是，这种价值观扩散基础上的趋同离不开新加坡政府的引导和管束，新加坡政府为了社会安定与和谐所实施的国家管理举措，不仅是治理理性的需要，更是一种深邃的人类智慧。新加坡政府发表的《共同价值观白皮书》提倡"国家至上，社会优先；家庭为根，社会为本；关怀扶持，同舟共济；求同存异，协商共识；种族和谐，宗教宽容"。这本身就反映出族群和谐与宗教和谐政策的背后有着深厚的价值观基础，而且这种基础源于东方智慧，源于中华文化，特别是中华文化中"和"的价值观，可以看作是《共同价值观白皮书》的灵魂。新加坡这种基于中华文化精髓所实施的治国之策，其本身就是价值观的体现，可以说它是作

---

① 《华族文化中心开幕 李总理：新加坡华人已发展出自身文化身份》，《联合早报》2017年5月20日，http://www.zaobao.com.sg/zvideos/news/story 20170519-762025。

为中华文化最主要的代表者即新加坡华人在宗教信仰上最集中和最广泛的
价值观展示和扩散，并进而影响到新加坡其他族群和宗教群体。而当说到
华人的宗教信仰时，我们需要注意，这里所说的宗教信仰不仅包括佛教、
道教和其他民间信仰，还有更加重要的儒家学说，因为后者已经成为中华
文化的基因，对浸淫其中的人发挥着教化之用。

第二节　马来西亚华人和其他族群的价值观比较分析

一　马来西亚华人和其他族群的文化价值观比较分析

（一）研究问题

本节我们将比较的视野转移到马来西亚，该国的华人人口总量虽然不
能与新加坡相提并论，但论华人人口占该国总人口比重的话，马来西亚在
东南亚各国中可算位列前茅。欧美不少研究发现，当一个特定文化人口占
总人口比重达到一定程度的话，该特定文化人口会影响一国或者一定区域
内的政治经济社会结构，进而影响该特定文化人口与其他文化、族裔人口
的社会关系。[1] 截至 2012 年，马来西亚华人占该国总人口比重在 22% ~
23% 之间，而截至 2018 年，马来西亚华人占该国总人口比重稳定在
23%，[2] 这意味着基本上每 4 个马来西亚人中就有 1 人是华人。这样的人
口结构让我们对当地华人和其他族群在价值观上的联系与差异感到好奇，
因此本节专门分析马来西亚华人和其他族群在文化价值观、社会价值观上
的异同。

（二）数据

与第二、三章中的第一节一样，本节使用第六轮世界价值观调查
（WVS）数据，因为涉及文化价值观或基本价值观的比较，只能使用包
含施瓦茨价值观量表的数据。第六轮 WVS 于 2012 年对马来西亚开展调

① J. Laurence, L. Bentley, "Does Ethnic Diversity Have a Negative Effect on Attitudes towards the
Community? A Longitudinal Analysis of the Causal Claims within the Ethnic Diversity and Social
Cohesion Debate," *European Sociological Review* 32 (1), 2016, pp. 54-67.

② 邵岑、洪姗姗：《"少子化"与"老龄化"：马来西亚华人人口现状分析与趋势预测》，
《华侨华人历史研究》2020 年第 2 期。

查，本次分析的有效样本规模为 1300 人，其中华人有 319 人，占
24.54%，其余 981 人为马来人和其他族裔人口，占 75.46%，我们将在这
两个群体间进行比较①。

（三）描述统计

1. 信度检验

我们将第六轮 WVS 马来西亚人样本根据其是否为华人分成了两个子
样本，分别对它们和总样本进行信度检验。就总样本而言，其整体价值观
量表的克隆巴赫系数值为 0.7157，而马来西亚华人子样本的整体价值观
量表的克隆巴赫系数值为 0.7179，非马来西亚华人子样本的整体价值观
量表的克隆巴赫系数值为 0.7149，整体而言，该量表对马来西亚总样本
和两个子样本都适用。分项的价值观量表的克隆巴赫系数值，除总样本中
的仁慈一项达到了 0.7026 之外，其他项都在 0.68~0.69 之间，具有一定
的适用性（见表 4-14）。马来西亚华人样本分项的价值观量表的克隆巴赫
系数值有 3 项达到了 0.7，其他项分布在 0.66~0.69 之间（见表 4-15）。
非马来西亚华人样本分项的价值观量表的克隆巴赫系数值，除刺激一项为
0.7263 之外，其他项分布在 0.68~0.69 之间（见表 4-16）。

表 4-14　WVS 价值观量表的描述统计与信度水平：马来西亚人总样本

题目序号	价值观类型	个案数	最小值	最大值	$\bar{x} \pm s$	信度水平
V70	自我导向	1300	1	6	2.85±1.21	0.6891
V71	权　力	1300	1	6	3.16±1.41	0.6833
V72	安　全	1300	1	6	2.10±1.20	0.6968
V73	享乐主义	1300	1	6	3.57±1.39	0.6817
V74	仁　慈	1300	1	6	2.44±1.16	0.7026
V75	成　就	1300	1	6	2.99±1.33	0.6913
V76	刺　激	1300	1	6	3.97±1.64	0.7274
V77	服　从	1300	1	6	2.37±1.26	0.6849
V78	普遍主义	1300	1	6	2.29±1.11	0.6843
V79	传　统	1300	1	6	2.17±1.15	0.6949

---

① 马来西亚样本中除华人、马来人之外，还有印度人，为了简化资料类别，便于分析，此
处将马来人和印度人合并。

2. 描述统计

将马来西亚人样本按照其是否为华人分为两个子样本，然后分别计算其 WVS 价值观量表得分的最大值、最小值、平均值和标准差。我们在第三章中曾经介绍过，WVS 调查使用的是肖像描述法，受访者得分越低意味着该价值观描述的肖像越像自己，得分越高则意味着该价值观描述的肖像越不像自己，而在像与不像之间其实就体现了受访者对某个价值观的认同程度。

表 4-15　WVS 价值观量表的描述统计与信度水平：马来西亚华人样本

题目序号	价值观类型	个案数	最小值	最大值	$\bar{x} \pm s$	信度水平
V70	自我导向	319	1	6	2.88±1.23	0.6898
V71	权　力	319	1	6	3.22±1.45	0.6662
V72	安　全	319	1	6	2.07±1.16	0.7013
V73	享乐主义	319	1	6	3.57±1.36	0.6711
V74	仁　慈	319	1	6	2.56±1.14	0.7189
V75	成　就	319	1	6	3.11±1.26	0.6991
V76	刺　激	319	1	6	4.16±1.66	0.7310
V77	服　从	319	1	6	2.30±1.26	0.6935
V78	普遍主义	319	1	6	2.30±1.10	0.6907
V79	传　统	319	1	6	2.29±1.13	0.6929

表 4-16　WVS 价值观量表的描述统计与信度水平：非马来西亚华人样本

题目序号	价值观类型	个案数	最小值	最大值	$\bar{x} \pm s$	信度水平
V70	自我导向	981	1	6	2.84±1.21	0.6888
V71	权　力	981	1	6	3.14±1.39	0.6884
V72	安　全	981	1	6	2.12±1.21	0.6949
V73	享乐主义	981	1	6	3.57±1.40	0.6847
V74	仁　慈	981	1	6	2.41±1.16	0.6972
V75	成　就	981	1	6	2.96±1.35	0.6888
V76	刺　激	981	1	6	3.91±1.63	0.7263

续表

题目序号	价值观类型	个案数	最小值	最大值	$\bar{x} \pm s$	信度水平
V77	服　从	981	1	6	2.39±1.26	0.6814
V78	普遍主义	981	1	6	2.29±1.12	0.6820
V79	传　统	981	1	6	2.13±1.15	0.6956

对马来西亚人总样本来说，量表得分均值从低到高所对应的价值观依次是安全、传统、普遍主义、服从、仁慈、自我导向、成就、权力、享乐主义、刺激。对马来西亚华人子样本来说，量表得分均值从低到高所对应的价值观依次是安全、传统、普遍主义、服从、仁慈、自我导向、成就、权力、享乐主义、刺激。对非马来西亚华人子样本来说，量表得分均值从低到高所对应的价值观依次是安全、传统、普遍主义、服从、仁慈、自我导向、成就、权力、享乐主义、刺激。从以上可以看出，虽然样本不同，但就价值观量表得分的均值来看，马来西亚华人和非马来西亚华人认同的价值观先后顺序或曰重要程度是一致的。

3. 马来西亚不同族群价值观量表得分的秩和检验

从简单的描述统计中几乎看不出马来西亚华人和其他族群在价值观上的偏好顺序，但是通过严格的均值检验，我们可以判定马来西亚华人和其他族群在分项价值观的得分方面是否存在显著差异。由于各样本的价值观得分不服从正态分布，我们接下来使用秩和检验这种非参数检验方法对多个样本两两之间的价值观得分进行假设检验。

首先观察马来西亚华人与其他族群之间的得分差异，具体数据如表4-17所示，检验结果显示两个群体在自我导向、权力、安全、享乐主义、服从、普遍主义等价值观上的得分没有显著差异，但在仁慈、成就、刺激、传统等价值观上的得分存在显著差异，显著性水平均达到0.05，这意味着这两个群体整体上对这些价值观的认同存在重要差异，说明一个群体比另一个群体更加看重某些价值观。

因为WVS将马来西亚样本的族群类型划分为三类，为了进行更加细致的比较，接下来我们将马来西亚华人分别与马来人、印度人进行比较。马来西亚华人与马来人秩和检验的结果同马来西亚华人与其他族群整体之间的比较完全一致，也就是说，在得分差异显著和得分差异不显著的价值观方面，两个群体是完全一致的。我们可以据此认为，整体上两个群体在价值观的认同方面极为接近。而就马来西亚华人与印度人的比较而言，两者在自我导向、权力、享乐主义、仁慈、成就、服从、普遍主义等价值观上的得分不存在显著差异，但在安全、刺激、传统等价值观上的得分存在显著差异。连同马来西亚华人与马来人的比较结果一起来看，马来西亚华人与马来人、印度人在安全、仁慈、成就、刺激、传统价值观上存在显著的差异。上述比较结果说明，马来西亚华人在某些价值观上的认同与马来人、印度人是非常接近的，但仍然保留了华人的文化特征（见表4-17）。

表4-17　马来西亚华人与其他族群的 WVS 价值观量表得分的秩和检验

题目序号	价值观类型	马来西亚华人/其他族群	马来西亚华人/马来人	马来西亚华人/印度人
V70	自我导向	0.7162	0.7504	0.6837
V71	权　力	0.4833	0.3909	0.6569
V72	安　全	0.7539	0.8362	0.0058
V73	享乐主义	0.9699	0.9489	0.9089
V74	仁　慈	0.0182	0.0106	0.8458
V75	成　就	0.0296	0.0366	0.1333
V76	刺　激	0.0109	0.0198	0.0186
V77	服　从	0.1484	0.1586	0.3695
V78	普遍主义	0.7449	0.7765	0.7121
V79	传　统	0.0134	0.0239	0.0223

注：表中数字为双侧检验的 p 值，$\alpha = 0.05$。

二　马来西亚华人和其他族群的社会价值观比较分析

（一）研究问题

我们使用第六轮 WVS 数据对马来西亚华人和其他族群的文化价值观进行了描述统计和初步的比较分析，对不同族群之间的价值观状况有了基本了解。像第二、三章分析不同对象的社会价值观一样，接下来，我们将对马来西亚华人和其他族群的社会价值观进行分析。我们主要关注马来西亚华人与其他族群在子女品质偏好、性别平等认知和道德规范认知方面的现状及差异，为此我们将进行一般的描述统计、统计比较和影响因素分析。

（二）数据

本节我们将使用第七轮 WVS 数据，同第六轮 WVS 相比，第七轮 WVS 一方面包含了我们在之前章节使用的有关社会价值观的变量和数据；另一方面，第七轮 WVS 中马来西亚人总样本的规模以及其中的华人样本比重与第六轮 WVS 相近，这意味着第七轮 WVS 数据仍然有较好的样本代表性和较为丰富的调查信息。

（三）描述统计

1. 对子女品质偏好的描述统计

我们已经在第二、三章分别对马来西亚人样本、马来西亚华人样本的社会价值观进行了描述统计和比较分析，但当时的比较对象主要是国家层面的样本以及东南亚华人。当我们将比较的视野聚焦于一国内部，特别是放之于华人和其他族群之上，结果又会如何呢？正像我们在文化价值观的比较中看到的那样，马来西亚华人的社会价值观与其他族群有很多相似之处，但也有本族群鲜明的特点。

按照选择比例大小次序，排在前 5 位的马来西亚华人偏好的子女品质分别是：有礼貌（82.87%）、责任感（75.54%）、对别人宽容与尊重（65.75%）、独立性（57.49%）、勤奋（45.57%）。马来人偏好的子女品质排在前 5 位的分别是：有礼貌（80.77%）、责任感（75.90%）、虔诚的宗教信仰（73.98%）、对别人宽容与尊重（69.91%）、独立性（54.98%）。印度人偏好的子女品质排在前 5 位的分别是：有礼貌（84.31%）、对别人宽容与尊重（71.57%）、责任感（64.71%）、虔诚的宗教信仰（52.94%）、独立性（48.04%）（见表4-18）。

从对子女品质偏好的排序来看，马来西亚华人与马来人有许多的相同之处，与印度人也有相似的地方。马来西亚华人和马来人都将有礼貌和责任感视为非常重要的子女品质，但对于马来人而言，虔诚的宗教信仰也是子女应当具备的品质，所以此一品质排在第三位。而对印度人来说，有礼貌也是该族群最看重的子女品质，但对别人宽容与尊重的重要性则上升到第二位，而且该群体也比较看中子女应具有虔诚的宗教信仰。马来西亚华人还希望自己的子女能够勤奋①，虽然可能存在由于语言及其背景文化差异的影响，马来人和印度人对努力工作有自己的认识，但对马来西亚华人来说，努力工作就是一种正面的价值观。这 3 个族群的差异还不止这一处，我们对这 3 个族群在每项品质偏好上的得分是否相等进行假设检验，结果显示这 3 个族群在责任感、坚韧、虔诚的宗教信仰和不自私等子女品质的选择上也存在显著差异（见表 4-18）。

表 4-18　马来西亚华人与其他族群的子女品质偏好分布

品质偏好	马来西亚华人（%）	马来西亚马来人（%）	马来西亚印度人（%）	卡方检验
有礼貌	82.87	80.77	84.31	0.533
独立性	57.49	54.98	48.04	0.245
勤奋	45.57	27.60	38.24	0.000
责任感	75.54	75.90	64.71	0.045
有想象力	9.79	8.94	10.78	0.780
对别人宽容与尊重	65.75	69.91	71.57	0.321
节俭	42.51	37.78	34.31	0.208
坚韧	33.33	19.57	25.49	0.000
虔诚的宗教信仰	23.24	73.98	52.94	0.000
不自私	23.24	16.18	23.53	0.008
服从	10.40	13.57	16.67	0.181

　　上述 3 个族群虽然在某些子女品质偏好的选择上有相近的顺序，但并不意味着每个族群内部都有相同比例的人选择这些子女品质。为了能够更清晰地观察族群之间的选择差异，接下来我们将在这 3 个族群之间进行两两比较。我们以 0.05 的显著性水平为标准，检验两两族群之间在选择各子女品质比例上的差异。首先，在有礼貌、独立性、有想象力、对别人宽容与尊重、节俭、服从等品质上，马来西亚华人、马来人和印度人两两之间都没有显著差异，说明他们在各品质上有相同的选择比例；其次，在勤奋、坚韧、虔诚的宗教信仰、不自私等品质上，马来西亚华人和马来人在

---

　　①　英文版的 WVS 问卷中关于"勤奋"的原文是 hard work，字面意思为努力工作。

选择比例上有显著差异；再次，在责任感、虔诚的宗教信仰等品质上，马来西亚华人和印度人在选择比例上有显著差异；最后，在勤奋、责任感、虔诚的宗教信仰等品质上，马来西亚马来人和印度人在选择比例上有显著差异。从更加细致的比较可以看出，虽然马来西亚华人样本选择勤奋的比例较高，但该群体与马来西亚印度人在选择比例上并没有差异，说明这两个群体中看重勤奋品质的比例是一致的。除该品质外，还有坚韧和不自私品质也是同样的情形，即马来西亚华人与马来人的选择比例有显著差异，但马来西亚华人与印度人没有显著差异。与此同时，像责任感则是马来西亚华人与马来人在选择比例上没有显著差异，而马来西亚华人却与印度人存在显著差异。上述发现说明，在共同的社会制度和主流文化浸染下，作为人口和文化双重意义上的少数群体，马来西亚华人在与主流群体持有相同认识的情况下[①]，也有自己的特点，而这类特点与马来西亚华人的身份及其文化背景密不可分（见表 4-19）。

表 4-19　马来西亚华人与其他族群的子女品质偏好选择比例比较

品质偏好	马来西亚华人/马来人	马来西亚华人/印度人	马来西亚马来人/印度人
有礼貌	0.4038	0.3863	0.7342
独立性	0.4341	0.0937	0.1829
勤奋	0.0000	0.1927	0.0246
责任感	0.8939	0.0316	0.0137
有想象力	0.6493	0.7694	0.5395
对别人宽容与尊重	0.1654	0.2747	0.7290
节俭	0.1346	0.1412	0.4930
坚韧	0.0000	0.1364	0.1584
虔诚的宗教信仰	0.0000	0.0000	0.0000
不自私	0.0046	0.9521	0.0608
服从	0.1407	0.0876	0.3926

注：表中报告的是双侧检验的 p 值，$\alpha = 0.05$。

---

① 这里指对子女品质的偏好。

2. 对性别平等认知的描述统计

马来西亚华人和其他族群在性别平等认知方面有何相似或差异之处，我们通过描述统计来一窥究竟。首先，就对"与女孩相比，大学教育对男孩更重要"这条陈述的认知而言，马来西亚华人中只有 4.89% 的受访者对此表示非常同意，表示同意的受访者也只占 22.02%，比马来西亚马来人、印度人的非常同意和同意比例之和都要低。相应地，马来西亚华人对该条陈述表示不同意和非常不同意的比例要比其他两个族群的样本更高（见表 4-20a）。

表 4-20a　马来西亚华人与其他族群的性别平等认知状况

单位：%

与女孩相比，大学教育对男孩更重要	马来西亚华人	马来西亚马来人	马来西亚印度人	总体
非常同意	4.89	15.16	11.76	12.34
同　意	22.02	25.00	18.63	23.76
不同意	45.87	40.27	38.24	41.51
非常不同意	27.22	19.57	31.37	22.39
合　计	100.00	100.00	100.00	100.00

其次，就对"总的来说，男人比女人能成为更好的经理人"这条陈述的认知而言，马来西亚马来人对此表示非常同意和同意的比例最高，两者合计有 46.72%。马来西亚华人对此表示同意和非常同意的合计比例相较上一条陈述有所提高，但该比例仍然是最低的，只不过与马来西亚印度人的比例差别不是很大，说明这两个群体对本条陈述的认知非常接近（见表 4-20b）。

表 4-20b　马来西亚华人与其他族群的性别平等认知状况

单位：%

总的来说，男人比女人能成为更好的经理人	马来西亚华人	马来西亚马来人	马来西亚印度人	总体
非常同意	7.03	14.37	14.71	12.57
同　意	32.11	32.35	24.51	31.68

续表

总的来说，男人比女人能成为更好的经理人	马来西亚华人	马来西亚马来人	马来西亚印度人	总体
不同意	43.43	40.27	35.29	40.67
非常不同意	17.43	13.01	25.49	15.08
合　计	100.00	100.00	100.00	100.00

　　再次，就对"当就业机会少时，男人应该比女人更有权利工作"这条陈述的认知而言，马来西亚华人对此表示非常同意和同意的比例之和为38.23%，比印度人的比例高近1个百分点；而在不同意和非常不同意方面，印度人的比例合计为37.26%，要比马来西亚华人的31.50%高，这意味着印度人对此陈述最为否定；有30.28%的马来西亚华人选择"既不同意也不反对"一项，均比马来人、印度人选择此项的比例高。以上说明马来西亚华人对该陈述表示同意的比例不大，对其表示不同意的比例也不是很大，大约是因为接近1/3的马来西亚华人受访者对该陈述的态度较为模糊（见表4-20c）。

表4-20c　马来西亚华人与其他族群的性别平等认知状况

单位：%

当就业机会少时，男人应该比女人更有权利工作	马来西亚华人	马来西亚马来人	马来西亚印度人	总体
非常同意	11.93	23.19	14.71	19.73
同　意	26.30	29.41	22.55	28.10
既不同意也不反对	30.28	23.42	25.49	25.29
不同意	17.74	15.16	21.57	16.30
非常不同意	13.76	8.82	15.69	10.59
合　计	100.00	100.00	100.00	100.00

　　最后，就对"如果家庭中妻子挣钱比丈夫多，那将出现问题"这条陈述的认知而言，马来西亚印度人非常同意和同意的比例最高，其次是马来人，而华人最低；而在不同意和非常不同意的比例方面，恰好也是印度人最高，马来人次之，华人最低。这一方面说明印度人的态度分布往两个"极端"集中，另一方面也体现出华人的态度更加模棱两可，这一种情况

或许正说明华人文化的最大特点之一——中庸,对此观点没有或者不愿表现出非常明确的态度(见表4-20d)。

表4-20d 马来西亚华人与其他族群的性别平等认知状况

单位:%

如果家庭中妻子挣钱比丈夫多,那将出现问题	马来西亚华人	马来西亚马来人	马来西亚印度人	总体
非常同意	5.81	7.69	5.88	7.08
同 意	20.80	22.06	25.49	22.01
既不同意也不反对	37.61	32.58	29.41	33.59
不同意	28.13	27.04	25.49	27.19
非常不同意	7.65	10.63	13.73	10.13
合 计	100.00	100.00	100.00	100.00

3. 对道德规范认知的描述统计

跟前面的做法一样,我们使用"有人认为,当今人们很难决定应该遵循何种正确的道德规范。你是否同意这一说法?"这一问题来测量受访者对道德规范稳定性的认知状况。其中马来西亚印度人的平均分最高,为4.95分,马来西亚华人的平均得分为4.80分,马来人的平均得分为4.72分,这说明印度人对该说法最不认同,马来人最认同,而华人的认同情况居于其中,但印度人的得分标准差2.56也是最大的,这说明印度人内部对此说法的认同程度存在相对较大的差异(见表4-21)。

表4-21 马来西亚华人与其他族群的道德规范稳定性认知状况得分

族群	个案数	最小值	最大值	$\bar{x} \pm s$
马来西亚华人	327	1	10	4.80±2.04
马来西亚马来人	884	1	10	4.72±2.34
马来西亚印度人	102	1	10	4.95±2.56
总 计	1313	1	10	4.76±2.29

接下来使用第七轮WVS调查自带的道德量表对马来西亚华人和马来人、印度人的受访者的道德规范认知情况进行测量。统计发现3个族群的得分均值较为接近,其中马来西亚华人得分均值为36.29分,印度人平均

得分为 36.18 分，而马来人得分平均值为 37.17 分，说明马来人最能接受量表中列出的某些行为，而印度人对这些行为最不能接受。需要指出的是，本研究在这里的比较是基于样本计算得到的均值，并没有涉及统计推断意义的比较检验，因此我们看到的是直观的分值大小（见表 4-22）。

表 4-22　马来西亚华人与其他族群的整体社会行为认同状况得分

族群	个案数	最小值	最大值	$\bar{x} \pm s$
马来西亚华人	327	10	95	36.29±18.25
马来西亚马来人	884	10	100	37.17±19.80
马来西亚印度人	102	10	92	36.18±18.26
总　计	1313	10	100	36.88±19.30

除了计算综合得分之外，本研究也对马来西亚华人和其他族群样本对每个社会行为的认同状况得分进行计算。本研究仍以各组样本得分的平均分为分析切入点，平均分越低代表越不能接受该行为，反之说明能接受该行为。从各族群样本内部角度来看，马来西亚华人最不能接受的行为是偷盗（Q179），而相对能接受的行为是离婚（Q185）；马来人最不能接受的行为是接受贿赂（Q181），而相对能接受的行为是离婚（Q185）；印度人最不能接受的行为是偷盗（Q179），而相对能接受的行为是离婚（Q185）。可以看出，马来西亚华人和印度人都最不能接受偷盗行为，但这 3 个群体却都能接受离婚行为，这个现象我们已经在不同国家、不同文化和不同族群的样本中多次看到了，这似乎说明现代社会中层出不穷的离婚现象已经逐渐超越世俗、传统甚至是宗教的约束，不再成为大家避之不及的行为了（见表 4-23）。

以上对马来西亚华人和其他族群的社会价值观进行统计描述，从中可以发现马来西亚华人和印度人在很多方面较为接近，无论是子女品质偏好、性别平等认知，还是道德规范认知方面，这两个族群有很强的相似性。反观作为马来西亚人口最多的马来人，该群体在社会价值观方面有不同于以上两个族群的表现。正像前文指出的那样，在多元社会中，不同文化或族群的人口构成会影响该社会的主流文化价值观，也会影响不同文化内部的价值观。虽然我们还不十分清楚人口规模和结构如何直接或间接影响价值观构成，但是作为一种设想或构想，我们认为价值观在不同族群之

表 4-23   马来西亚华人与其他族群的各项社会行为认同状况得分均值

社会行为	马来西亚华人	马来西亚马来人	马来西亚印度人	总体
Q177	4.21	4.52	3.88	4.40
Q178	3.73	4.06	4.13	3.98
Q179	2.81	3.22	2.97	3.10
Q180	3.34	3.48	3.05	3.41
Q181	3.14	3.05	3.24	3.08
Q183	3.75	3.21	3.74	3.39
Q185	4.83	4.59	4.51	4.64
Q189	2.88	3.25	2.99	3.13
Q190	4.52	4.45	4.39	4.47
Q191	3.07	3.35	3.28	3.28

间存在扩散的可能性，而扩散的后果就是不同文化或族群的价值观有趋同的可能性。当然趋同的原因还有可能是被共同的主流文化同化，或者经历同一种现代化的后果。

（四）关于社会价值观的影响因素分析

马来西亚华人和其他族群在社会价值观方面有不同程度的相似之处，尤其是马来西亚华人与印度人在性别平等认知、社会道德认知等方面，那这种相似之处缘何而来？我们知道华人与其他族群是在人种和文化上相当不同的族裔群体，二者社会价值观相似的背后或许有共同的影响因素在发挥作用，在相同的影响机制作用下，社会价值观最终也会有相近或相似的表现。因此，我们需要对马来西亚华人和其他族群的社会价值观进行影响因素分析。在变量操作化和分析策略方面，本节的做法与第二、三章完全一致，唯一的不同是对家庭使用语言类型变量的重新编码。与原先只针对华人是否在家中使用中文不同，这里我们针对不同的族群设变量是否在家中使用母语[①]，该变量被处理成虚拟变量，即当受访者在家中使用的语言

---

① 这里的母语指受访者的首要族裔语言，比如华人主要使用中文，马来人主要使用马来语。需要说明的是，本轮 WVS 中的马来西亚华人在家中使用中文的比例为 77.1%，马来人在家中使用马来语的比例为 85.4%，而马来西亚印度人在家中使用语言分布没有过于集中。马来西亚印度人中 49.0% 使用泰米尔语，38.2% 使用英语，8.8% 使用马来语，考虑到英语作为通用语言和官方语言，这里针对印度人我们将使用泰米尔语视为使用母语。

为母语时记为 1，否则记为 0。

1. 关于子女品质偏好的影响因素分析

为了保持分析的连贯性，本部分我们还使用有礼貌作为子女品质偏好的操作化指标，分析有哪些因素可能影响受访者对该品质的选择。关于马来西亚华人子女品质偏好的影响因素分析，第三章第二节已经讨论过了，这里不再赘述，但本节为了与马来西亚其他族群进行比较，我们会在适当地方报告回归结果并进行比较。表 4-24 中的模型 2 是对马来西亚马来人的回归分析结果，从中可以发现没有任何我们选择的自变量对其子女品质偏好有显著性影响。模型 1 中也只有性别对马来西亚华人有影响，即华人女性要比华人男性偏爱有礼貌品质的可能性更低。

但我们选择的变量对马来西亚印度人有很好的解释力。首先，该模型的 Pseudo R^2 值达到了 0.173，这远比模型 1 和模型 2 的要高，说明这些自变量对印度人的子女品质偏好确实存在相当的影响。其次，婚育状况起到了相反的作用，已婚的印度人要比未婚的印度人更有可能选择有礼貌这项品质，但有孩子的印度人相对于没有孩子的印度人更不可能选择该品质。最后，受教育程度为小学的印度人要比未受过正式教育的印度人更不可能选择该品质（见表 4-24）。

表 4-24　马来西亚各族群对子女品质偏好的二元逻辑斯蒂回归分析

	模型 1 （华人）	模型 2 （马来人）	模型 3 （印度人）
性别[1]	-0.652**	-0.029	-0.875
年龄	-0.011	0.007	0.0003
宗教信仰状况[2]	0.304	0.116	0.711
婚姻状况[3]	0.959	0.087	16.931***
是否有子女[4]	-0.952	-0.094	-15.919***
家庭使用语言[5]	0.052	0.131	-0.259
受教育程度[6]：小学	1.861	-0.403	-2.616**
初中	1.234	-1.603	0.048
高中	0.373	-0.711	0.604
大学	1.046	-1.057	—

续表

	模型 1 （华人）	模型 2 （马来人）	模型 3 （印度人）
研究生及以上	—	-0.739	—
主观社会阶层[7]：中下层	1.149	0.241	-0.545
中层	0.887	-0.067	-0.483
中上层	1.278	-0.138	—
上层	0.292	-0.359	—
Pseudo R^2	0.056	0.029	0.173
个案数（N）	326	884	89

注：1. 男性为参照组。2. 无宗教信仰为参照组。3. 未婚为参照组。4. 无子女为参照组。5. 不使用母语为参照组。6. 未受过正式教育为参照组。7. 下层为参照组。8. $* p < 0.1$；$** p < 0.05$；$*** p < 0.01$。下同。

2. 关于性别平等认知的影响因素分析

对性别平等认知的操作化方法沿用第三章的做法，即对"与女孩相比，大学教育对男孩更重要"这一陈述的态度，受访者可以选择非常同意、同意、不同意、非常不同意，因此我们依然使用序次逻辑斯蒂回归方法（ordered logistic regression）进行模型拟合。表4-25的模型2是对马来西亚马来人的回归分析结果，从中可以发现，性别、婚姻状况、家庭使用语言对受访者对该陈述的态度有显著影响，其中男性受访者要比女性受访者更有可能对该陈述表现出肯定态度，已婚受访者要比未婚受访者更有可能对该陈述表现出肯定态度，在家中使用马来语的受访者更有可能对该陈述表现出肯定态度。受教育程度方面，受教育程度为高中和大学的受访者要比未受过教育的受访者更有可能不同意该陈述。主观社会阶层方面，自认为中下层和中层的受访者要比自认为下层的受访者更有可能不同意该陈述。

模型3是对马来西亚印度人的回归分析结果，年龄对受访者对该陈述的态度有显著正向影响，说明在一定范围内，年龄越大的印度人受访者越不可能同意该陈述。在主观社会阶层变量方面，自认为中层和中上层的印度人受访者，要比参照组的受访者更有可能不同意该陈述。模型1是对马来西亚华人的回归分析结果，简而言之，性别、年龄、受教育程度（除

表 4-25　马来西亚各族群对性别平等认知的序次逻辑斯蒂回归分析

	模型 1 （华人）	模型 2 （马来人）	模型 3 （印度人）
性别	0.594 ***	0.833 ***	0.678
年龄	0.020 **	0.006	0.034 **
宗教信仰状况	-0.084 *	-0.263	-0.680
婚姻状况	-0.073	-0.423 *	1.717
是否有子女	-0.540	-0.102	-1.996
家庭使用语言	-0.359	-0.650 ***	0.354
受教育程度：小学	0.124	-0.292	-1.818
初中	1.926 ***	0.176	-0.654
高中	2.401 ***	0.615 *	0.244
大学	1.892 ***	0.712 **	-0.616
研究生及以上	1.267 **	-0.061	-0.439
主观社会阶层：中下层	-0.137	0.484 **	0.865
中层	-0.325 ***	0.514 **	1.112 **
中上层	-0.574	0.260	1.111 **
上层	-1.746	0.143	-1.627
Pseudo R^2	0.055	0.040	0.068
个案数（N）	327	884	102

小学外）对受访者对该陈述的态度有显著的正向影响，宗教信仰状况、主观社会阶层（只有中层）对受访者对该陈述的态度有显著负向影响。在相同的自变量中，有 5 个自变量对马来西亚华人产生了显著作用，也有 5 个自变量对马来人产生显著作用，只有 2 个自变量对印度人有显著作用。对马来西亚华人和马来人来说，本研究找到了更多的解释变量，也就是发现了这些样本对该陈述的态度更多的影响因素。尽管如此，从模型的整体解释力来看，这些相同的自变量对马来西亚印度人更适用一些，其 Pseudo R^2 值为 0.068，要比马来西亚华人、马来人的值分别高出 23.6% 和 70%。还值得注意的是，这些自变量中只有主观社会阶层变量（只有中层）对 3 个族群的样本都有显著作用，只不过它对马来西亚华人是负向作用，而对马来人和印度人是正向作用，这也意味着马来西亚华人中间

阶层在性别平等认知方面相对趋于保守，而马来人和印度人的中间阶层则更加趋于开放和平等，见表4-25。

3. 关于道德规范认知的影响因素分析

从前文的描述统计中可以看出，无论文化和族群多么不同，来自各族群的受访者最能接受的行为就是离婚，这不得不说是现代社会中一个耐人寻味的现象，因此本节以对离婚的接受程度作为受访者的道德规范认知的操作化方法，对因变量即对离婚的接受程度进行回归分析。由于因变量取值范围为1~10分，因此使用一般线性回归分析。多元线性回归模型2显示，有宗教信仰的马来人受访者相对于无宗教信仰的马来人受访者接受离婚的可能性更小，这一点同马来西亚华人相近，但宗教信仰对华人的影响更加显著，而且影响力度更大。分析还显示家庭使用语言对马来人受访者对离婚的接受程度有显著负向影响，这说明家中使用马来语的马来人受访者要比在家中不使用马来语的马来人受访者更不可能接受离婚，使用马来语的马来人受访者似乎更加传统一些（见表4-26）。

模型3是对马来西亚印度人的回归分析结果，从中可发现只有受教育程度变量（只有初中）对因变量有显著负向影响，说明受教育程度为初中程度的印度人受访者要比未受过教育的印度人受访者更加不可能接受离婚。模型1是对马来西亚华人的回归分析结果，对该群体来说，只有宗教信仰变量才对因变量有显著影响。综合3个模型的回归分析结果，本节加入的绝大部分自变量都不能对因变量产生显著作用，但从模型解释力来看，印度人回归模型的决定系数 R^2 值为 0.201，这个值不算低，特别是跟马来人模型的 0.021 相比，相差悬殊，这说明虽然个别自变量对因变量没有显著影响，但综合地看，它们会对因变量产生复杂的影响（见表4-26）。

表4-26　马来西亚各族群对道德规范认知的一般线性回归分析

	模型 1 （华人）	模型 2 （马来人）	模型 3 （印度人）
性别	0.183	-0.014	-0.253
年龄	-0.017	0.014	-0.033

续表

	模型 1 （华人）	模型 2 （马来人）	模型 3 （印度人）
宗教信仰状况	-0.906***	-0.574**	-0.023
婚姻状况	-0.209	-0.200	-0.150
是否有子女	-0.311	0.058	0.465
家庭使用语言	0.151	-0.414*	-0.901
受教育程度：小学	-0.258	-0.241	-1.943
初中	0.216	0.060	-3.075*
高中	0.257	0.232	-2.481
大学	0.552	0.203	-1.772
研究生及以上	0.289	-0.246	0.060
主观社会阶层：中下层	-0.327	-0.274	-1.480
中层	-0.706	0.052	-1.591
中上层	-0.244	-0.225	-1.439
上层	-0.109	-0.918	-1.000
Pseudo R^2	0.087	0.021	0.201
个案数（N）	327	884	102

三　小结

当研究对象聚焦于一国之内的不同族群时，其社会价值观也会体现出不同程度的差别，而有些差别可以说是比较细微的。通过对社会价值观不同面向的描述统计，我们发现马来西亚华人和马来人、印度人之间的差异似乎不是很大，比如华人和印度人在子女品质偏好、性别平等认知和道德规范认知方面的得分差异不大，还有些得分经统计检验后发现没有显著差异。由此我们认为，马来西亚华人虽然作为"后来者"和外部移民，其社会价值观保留了某些中华文化的根性和特色，但是在长期内部交往中，马来西亚华人的社会价值观也不同程度地与马来人、同样作为少数族群的印度人存在趋同现象，这可能是价值观扩散或者价值观同化使然。

我们力图通过影响因素分析来发现有可能导致不同族群的社会价值观

发生变化的因素，但将各回归模型的结果放在一起来看，几乎没有相同的自变量对因变量也就是社会价值观的不同方面发挥作用，不同模型中发挥显著影响的自变量都大不相同，不同族群的社会价值观都存在不同的影响模式。当然，我们要客观地承认，我们在回归分析时并没有按照最佳解释力的思路来寻找解释力最强的自变量，而是分析相同的自变量对不同样本的影响及其相似和差异，这样的分析似乎有点机械，但是这样的做法可以让我们聚焦于有限的、相同的解释变量。

在影响因素分析中，我们并不是一无所获，我们发现主观社会阶层变量对3个族群的性别平等认知都发挥了显著作用，尽管影响方式不一样，但是我们可以据此思考，一个社会内部的不同族群，其社会价值观趋同的推动力量是什么。我们在前两章的分析中，曾经提出价值观扩散的设想，这种扩散是有方向性的，它特别指代作为人口少数的特定族群向其他族群传递本族群的价值观。而基于主要族群和少数族群的分类和定位，少数族群也有可能因为各种原因，通过各种途径（比如以主要族群价值观为核心的教育制度、宗教制度等）被同化，即被动地学习和实践主要族群的价值观。除此之外，有没有第三条价值观趋同的发生路径？我们认为主观社会阶层的影响作用告诉我们一种可能，那就是无论主要族群还是少数族群，他们都受到更大的外部力量的影响，联系第二、三章的国家之间、华人之间的比较分析，我们认为现代化是最有可能具备这种"实力"的力量和形成机制，对此我们将在全书最后展开进一步的分析和讨论。

第三节　马来西亚华人和其他族群的
开放社会心态比较分析

一　研究问题

华人在历史上很早就进入马来西亚，成为该国建设和发展的重要力量之一。与新加坡大部分人口是华人不同，马来西亚华人占该国总人口的比例略高于20%，在人口上属于少数族群，在文化上属于亚文化，但这不意味着华人在马来西亚的发展中无足轻重,恰恰相反,华人在马来西亚的发展中发挥了不可替代的作用。尤其是共建"一带一路"倡议的提出,给了马来西亚华人新的发展机遇。同样地,中国在推进"一带一路"建设过程中,需要马来西亚华人在内的东南亚华人发挥重要的作用,这些作用体现在很多方面,其中"桥梁性"的作用是最重要的。

对马来西亚来说,"一带一路"建设将带来资金、技术和人流,但马来西亚民众对此能够坦诚地接受吗?作为对"一带一路"倡议接受的基础,其开放社会心态值得关注。我们在第三章对中国人、新加坡华人和马来西亚华人进行开放社会心态的比较分析时,已经发现他们之间既有相似之处,也有显著的差异,其中马来西亚华人的开放社会心态影响模式与全体马来西亚人有一定的不同。这就提示我们在研究马来西亚民众的开放社会心态时,需要更加细致地在马来西亚各族群之间进行分析和比较,这种分析问题的意识在研究多民族、多宗教构成的东南亚国家时不可或缺。因此,我们将在本节对马来西亚华人和其他族群的开放社会心态进行描述统计和影响因素分析,并对结果进行比较。

二　研究方法

(一) 数据

在分析数据方面,我们将继续使用第七轮世界价值观调查数据,这样可以同之前章节的社会心态分析保持连贯。研究对象就是马来西亚的3个主要族群,即马来人、华人和印度人。我们选择马来西亚作为研究对象是因为该国人口中的华人比重既不像新加坡的华人比重那么高,也不像其他东南亚国家中的华人比重那么低,过高可能无法清晰地发现华人与其他族群之间的差异,而过低的华人比例则从技术上影响了有效的统计分析。

(二) 变量

本节继续使用第二、三章中对开放社会心态的定义和操作化方法,对马来西亚3个族群与外国人接触意愿、对外国人的信任程度、对外国人的评价和对外国人的政策倾向进行描述统计。之后进行的影响因素分析中,我们所使用的自变量有性别、年龄、受教育程度,解释变量有经济成分偏好、家庭收入水平、家庭使用语言、与亚洲的亲近程度、居住地人口规模。因变量由于分析主题不同而存在差异，我们将在相应的小节中进行介绍。自变量、解释变量和因变量的操作化方法也与之前章节中的做法一致，唯一不同的是家庭使用语言变量，我们将依据在家中是否使用母语来测量该变量。不同族群的母语依照本章第二节的做法，马来人使用马来语，华人使用中文，印度人使用泰米尔语被视为使用母语。

（三）分析方法

本节使用的分析方法与第三章第三节中使用的一致，我们将根据因变量的取值性质，在影响因素分析时分别使用二元逻辑斯蒂回归（binary logistic regression）和序次逻辑斯蒂回归（ordered logistic regression）。与分析不同国家的样本类似，我们将对马来西亚每个族群的样本使用同样的自变量和解释变量进行分析，这沿用了之前章节的分析策略和思路。我们将重点关注自变量和解释变量对因变量的影响效果以及综合展现出的影响模式，因此我们只观察和使用回归分析结果中的原始回归系数，而不是它的指数形式。

三　分析结果

（一）描述统计

1. 对与外国人接触意愿的描述统计

我们在第三章第三节已经对包括马来西亚华人、新加坡华人、中国人3个群体进行了比较分析，但比较的范围在国与国之间。本节我们仍将重点关注马来西亚华人，但与它比较的对象将限制于马来西亚国内，也就是说本节将基于内部视角比较马来西亚的华人和其他族群在开放社会心态上的差异。在与外国人接触意愿方面，马来西亚印度人有较高比例的受访者不排斥与外国人做邻居，也就是说有较高比例的马来西亚印度人受访者愿意与外国人接触，其愿意的比例为58.8%，不愿意的比例为41.2%，马来西亚马来人有48.9%的受访者不排斥与外国人做邻居，而马来西亚华人则有48.0%的受访者不排斥与外国人做邻居，马来西亚样本中的马来人比华人愿意与外国人做邻居的比例略高一些，但针对这两个群体的比例的假设检验发现其总体间没有显著差异。可以说在接触意愿方面，马来西亚的华人与马来人没有显著差异，但印度人愿意与外国人做邻居的比例更高一些（见表4-27）。

表4-27 马来西亚华人和其他族群与外国人做邻居的意愿

单位：%

与外国人做邻居的意愿	马来西亚华人	马来西亚马来人	马来西亚印度人	总体
愿 意	48.0	48.9	58.8	49.4
不愿意	52.0	51.1	41.2	50.6
合 计	100.0	100.0	100.0	100.0

2. 对外国人信任程度的描述统计

马来西亚华人和其他族群在对外国人的信任程度方面呈现一定差异，而且两两群体间的比较结果也不同。在非常信任和比较信任等级上，马来西亚印度人样本中有46.1%的受访者选择这两项，华人样本中有30.6%的受访者选择这两项，而马来人样本中有29.9%的受访者选择这两项。而在不太信任和完全不信任等级上，马来人选择的比例更高，合计有70.1%的受访者选择这两项，其中18.1%的受访者选择的是完全不信任。华人有69.4%的受访者选择不太信任和完全不信任等级，而印度人则有53.9%的受访者选择不太信任和完全不信任等级。总体上，马来西亚印度人对在本国的外国人的信任程度最高，华人次之，而马来人对在本国的外国人的信任程度最低（见表4-28）。

3. 对外国人评价状况的描述统计

（1）综合评价。整体上，马来西亚的华人、马来人和印度人对外国人的综合评价向负面倾斜。在非常坏和有些坏等级上，马来人有50.2%的受访者选择这两项，超过了半数，印度人有46.1%的受访者选择这两项，华人则有45.9%的受访者选择这两项；在非常好和有些好等级上，印度人有24.5%的受访者选择这两项，华人则有18.3%的受访者选择这两项，而马来人有16.5%的受访者选择这两项。马来人倾向于对外国人做出负面评价，印度人倾向于对外国人做出正面评价，而华人对外国人的评价居中，这一点从选择不好也不坏这一等级的比例上也能看出，华人有

35.8%的受访者选择此项，选择比例在3个族群中最高（见表4-29）。

表4-28 马来西亚华人与其他族群对外国人的信任程度

单位：%

对外国人的 信任程度	马来西亚 华人	马来西亚 马来人	马来西亚 印度人	总体
非常信任	3.4	3.3	3.9	3.4
比较信任	27.2	26.6	42.2	27.9
不太信任	54.4	52.0	42.2	51.9
完全不信任	15.0	18.1	11.7	16.8
合　计	100.0	100.0	100.0	100.0

表4-29 马来西亚华人与其他族群对外国人的综合评价

单位：%

对外国人的 综合评价	马来西亚 华人	马来西亚 马来人	马来西亚 印度人	总体
非常坏	15.9	20.0	11.8	18.3
有些坏	30.0	30.2	34.3	30.5
不好也不坏	35.8	33.3	29.4	33.6
有些好	16.5	14.6	20.6	15.5
非常好	1.8	1.9	3.9	2.1
合　计	100.0	100.0	100.0	100.0

（2）具体评价。在对外国人的到来增强了文化多样性的评价方面，马来西亚华人倾向于不同意该陈述，其中选择很难说的比例最高，占40.4%，选择不同意的占35.2%，而选择同意的占24.4%。马来人对该陈述的评价整体上较为均衡，但也是倾向于不同意该陈述，其中选择不同意的占35.2%，选择很难说的占33.0%，选择同意的占31.8%。印度人则倾向于同意该陈述，虽然该群体选择很难说的比例在3个族群样本中最高，达到43.1%，但选择不同意的比例只占26.5%，而选择同意的比例却占30.4%。综合来看，印度人最认同该陈述，马来人次之，而华人最不认同该陈述（见表4-30）。

表4-30　马来西亚华人与其他族群对外国人对文化多样性影响的评价

单位:%

外国人的到来 增强了文化多样性	马来西亚 华人	马来西亚 马来人	马来西亚 印度人	总体
同　意	24.4	31.8	30.4	29.9
很难说	40.4	33.0	43.1	35.6
不同意	35.2	35.2	26.5	34.5
合　计	100.0	100.0	100.0	100.0

在对外国人的到来会造成社会冲突的评价方面,马来西亚3个族群的样本都倾向于同意该陈述,一方面马来西亚3个族群样本选择同意该陈述的受访者比例分别超过或接近60%,另一方面这3个族群样本选择不同意的受访者比重都不高。在与外国人接触意愿、对外国人信任程度以及对外国人综合评价方面,印度人都展现出了更加开放、接纳、包容的态度倾向,但在对该陈述的评价上,印度人样本中有高达62.4%的受访者同意外国人的到来会造成社会冲突这一陈述,而不同意的只占4.9%。相比而言,马来人同意该陈述的比例也很高,其中有61.2%的受访者选择同意,但马来人受访者选择不同意的比例在3个族群中是最高的,占比12.8%。华人的态度倾向则趋于中庸,其选择同意的比例为59.3%,在3个族群中最低;选择不同意的比例为5.5%,在3个族群中居于中间水平;选择很难说的占35.2%,在3个族群中又是最高的(见表4-31)。

表4-31　马来西亚华人与其他族群对外国人对社会冲突影响的评价

单位:%

外国人的到来 会造成社会冲突	马来西亚 华人	马来西亚 马来人	马来西亚 印度人	总体
同　意	59.3	61.2	62.4	60.8
很难说	35.2	26.0	32.7	28.8
不同意	5.5	12.8	4.9	10.4
合　计	100.0	100.0	100.0	100.0

4. 对外国人政策倾向的描述统计

马来西亚华人、马来人和印度人在对外国人的政策倾向方面,其态度趋于严格的倾向与其人口规模地位有一定的联系。马来人是马来西亚人口的主体，但该群体在对外国人的政策倾向上最严格甚至趋于保守，选择政策倾向3和4，即认为应当对前来本国工作的外国人数量设置严格的控制以及禁止外国人到本国工作，持这两种态度的马来人受访者的比例合计有84.9%，而华人受访者的这个比例是76.8%，印度人受访者的这个比例则只有67.7%。在选择政策倾向1和2，即认为应当让那些想来的人都可以来，或者只要有工作，可以允许外国人来工作方面，持这两种态度的印度人比例最高，合计占32.3%；马来西亚华人次之，合计占23.2%；马来西亚马来人则最低，合计占比只有15.1%。这样的态度倾向分布与马来西亚各族群人口规模有较强的关联，即所在族群规模越大的受访者，越有可能倾向于对外国人前来本国工作采取更加严格的限制性政策，所以整体上就是马来人对外国移民的政策倾向最趋于排斥，华人次之，而印度人对外国移民的政策倾向最不排斥（见表4-32）。

表4-32　马来西亚华人与其他族群对外国移民的政策倾向

单位：%

政策倾向	马来西亚华人	马来西亚马来人	马来西亚印度人	总体
政策倾向1	3.7	4.2	7.8	4.3
政策倾向2	19.5	10.9	24.5	14.1
政策倾向3	73.1	78.5	62.8	75.9
政策倾向4	3.7	6.4	4.9	5.7
合　计	100.0	100.0	100.0	100.0

（二）关于开放社会心态的影响因素分析

1. 关于与外国人接触意愿的影响因素分析

从这里开始我们将对马来西亚华人、马来人和印度人的开放社会心态进行影响因素分析，马来西亚华人开放社会心态的影响因素分析已经在第三章第三节进行过了，并给出分析结果，因此本节不再对马来西亚华人的分析结果进行详细的报告，但将报告马来人和印度人的分析结果，同时还要对3个族群的分析结果进行比较。表4-33报告的是马来西亚3个族群样本对与外国人接触意愿的二元逻辑斯蒂回归分析结果。模型2是对马来西亚马来人样本的回归分析结果，受教育程度变量的所有等级均对受访者是否愿意与外国人做邻居有显著的正向作用，说明受教育程度的提高也会提高马来人与外国人做邻居的意愿。家庭收入水平同样能正向影响马来西亚马来人与外国人做邻居的意愿，随着家庭收入水平的提高，马来人愿意与外国人做邻居的可能性也逐渐增加。与亚洲的亲近程度变量对受访者是否愿意与外国人做邻居有显著的正向影响，相对于参照组，选择与亚洲的亲近程度为亲近等级的马来人受访者愿意与外国人做邻居的可能性最大，选择与亚洲的亲近程度为不是很亲近等级的马来人受访者愿意与外国人做邻居的可能性居中，而选择与亚洲的亲近程度为非常亲近等级的马来人受访者愿意与外国人做邻居的可能性最小（见表4-33）。

模型3是对马来西亚印度人样本的回归分析结果，首先年龄对受访者是否愿意与外国人做邻居有显著的负向影响，说明年龄越大的受访者越有可能不愿意与外国人做邻居，这一现象只有在印度人身上发现。受教育程度变量中的初中和高中等级对受访者是否愿意与外国人做邻居有显著的正向影响，也就是只有这两个受教育程度等级的印度人受访者相对于参照组更愿意与外国人做邻居。此外，其他变量均对受访者是否愿意与外国人做邻居没有显著作用，尽管如此，模型3的拟合效果在这3个模型中是最好的，其Pseudo R^2 值为0.089。综合来看，受教育程度对3个族群都有一定程度的影响（见表4-33）。

表4-33　对与外国人接触意愿的二元逻辑斯蒂回归分析

	模型1 （华人）	模型2 （马来人）	模型3 （印度人）
性别[1]	0.222	0.123	-0.212
年龄	-0.008	-0.003	-0.032*
受教育程度[2]：			
小学	-14.040***	1.255*	1.263
初中	-14.693***	1.416**	2.109**
高中	-13.920***	1.416**	2.019*
大学	-14.951***	1.635**	1.350
研究生及以上	-12.753***	1.728**	0.718

	模型 1 （华人）	模型 2 （马来人）	模型 3 （印度人）
经济成分偏好	0.119 **	−0.040	0.069
家庭收入水平	−0.045	0.084 *	0.042
家庭使用语言[3]	0.026	−0.125	−0.254
与亚洲的亲近程度[4]：			
不是很亲近	0.265	0.707 ***	−0.327
亲近	0.834 **	1.111 ***	0.235
非常亲近	0.479	0.569 *	0.521
居住地人口规模[5]：			
0.5 万~2 万人	−0.369	−0.186	0.121
2 万~10 万人	0.171	−0.037	0.249
10 万~50 万人	−0.364	−0.113	0.292
50 万人及以上	−0.262	−0.161	0.944
Pseudo R^2	0.067	0.046	0.089
个案数（N）	326	883	102

注：1. 男性为参照组。2. 未受过正式教育为参照组。3. 不使用母语为参照组。4. 完全不亲近为参照组。5. 0.5 万人以下为参照组。6. * $p<0.1$；** $p<0.05$；*** $p<0.01$。下同。

2. 关于对外国人信任程度的影响因素分析

表 4-34 报告的是马来西亚华人、马来人、印度人对外国人信任程度的序次逻辑斯蒂回归分析结果。模型 2 的结果显示，性别对马来人对外国人的信任程度有显著影响，马来人的女性相比于男性更有可能对外国人保持较低的信任程度。家庭收入水平对受访者对外国人的信任程度有显著的正向影响，说明家庭收入越高的马来人，其对外国人越有可能保持较高的信任程度。家庭使用语言变量对受访者对外国人的信任程度有负向的作用，说明在家中使用马来语的马来人要比那些在家中不使用马来语的马来人更有可能对外国人保持较低的信任程度，那些在家中不使用马来语的马来人主要使用英语。与亚洲的亲近程度变量显著地影响了马来人对外国人的信任程度，那些对亚洲的亲近程度越高的马来人越有可能对外国人保持较高的信任程度（见表 4-34）。

表 4-34　对外国人信任程度的序次逻辑斯蒂回归分析

	模型 1 （华人）	模型 2 （马来人）	模型 3 （印度人）
性别	-0.144	-0.415 ***	-0.009
年龄	-0.009	-0.005	-0.012
受教育程度：			
小学	15.763 ***	-0.022	3.172
初中	15.056 ***	0.340	1.820 ***
高中	15.290 ***	0.297	1.584 **
大学	15.108 ***	0.203	1.612 ***
研究生及以上	14.850 ***	-0.518	1.074
经济成分偏好	-0.009	-0.023	-0.072
家庭收入水平	0.034	0.090 **	0.063
家庭使用语言	-0.328	-0.485 ***	-0.923 *
与亚洲的亲近程度：			
不是很亲近	1.691 ***	0.797 ***	1.478 **
亲近	2.275 ***	1.268 ***	1.776 ***
非常亲近	2.475 ***	1.325 ***	1.459 *
居住地人口规模：			
0.5 万~2 万人	-0.457	0.127	-0.324
2 万~10 万人	-0.097	-0.208	0.044
10 万~50 万人	-0.255	-0.234	-0.851
50 万人及以上	-0.634	0.007	-0.400
Pseudo R^2	0.081	0.044	0.090
个案数（N）	326	883	102

　　模型 3 是对马来西亚印度人的回归分析结果，结果显示性别和年龄均对因变量即受访者对外国人的信任程度没有显著影响，受教育程度变量中的初中、高中和大学 3 个等级对因变量有显著的正向影响，说明具有这些受教育程度等级的印度人受访者要比参照组的受访者更有可能对外国人保持较高的信任程度。家庭使用语言变量对印度人对外国人的信任程度也有一定的解释力，在家中使用泰米尔语的印度人要比那些在家中不使用该语言的印度人更有可能对外国人保持较低的信任程度，那些在家中都不使用

泰米尔语的印度人主要使用英语或者马来语。与亚洲的亲近程度变量对因变量有正向影响，且所有等级均达到 0.1 的显著性水平，其中有些等级还达到了 0.01 的显著性水平（见表 4-34）。

马来西亚华人、马来人和印度人的回归分析结果具有一定共性，但有些共性普遍存在，有些共性是部分样本间才具有的共同现象。首先，年龄不对因变量发挥显著影响，说明不同年龄的马来西亚的华人、马来人、印度人在对外国人的信任程度方面没有显著差异。其次，受教育程度对华人和印度人都有正向影响，但是各受教育程度等级的华人与参照组间的差异较大，而印度人与参照组间的差异小。家庭使用语言变量对马来人和印度人都有显著负向影响，使用母语可能令受访者对外国人更加提防和不信任。与亚洲的亲近程度变量有相当强的解释力，不仅各亲近等级都有显著影响，而且其统计显著性检验几乎都达到了 0.01 的水平。

3. 关于对外国人综合评价的影响因素分析

表 4-35 报告的是马来西亚 3 个族群样本对外国人综合评价的序次逻辑斯蒂回归分析结果，这里主要报告模型 2 和模型 3 的结果，它们分别对应马来人和印度人。从模型 2 来看，性别对因变量即对外国人的综合评价等级有显著的负向影响，说明马来人的女性相比于男性更有可能对外国人作出负向的评价。受教育程度变量中只有研究生及以上等级才对因变量有显著影响，但其显著性水平也只达到 0.1，该影响意味着研究生及以上等级的马来人受访者要比未受过正式教育的马来人受访者更有可能对外国人做出正向的评价。经济成分偏好变量对因变量有显著正向影响，这说明越是倾向于国有经济而非私营经济的马来人受访者，越有可能对外国人做出正向的评价。与亚洲的亲近程度变量中，3 个等级均对因变量有显著的正向影响，说明与亚洲的亲近感会激发马来人受访者对外国人的积极评价。居住地人口规模变量对因变量发挥负向影响，这在之前的马来人与外国人接触意愿和对外国人的信任程度分析中都未发现。具体来看，居住在 2 万~10 万人规模等级区域的马来人受访者相比于参照组更有可能对外国人做出负向的评价（见表 4-35）。

模型 3 是对马来西亚印度人的回归分析结果，可以看出，能够显著影响印度人对外国人综合评价的因素不多。其中受教育程度为大学的印度人受访者相比于参照组更有可能对外国人做出正向的评价。居住在 10 万 ~ 50 万人规模等级区域内的印度人受访者相比于参照组更有可能对外国人做出负向的评价（见表 4-35）。

表 4-35　对外国人综合评价的序次逻辑斯蒂回归分析

	模型 1 （华人）	模型 2 （马来人）	模型 3 （印度人）
性别	0.079	-0.411 ***	0.511
年龄	-0.019 **	0.003	-0.026
受教育程度：			
小学	14.213 ***	0.777	1.970
初中	14.832 ***	0.660	1.990
高中	14.656 ***	0.689	1.246
大学	14.325 ***	0.718	2.037 *
研究生及以上	14.446 ***	1.246 *	1.611
经济成分偏好	0.083	0.075 **	0.056
家庭收入水平	0.001	0.019	-0.078
家庭使用语言	-0.213	0.001	-0.404
与亚洲的亲近程度：			
不是很亲近	0.200	0.379 **	0.251
亲近	0.309	0.836 ***	1.021
非常亲近	0.177	0.763 **	0.465
居住地人口规模：			
0.5 万 ~2 万人	-0.223	-0.031	-0.656
2 万 ~10 万人	0.193	-0.372 **	-0.858
10 万 ~50 万人	-0.177	-0.134	-2.903 **
50 万人及以上	-0.237	-0.257	-0.994
Pseudo R^2	0.016	0.021	0.063
个案数（N）	326	883	102

综合来看，马来西亚华人、马来人和印度人对外国人综合评价的影响模式有以下几个值得关注的地方，第一，性别和受教育程度等人口特征变量的作用只局限于个别族群。年龄只对华人样本对外国人的综合评价有影响，性别只对马来西亚马来人样本对外国人的综合评价有影响，而两者都

对印度人样本对外国人的综合评价有影响。第二，受教育程度对马来西亚
3 个族群的样本都有正向影响，但不同等级的受教育程度的影响广度不
同。对马来西亚华人样本来说，所有受教育程度等级均对其对外国人的综
合评价有影响，但对马来人来说，则只有研究生及以上受教育程度对其对
外国人的综合评价有影响，而对印度人来说，则只有大学受教育程度对其
对外国人的综合评价有影响。说明教育的作用在不同族群的样本中是以差
异化的形式体现的，教育或许能够让人更加理性、平和与开放，进而影响
人的世界观和对外国人的态度。第三，马来人的影响模式独树一帜。在本
节加入的自变量和解释变量中，在马来人样本中能够发挥显著作用的最
多，特别是经济成分偏好和与亚洲的亲近程度两个变量，它们在马来西亚
华人和印度人的模型中的作用均不显著。这说明对外国人的评价产生的方
式存在不同的路径，马来西亚华人、马来人和印度人各有各的形成机制和
路径。第四，不同族群的人的社会关系规模和产生方式不同，进而通过居
住地人口规模来影响其对外国人的评价。

4. 关于对外国人政策倾向的影响因素分析

表 4-36 中的模型 2 是对马来西亚马来人的回归分析结果，马来人受
访者中的女性比男性更有可能对外国人进入本国工作持拒绝态度，家庭收
入越高的马来人受访者有可能对外国人进入本国工作持接纳态度。与亚洲
的亲近程度变量对因变量即对外国人进入本国工作的接纳程度有显著的负
向影响，其中亲近和非常亲近两个等级的马来人受访者相对于参照组更有
可能对外国人进入本国工作持接纳态度。居住地人口规模变量对因变量有
显著正向影响，而且基本上呈现所在的居住区域人口规模越大的马来人受
访者，其相对于参照组更有可能对外国人来本国工作持拒绝态度（见表
4-36）。

表 4-36 对外国人政策倾向的序次逻辑斯蒂回归分析

	模型 1 （华人）	模型 2 （马来人）	模型 3 （印度人）
性别	-0.085	0.336**	0.266
年龄	0.019*	0.009	0.053**

续表

	模型 1 (华人)	模型 2 (马来人)	模型 3 (印度人)
受教育程度：			
小学	-0.698	-1.419	-2.983
初中	-0.266	-1.257	0.443
高中	-0.454	-1.106	0.685
大学	-0.933	-1.061	0.079
研究生及以上	-0.888	-1.667	0.395
经济成分偏好	-0.065	-0.039	-0.149
家庭收入水平	-0.046	-1.112**	-0.108
家庭使用语言	-0.263	0.021	0.892
与亚洲的亲近程度：			
不是很亲近	-0.563	0.005	-0.520
亲近	-0.672	-0.648***	-2.589***
非常亲近	-0.715	-1.031***	-1.805*
居住地人口规模：			
0.5万~2万人	0.819*	0.639***	1.189
2万~10万人	0.614	0.531**	1.550**
10万~50万人	0.117	0.770***	-0.472
50万人及以上	0.238	0.947***	1.799*
Pseudo R^2	0.038	0.036	0.219
个案数 (N)	326	883	102

模型 3 是对马来西亚印度人的回归分析结果，其中年龄对因变量有显著的正向影响，说明对年龄越大的印度人受访者来说，其更有可能对外国人进入本国工作持拒绝态度。在与亚洲的亲近程度变量中，亲近和非常亲近等级的印度人受访者都要比参照组更不倾向于对外国人进入本国工作持拒绝态度。在居住地人口规模变量中，居住在 2万~10万人和 50万人及以上两个规模等级区域的印度人受访者相比于参照组，更有可能对外国人进入本国工作持拒绝态度（见表 4-36）。

马来西亚 3 个族群的样本使用同样的自变量和解释变量进行回归分析，相比较而言，在马来西亚华人样本模型中能够发挥显著影响的不多，

而在马来人样本模型中有更多的解释变量发挥影响，但马来人样本模型的
Pseudo R^2 值反而要比华人样本模型的小，而印度人样本模型中能够发挥
影响的变量与马来人样本模型差不多，但印度人样本模型的 Pseudo R^2 值
为 0.219，显著大于华人样本模型和马来人样本模型的 Pseudo R^2 值，这
说明对于印度人的对外国人政策倾向来说，我们确实找到了几个比较重要
的影响因素，但这也只是部分。

四 小结

(一) 影响因素的同与不同

在影响因素分析过程中，研究样本就是马来西亚华人、马来人和印度
人，他们出现在针对不同的因变量的回归模型中，而本节在每个模型中使
用的自变量和解释变量也都是一样的。另外，本节分析的因变量是开放社
会心态的不同方面，这些自变量和解释变量却在不同的模型中以不同的组
合和方式发挥影响。比如表 4-36 中的模型 2，性别对因变量有正向影响，
说明马来人的女性比男性更加排斥外国人来本国工作，这与对外国人的信
任程度、综合评价的影响因素分析中的性别作用异曲同工，但其中的影响
方式或机制可能并不相同。无论是对外国人的信任程度，还是对外国人的
政策倾向，其背后都是以这些受访者对外国人的社会态度作为基础。态度
虽然是一种主观情绪的表达，但其产生并不完全来源于主观，更有可能是
主观与客观、理性与感性交织的产物。一方面，不同性别对陌生人或事物
的认知和接受程度可能存在差别，女性可能源于更高程度的戒备心理，因
而对外国人更加排斥。另一方面，这种排斥的态度也可能是源于理性计算
的结果，就是大家对于未知的"资源竞争者"的恐惧，比如在就业机会、
受教育机会和社会保障等基础民生方面。因此，虽然女性受访者相比于男
性受访者更加显著地表达出拒绝外国人的态度和政策倾向，但部分男性受
访者也可能基于同样的理由而持同样的观点。

本节的影响因素分析也发现了存在这种可能性的证据，比如家庭收入
水平越高的受访者越有可能对外国人持开放包容乃至接受的态度，这或许
是因为那些经济收入更高，生活保障更加稳定的群体不会将前来本国工作
的外国人视为竞争者，因为他们并不在一个层次或者一个领域中竞争。尽

管如此，前来本国工作的外国人，有可能在文化和社会交往中产生一些隔阂甚至冲突，这有可能是所在国各个社会群体、阶层都会面临的情况。因此，部分经济收入水平更高的受访者表达出拒绝的态度，倒并不是因为工作机会等资源的竞争，而更可能是对社会文化秩序的稳定性受到"破坏"的担忧。

（二）个体性与结构化的态度表达

马来西亚华人、马来人、印度人是马来西亚的 3 个主要族群，不同族群之间有自己的特色语言和文化，其对外国人的态度也会受到本族群特定文化和社会心理的影响。因此，各族群的受访者在个人主观认知或理性计算的基础上所表达出的对外国人的态度，也就不仅仅是个体性影响因素的作用。以社会学的视角来看，结构化的影响不可忽视。

在影响因素分析中，我们发现居住地人口规模变量对不同族群有相应的影响，当然这种影响基于不同人口规模有所变化。比如对马来人对外国人的政策倾向而言，居住地人口规模越大，其对外国人保持拒绝的可能性越大。这可能是因为外国人通常进入一定规模的城市区域，而马来人也更多地居住在这类规模的城市，从而有更多的机会与外国人进行各类交往，除了有利于本国居民和外国人两个群体和谐相处的交往之外，也不排除有可能存在恶化两个群体关系的交往，结果马来西亚部分族群因为有更多的同外国人交往的机会，反而更有可能对外国人采取拒绝的态度。

（三）不同族群间的相容与相融

就马来西亚而言，马来人是其主流族群，而华人和印度人属于少数族群，主流族群和少数族群的区别不仅在于各族群的人口，也包括他们文化的影响力，主流族群的文化更有可能成为该国的主流文化。本节研究的是马来西亚各族群的开放社会心态，并且是从对外国人的态度入手。在对各族群的样本进行影响因素分析时，本节的研究发现的不仅是不同族群的影响模式的相似或差异，也不仅是影响因素是来自于个体还是结构层面，还包括不同族群之间既有的结构性差异。比如我们发现居住在 2 万~10 万人和 50 万人及以上两个规模等级区域的受访者相比于参照组，更有可能对外国人进入本国工作持拒绝态度。这可能意味着不同族群的潜在竞争者是不同的，因此其拒绝或接纳的态度也呈现差异化，而这背后反映的则是该族群在本国社会经济地位中的实际位置，以及这些族群对该位置的主观认同状况。

在与外国人做邻居的意愿以及对外国人的信任程度等方面，我们发现马来西亚华人、马来人和印度人之间有不同的相似性，即在某些方面，华人和印度人的态度倾向较为一致，而在某些方面则是马来人与华人的态度倾向较为一致。我们不能排除这可能是源于两个族群之间的文化相似性，比如在基本的文化价值观方面有相似的基础。我们也不能排除这可能是不同族群之间长期互相交往的结果，是各个族群在互相交往中逐渐了解、熟悉甚至习得对方的文化价值观。但同时也存在另外一种可能，就是某些结构性的制度环境造就了少数族群的社会境遇及相应的社会态度，因而差异化的态度源于差异化的制度安排。族群之间若要和谐相处，前提是需要了解彼此的文化尤其是价值观，通过长期近距离的交往累积友善的基础，但同时作出基于公平原则的制度安排也非常重要。

第五章　东南亚国家华人与共享价值观及其传播

第一节　东南亚国家华人与共享价值观的关系[①]

一　东南亚国家华人概况

华侨华人分布在世界各地，尤属东南亚华侨华人分布最多，据估算，2007 年前后，东南亚华侨华人总量约为 3348.6 万人，约占东南亚总人口的 6%，又占世界华侨华人总量的 73.5%。以泰国、马来西亚、新加坡和菲律宾四国为例，截至 2007 年，泰国华侨华人应至少在 700 万人左右，马来西亚华侨华人总数约为 645 万人，新加坡华侨华人总数约为 353.5 万人，菲律宾华侨华人总数约为 150 万人。[②] 单这四国的华侨华人数量就占整个东南亚华侨华人总量的 55.2%。在推进"一带一路"建设的背景下，东南亚华侨华人可以发挥重要作用。东南亚华侨华人具备很多的优点，比如人数众多、组织健全；经济发达、实力雄厚；人才智库，精英荟萃等。正是上述优点促使东南亚华侨华人在政治、经济和文化方面能够推进

---

① 本节选自王嘉顺《"一带一路"背景下的共享价值观及其传播研究：以东南亚华侨华人为例》，载贾益民、张禹东、庄国土主编《华侨华人研究报告（2017）》，社会科学文献出版社，2017。收入本书时对部分内容、数据进行了修改和更新。

② 庄国土：《东南亚华侨华人数量的新估算》，《厦门大学学报（哲学社会科学版）》2009年第 3 期。

"一带一路"建设。[1]

从国别角度看，东南亚各国的华人所具有的特征具有一定的地域性，本节以泰国、马来西亚、新加坡和菲律宾四国为代表简要说明这些国家华人的基本状况。

中国和泰国在历史上长期处于较为友好的关系，特别是1975年两国正式建立外交关系后，中泰关系健康发展，民众之间的交往越发顺畅。但在此之前，已经有相当多来自中国广东、福建等地的华人在泰国各地开枝散叶，蓬勃发展，华人在保留本族群文化习惯的同时，也积极与当地其他族群特别是泰族有较好的往来乃至融合。截至2011年，泰国华人总人口约有718万人，约占当年泰国总人口的10%。[2] 无论从数量还是比重来看，华人在泰国算是最大的少数族群。由于华人乐于积累财富，善于经商，泰国华人经济对泰国的经济发展具有重要的影响，尤其是在金融业、制糖业、运输业和纺织业等领域发挥至关重要的作用。[3] 泰国华人还比较热衷参与政治，无论历史上，还是当今泰国政界，都不乏华人的身影。但是，由于华泰长期融合，很多活跃在泰国政坛的具有华人血统的人士往往以泰族认同为先，华族认同在后。[4] 还有一点值得注意的是，泰国政府在少数族群中间大力推行同化政策，由于其手段和措施不似其他东南亚国家那般激烈，所以泰国华人较为乐意与当地主流族群相融合，这一点从较为普遍存在的华泰通婚现象中得到体现。而且据研究，泰国华人与当地泰族人在生活习俗、宗教信仰乃至价值观等方面颇为接近。[5]

马来西亚也是华人数量较多的东南亚国家之一，从人口规模来看，马来西亚的华人数量仅次于泰国。截至2018年，马来西亚华人人口规

① 莫少聪、李善龙：《"一带一路"建设与东南亚华侨华人的作用》，载贾益民主编《华侨华人研究报告（2016）》，社会科学文献出版社，2017，第21页。

② 刘文正、王永光：《二十一世纪的东南亚华人社会：人口趋势，政治地位与经济实力》，载丘进主编《华侨华人研究报告（2013）》，社会科学文献出版社，2013，第42页。

③ 陈琮渊、黄日涵编著《搭桥引路：华侨华人与"一带一路"》，社会科学文献出版社，2016，第11页。

④ 陈琮渊、黄日涵编著《搭桥引路：华侨华人与"一带一路"》，社会科学文献出版社，2016，第12页。

⑤ 陈琮渊、黄日涵编著《搭桥引路：华侨华人与"一带一路"》，社会科学文献出版社，2016，第12页。

模约为 668.21 万人，占马来西亚总人口的 23%,[1] 是该国第二大族群，也是第一大少数族群。与泰国华人一样，马来西亚的华人在经济领域也有不俗的表现，小到杂货店，大到房地产、机械电子和石油化工等领域，都不缺少马来西亚华人。[2] 在政治方面，马来西亚华人建立和发展了华人政党——马华公会，这在东南亚各国中是少见的，通过政党政治，马来西亚华人参与了马来西亚的重大政治议程，在经济权益、族群地位等方面一定程度地维护了华人的权益。特别值得一提的是，由于马来西亚华人的不懈努力，马来西亚的中文教育得到较好的传承和发展，无论是在中文学校还是中文报刊等方面，马来西亚华人都较好地坚守了中华文化的阵地，使得中华文化通过多种渠道和形式得以代代相传。

新加坡是一个颇具特色的东南亚城市国家，截至 2021 年 10 月，新加坡总人口约为 568.6 万人，其中华人占 74% 左右,[3] 其余为马来人、印度人和其他族群。对于这样一个多民族国家，新加坡官方实行"多元又统一"的策略，即各族群可以保留其独有的文化传统，但同时鼓励并推动形成新加坡统一的国家/民族文化。其中在语言政策上施行双语政策，对新加坡华人而言，就是在学习和使用英语之外，还要学习中文。此外，新加坡华人最早的来源地主要是中国广东、福建、海南等沿海省份，因此中华传统文化在新加坡保存得较好。但在华人内部，因其祖先构成复杂，而广东、海南、福建的地域文化较为浓厚，所以新加坡华人内部的文化传统仍存在一定程度差异。

菲律宾人口众多，截至 2021 年 8 月，该国总人口约 1.1 亿人，马来裔是该国最大的族群，其人口占全国总人口的 85% 以上,[4] 菲律宾华人数量约有 100 万人，占全国总人口的比重为 1% 左右。该国华人几乎都是历

---

[1] 邵岑、洪姗姗:《"少子化"与"老龄化"：马来西亚华人人口现状分析与趋势预测》，《华侨华人历史研究》2020 年第 2 期。

[2] 陈琼渊、黄日涵编著《搭桥引路：华侨华人与"一带一路"》，社会科学文献出版社，2016，第 45 页。

[3] 《新加坡国家概况》，中华人民共和国外交部网，https：//www.fmprc.gov.cn/web/gjhdq_676201/gj_676203/yz_676205/1206_677076/1206x0_677078/。

[4] 《菲律宾国家概况》，中华人民共和国外交部网，https：//www.fmprc.gov.cn/web/gjhdq_676201/gj_676203/yz_676205/1206_676452/1206x0_676454/。

史上到达菲律宾的华人后裔，其最早的祖先主要来自中国福建尤其是闽南地区（泉州、漳州、厦门）。虽然菲律宾华人数量不多，但因其商业天赋以及善加经营，菲律宾华人的商业对菲律宾经济有重要影响。菲律宾华人较为积极地融入当地，因此在文化传统上逐渐融入当地，使用语言逐渐转向菲律宾语和英语，使用中文的比例逐渐下降。在宗教信仰上，由于文化融合，菲律宾华人的宗教信仰逐渐向当地人靠拢，虽然佛教和其他民间信仰在华人社会中仍有一定位置，但信仰天主教和基督教的华裔新生代越来越多。[1]

从上述四国来看，首先，除新加坡之外，华人数量及在所在国的人口比重都不是很大，但是他们对所在国经济的发展具有举足轻重的地位，这尤其体现在基础建设、远洋运输、矿藏资源、金融等领域。其次，华人都不远离当地政坛，而是以积极的态度和不同的方式参与政治，客观上一定程度地维护了华人的利益。再次，由于历史和政策等原因，有些国家的华人主动或者被动地融入当地主要族群和主流文化，其生活习惯乃至价值观也逐渐靠近当地主要族群。最后，正是由于不同程度地融入当地文化，华人在语言使用上也出现了多元的选择。有的在官方场合使用官方或者行政语言，但在家中仍使用中文[2]；有的已经不会听和讲中文，而是熟练使用当地主要语言。东南亚华人的上述特征从不同方面，以不同形式、不同程度影响了其文化价值观和社会价值观等。

除泰国、马来西亚、新加坡和菲律宾四国外，东南亚其他国家如印度尼西亚、柬埔寨、缅甸、老挝、越南等国的华人数量也不少，他们同所在国历史文化的联系久远，由其形成的华人社会也独具特色。总体而言，东南亚华人来源复杂，发挥的经济社会功能对当地社会影响深远。东南亚华人与当地主要族群、历史上来自西方的殖民者、祖籍国等的复杂联系，使得该群体的身份认同也呈现多元化特征。[3] 需要说明的是，本章在此是以

---

① 陈琮渊、黄日涵编著《搭桥引路：华侨华人与"一带一路"》，社会科学文献出版社，2016，第6页。

② 此处的中文是一类语言统称，具体到东南亚华侨华人则是当地使用的汉语、汉语方言，如粤语、闽南话等。

③ Mackie Jamie, "Introduction," in Anthony Reid（ed.）, *Sojourners and Settlers: Histories of Southeast Asia and the Chinese*, Honolulu: University of Hawaii Press, 2001, pp. xiii.

现代国家的范畴和范围，来论述东南亚国家的华人及其价值观。但东南亚社会和历史的异质性和碎片化特征，以及该地区历史上跨国界政治经济社会的联系与网络等事实，① 很难使华人与住在国有明确的对应关系，尤其是考虑到大部分东南亚国家建立现代国家的历史还不长。因此，本研究使用的调查数据相对于华人在东南亚的历史，算是在比较晚近的时期收集的。在这个时间点，东南亚现代意义上的国家已经形成并建立，所以本节所讨论的是更接近于现时的东南亚华人与当地文化价值观的关系，而它可以追溯到华人开始成为当地一个少数族群的那个时间点。

二　东南亚国家华人与共享价值观

（一）东南亚国家华人的价值观总结

1. 东南亚国家华人的文化价值观

由于研究资料的限制，我们在本研究中只对新加坡和马来西亚的华人开展了实证分析，虽然这两个国家的华人并不能完全代表东南亚的华人，但从这两个国家的华人身上，我们能对生活在东南亚的华人多少有些了解。通过使用第六轮 WVS 数据，我们发现新加坡华人最认可安全、仁慈、服从等文化价值观，而马来西亚的华人最认可安全、传统、普遍主义等价值观。相比之下，中国人最认可安全、仁慈、普遍主义等价值观。可以看出，新加坡和马来西亚的华人与中国人一样，都非常认可安全价值观，而在最关注价值观的排行榜上，他们排在第二位和第三位的价值观与中国人的关注点都非常相似。这种相似甚至还存在于排行榜的末端，即最不认可的价值观，比如中国人最不认可的价值观是刺激、享乐主义、权力，而新加坡华人最不认可的价值观是刺激、权力、享乐主义，马来西亚华人最不认可的价值观是刺激、享乐主义、权力，说明这两国华人无论是最认可还是最不认可的价值观，都与中国人非常相似，而马来西亚华人甚至与中国人完全一致。

2. 东南亚国家华人的社会价值观

社会价值观反映了社会成员在社会交往过程中对自己承担的社会角色

---

① 吴小安：《华侨华人学科建设的反思：东南亚历史研究的视角与经验》，载李安山主编《中国华侨华人学——学科定位与研究展望》，北京大学出版社，2006，第 95 页。

的认知，它出现在初级群体交往和次级群体交往中，既出现在实际的社会
交往中，也出现在想象的交往中，子女品质偏好、性别平等认知和道德规
范认知就是不同交往中体现出的相应社会价值观。就子女品质偏好而言，
新加坡华人最看重的是有礼貌、责任感、对别人宽容与尊重，而马来西亚
华人最看重的也是有礼貌、责任感、对别人宽容与尊重，两个群体完全一
样。至于中国人，他们最看重的子女品质是有礼貌、责任感、独立性，除
了排在第三位的独立性之外，排在第一、第二位的有礼貌、责任感与新加
坡、马来西亚的华人的选择完全一致。

就性别平等认知而言，中国人、新加坡华人和马来西亚华人整体上不
同意或非常不同意"与女孩相比，大学教育对男孩更重要"的陈述，说
明他们都非常认可女性应享有同男性一样的受教育权利。而在对"男人
比女人能成为更好的经理人"这项陈述的认知方面，中国人、新加坡华
人和马来西亚华人同样也是整体倾向于不同意或非常不同意。但与此同
时，在"当就业机会少时，男人应该比女人更有权利工作"和"如果家
庭中妻子挣钱比丈夫多，那将出现问题"这两项陈述上，中国人、新加
坡华人和马来西亚华人的认可程度出现了差异。

就道德规范认知而言，一方面，从道德规范稳定性认知角度来看，中
国人和新加坡华人的得分比较接近，马来西亚华人的得分虽然比其他两个
群体低，但差距也不大。另一方面，当我们通过社会行为认同状况来测量
其道德感时，中国人、新加坡华人和马来西亚华人两两之间都存在一定的
差距，也就是说这三个群体的道德感认知的差距普遍存在。

3. 东南亚国家华人的开放社会心态

虽然中国人、新加坡华人和马来西亚华人在文化价值观和社会价值观
上较为接近，但这3个群体在开放社会心态上的差异就比较大了。比如新
加坡华人愿意与外国人做邻居的比例相当高，中国人的这一比例也不算
低，但马来西亚华人的这一比例却低于50%。这种较大的差异也体现在
对外国人的信任程度、对外国人的综合评价以及具体评价方面。此外，在
对外国人的政策倾向方面，虽然缺少中国人的资料而无法进行更大范围的
比较，但就新加坡华人和马来西亚华人而言，他们在这方面较为接近，整
体上都不支持对外国人无条件开放进入本国工作，但也不支持完全限制外

国人进入本国工作。

　　以上就是站在新加坡华人和马来西亚华人的角度，比较其文化价值观、社会价值观和开放社会心态的异同，同时还与中国人的情况进行比较的总结。正是通过一系列的比较，本研究发现了东南亚国家华人的价值观特点。据此本研究可以认为，以新加坡华人和马来西亚华人为代表的东南亚国家华人，他们与中国人在价值观的诸多方面有较多的相同或相近之处，因而在中国人和东南亚国家华人之间存在共享的价值观。结合本书第二章对中国和泰国等东南亚七国的比较分析，本书第四章对新加坡华人和其他族群、马来西亚华人和其他族群的比较分析，共享价值观存在于中国人和东南亚各国人之间，也存在于东南亚国家华人与当地其他族群之间。

（二）共享价值观形成机制分析

　　两个不同的事物为什么会具有某些相似的性质、结构或表现，诸如此类的寻找相似点的比较分析首先需要在逻辑上加以论证。中国和东南亚各国的民众之间，中国人和东南亚国家华人之间，以及东南亚国家华人与当地其他族群之间，无论是在根本的文化价值观层面，还是在具体的社会价值观层面，甚或是与价值观密切相关的开放社会心态方面，都具有不少的相似点，从而成为所谓的共享价值观。这些共享价值观的产生是因为历史的巧合，还是文明交流互鉴的结果，抑或是其他原因所导致？对此问题，本章尝试从理论角度予以推演和论述。

　　本书第一章提出了导致价值观趋同的三个机制，如果从趋同的后果就是形成共享价值观这一点来看的话，这三个机制也就可以看作是共享价值观形成的机制，它们分别是价值观扩散、价值观同化、受共同约制力量的影响。

1. 价值观扩散

　　本书第三章第一节在对中国人和新加坡华人、马来西亚华人的文化价值观进行比较分析时，曾初步提出华人价值观渐进式扩散的设想，但这里的扩散仅限于海外华人与祖籍国之间，现在我们可以将扩散链条拉长，即扩展至东南亚国家的其他族群。至此，扩散的链条至少有两条，其中一条是连接中国人和东南亚国家华人，另外一条是连接东南亚国家华人和所在国其他族群。

第一个链条得以维系是依靠东南亚国家华人，他们在东南亚各国践行具有中华文化内涵的华人文化，这个过程是不同程度地践行和体现出华人价值观的过程，同时也是继承和传扬中华文化价值观的过程。价值观扩散链条的建立是依靠华人对本族群价值观跨越时空的传承。这种传承具体又发生在横向和纵向两个维度：横向的维度就是在华人社区①内的同族群交往，纵向的维度就是华人家庭内的代际间互动。就如同社会化一样，幼年和少年时期的华人主要在家中接受中华文化的熏陶，学习并使用中文，还要学习和掌握富有中华文化特点的风俗习惯，从此学习和初步践行中华文化价值观。等他们成长到一定阶段，交往边界突破家庭范围，开始在华人社区内与亲属关系外的对象交往，也就是在次级群体内继续学习和践行华人的行为方式和价值观。当然到了这个阶段，交往的对象就不仅是同族群的人，也有可能是其他族群的人。尤其是在学校教育中，将更有可能接触非本族群的语言和文化。

第二个链条得以维系仍然是依靠东南亚国家华人，他们与当地其他族群的交往过程，也是对外践行和展示中华文化的过程。这个链条是整个价值观扩散过程中的终极一环，只有在与华人交往的过程中，东南亚当地族群的民众才能最直接地接触和感受中华文化及其价值观的特征，也正是在这个意义上，华人成为连接其祖籍国与所在国的纽带，成为中华文化对外传播的重要桥梁。从中华文化价值观向外扩散的角度来看，华人承担着向外展示和传播价值观的任务，华人是价值观扩散的起点，而东南亚当地族群是价值观扩散的终点。但不能忽视的是，华人在与当地民众开展交往的过程中，他们不仅向后者展示和传播价值观，同时也在接触和了解当地的价值观，这是一个双向的过程。

2. 价值观同化

价值观同化也能导致共享价值观的产生，但是与价值观扩散的作用主要体现在践行和展示本族群价值观不同，价值观同化会相对更加彻底地让一个文化群体掌握或者被掌握另一个文化群体的文化价值观。从这里可以

---

① 这里的华人社区并不完全指地理空间意义的社区，而是从英文 Chinese community 翻译过来，它更多是指华人的社会网络。

看出，价值观同化也有方向上的差异，简单说就是同化别人，还是被别人同化。就东南亚国家华人而言，由于他们身处的环境不是中华文化浸润的土壤，在人口规模上也属于少数族群，所以在现实中，东南亚国家华人属于被同化的对象。东南亚国家华人的这种被同化现象，也只是就学习和践行当地主要族群的文化价值观来说，而至于同化的动机或者出发点，有可能是华人主动选择的结果，也有可能是受不可控外力的影响，不得不学习当地主要族群的文化，特别是学习该文化的语言，习得和践行该文化的价值观。因为本研究关注的重点是华人向当地其他族群展示和传播中华文化价值观，因此价值观同化不在本研究关注的范围之内。

3. 受共同约制力量的影响

由于受共同约制力量的影响，两个文化也有可能产生共享价值观，并且这个生成逻辑与价值观扩散和价值观同化都不一样。在统计学中，判定因果关系成立的三个条件之一，就是需要排除其他可能的干扰性影响因素，因为此类影响因素会"遮蔽"两个变量的真实关系，从而造成我们对因果关系的误判。而这种"遮蔽"的形式之一就是它会同时影响这两个目标变量。与此类似，共同约制力量的存在，也有可能对两个文化产生影响，从而使其价值观逐渐趋于一致或者相似。比如统一的教育制度就有可能导致这种情况的出现，以主流或官方价值观为基调的现代教育制度，必然会使受教育的不同族群的学生逐渐具备较为一致的价值观。

在本研究中，现代化和全球化可能是最宏观、最具结构性的共同约制力量，无论是作为少数的华人，还是作为多数的当地主流族群，他们都受到这一约制力量的影响，从而持有相似的价值观，进而有相似的行为方式和后果。比如随着受教育程度的提高，人们的生育意愿普遍不高，[1] 从而使各族群的出生率都面临下降，虽然这个过程中不同族群可能有其他因素在进行"调节"，从而使得结果并不必然完全一致，但是共同约制力量的影响是相同且确实存在的。

---

[1]　郭志刚：《中国低生育进程的主要特征：2015 年 1% 人口抽样调查结果的启示》，《中国人口科学》2017 年第 4 期。

（三）东南亚国家华人与共享价值观

1. 东南亚国家华人与共享价值观的关系

共享价值观产生的机制是价值观扩散、价值观同化、受共同约制力量的影响等，以及其他我们还未关注到的可能的影响机制。除此之外，也不能排除两个从未交流过的不同文化有着相同或相似的价值观，这类价值观具有原生性，不是文化交流互鉴的产物，但也算是共享价值观。理论上来说，不同文化或者不同群体间都有可能存在或多或少的相近或相似的价值观，从广义上都可以将其看作是共享价值观。本研究所关注的共享价值观主要是在文化交流过程中产生的，不是原生性的，而对于东南亚国家华人而言，就是通过价值观扩散所产生的共享价值观。

从中国人、东南亚国家华人和东南亚国家主要族群三者来看，它们分别对应中华文化价值观、东南亚国家华人的价值观以及东南亚国家主要族群价值观，而它们都与共享价值观有紧密联系。在第二、三、四章的实证分析中，我们可以发现它们三者之间都存在一定的交集，从而产生相应的共享价值观。如图5-1所示，中华文化价值观与东南亚国家华人的价值观的交集是共享价值观1，东南亚国家华人的价值观与东南亚国家主要族群价值观的交集是共享价值观2，而中华文化价值观与东南亚国家主要族群价值观的交集是共享价值观3。至于共享价值观1、共享价值观2、共享价值观3之间还有交集，这就是它们三者间的共享价值观，我们不妨称其为共享价值观4。

与东南亚国家华人关系最密切的，同时还能体现出价值观扩散作用的，就是共享价值观2。但共享价值观2的存在，并不完全依靠从东南亚国家华人到当地族群的价值观扩散，价值观同化和受共同约制力量的影响都会促使此类价值观的产生。除此之外，我们还应该关注共享价值观4，因为这最能体现出东南亚国家华人在中华文化和东南亚国家主要族群文化之间的沟通桥梁作用（见图5-1）。因此，若要依靠东南亚国家华人向当地族群传播价值观，一方面，要分析两个群体已具有的共享价值观，这是价值观传播的基础；另一方面，要分析哪些方面的价值观是华人可以传播的，且传播的途径和方式有哪些。本章对东南亚国家华人与当地族群的共享价值观的分析，以及对共享价值观形成机制的分析，都是由此展开的。

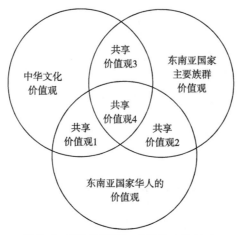

图 5-1　3 种价值观与 4 类共享价值观

2. 东南亚国家华人与东南亚国家文化价值观的关系

总体而言，东南亚国家华人与东南亚国家文化价值观之间是互相影响的关系。首先，正如本章的基本观点所述，东南亚国家华人通过价值观扩散的方式，使东南亚国家主要族群具备了与前者相似的价值观。其次，价值观同化的作用也会促使东南亚国家主要族群持有某些与东南亚国家华人相近的价值观。与价值观同化不同，价值观扩散特指从少数族群向多数族群展开的价值观传递，而价值观同化则包括两个传递方向。因此，如果是从少数族群面向多数族群的话，从最终的影响效果来看，价值观同化与价值观扩散没有差异。而价值观同化的另一个影响方向，即从多数族群面向少数族群，意味着东南亚国家主要族群的价值观也会影响当地华人价值观的形成和再塑。再次，东南亚国家主要族群对当地华人价值观的同化作用存在主动选择和被动接受的区别。最后，东南亚国家华人与东南亚国家主要族群文化价值观的关系会受到中华文化价值观的调节影响。这种影响一方面体现在东南亚国家华人对中华文化价值观的传承与创新，另一方面则体现在中国作为中华文化价值观的主要继承者的无形的影响（见图 5-2）。

前文已经指出东南亚国家华人的历史和构成是复杂的，这对东南亚国家华人与东南亚国家文化价值观的关系也带来一定影响。从更长时段的历

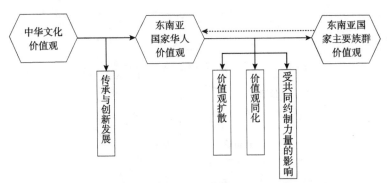

图5-2　东南亚国家华人与东南亚国家文化价值观的关系

史时间看，华人对东南亚国家有根深蒂固的历史作用，[1] 两者价值观的互相影响与之伴随。所以我们在此基础上探讨华人对东南亚国家的价值观传播，首先要厘清前者与后者之间的历史关系，以及在历史中华人对东南亚国家具体起到了何种作用，就本书的主题而言，这种作用就是价值观的互融互鉴。由此我们想提醒读者注意的是，虽然本书聚焦于华人对东南亚国家文化价值观的影响，但这并不是说当中是单向的、机械的影响，其中的交往和融合过程是复杂的，这部分的内容是本书没有涵盖的。

　　一个社会的文化价值观是在历史长河中经过人们反复选择、实践、修正、发展等过程才形成的，并且将继续经受不同时代人们的选择，这是文化价值观的历史性特征。此外，文化价值观是主流社会的文化价值观，主流社会的结构及其演变也会改变原先文化价值观的基础，这是文化价值观的社会性特征。对于东南亚国家而言，正像本书之前指出的，由于它的历史、文化、社会等方方面面的状况和联系，要搞清某一个东南亚国家的文化价值观及其发展脉络是较为困难的。本书主要的研究方式是基于社会学、社会心理学的理论和方法的实证分析，尤其侧重量化分析，这样虽然方便对东南亚国家华人和东南亚国家的文化价值观进行整体描述、相关关系和影响因素分析，但无法有效分析华人如何影响了某一项具体的文化价值观。这或许需要在历史学的基础上，综合历史社会学、历史人类学的方

---

[1]　吴小安：《华侨华人学科建设的反思：东南亚历史研究的视角与经验》，载李安山主编《中国华侨华人学——学科定位与研究展望》，北京大学出版社，2006，第97页。

法和思维，从长时段的角度来探察文化价值观的形成过程，[①]而已有的此类研究也指出，东南亚国家华人以一个当地独特的少数族群身份深刻影响了该国或者该地的文化及其价值观。[②]

（四）东南亚国家华人对传播共享价值观的意义

东南亚国家华人所体现的文化互融互通是其突出的优点之一，这也是他们在推进"一带一路"建设中可以发挥的优势作用。通过前文的分析，我们发现中国和泰国、马来西亚、新加坡、菲律宾之间具有互不相同的共享价值观，可以说这些价值观在不同国家间具有比较接近的价值取向，但是以人类学的视角来看，这些价值观在不同国家所体现出的文化特征并不一样。文化特征深植于整个文化体系，它具有一定的独特性，如以中华文化为参照系，某类共享价值观就具备了中华文化的特征，是谓中华文化语境下的共享价值观。一方面，东南亚国家华人繁衍至今，绵延不绝，不仅中文作为主要的沟通语言依然存在，而且中华文化也薪火相传。另一方面，东南亚国家华人能够在这些国家落地生根，必然需要从这片土地所酝酿的文化中汲取营养，因此他们在两种文化的潜移默化中生存和发展。如果中国同东南亚国家具有某些共享价值观的话，那么东南亚各国的华人无疑是最应该具备这些共享价值观的群体了，他们是中国同东南亚各国共享价值观的传播者和践行者。

从共享价值观的角度来看，东南亚国家华人在传播中华文化，特别是在"一带一路"背景下加强民心相通中具有不可替代的作用和不可忽视的意义。践行本身就是一种传播的手段和方式，中华文化对于东南亚国家华人来说不仅仅是一种文化符号，还是身体力行的规范和准则，他们向所在国的民众直接展示了中华文化的特色和气派。中华文化蕴含了众多的本书提及的共享价值观，比如安全、仁慈、成就等价值观，这在中华文化中都有所体现，所以东南亚国家华人是以中华文化的方式来体现这些共享价值观，这充分展现了东南亚国家华人对中华文化的自信。文化交流应当是

---

① 吴小安：《华侨华人学科建设的反思：东南亚历史研究的视角与经验》，载李安山主编《中国华侨华人学——学科定位与研究展望》，北京大学出版社，2006，第97页。

② 曾少聪：《民族学视野中的海外华人：两岸三地民族学的海外华人研究述评》，载李安山主编《中国华侨华人学——学科定位与研究展望》，北京大学出版社，2006，第143页。

双向的，东南亚国家华人在践行中华文化的同时，也吸收着所在国的优秀文化，以共享价值观作为文化相通的基础，将更加有利于促进和加强"一带一路"沿线国家间的民心相通。共享价值观是人类命运共同体精神在价值上的集中体现，因此东南亚国家华人传播共享价值观的意义就在于展现构建人类命运共同体的重要性，促进东南亚国家民众对"一带一路"倡议的认识和认同，从而促成一个共同构建人类命运共同体的合作典范。

华人在东南亚国家传播共享价值观乃至中华文化价值观极具现实意义。但需要再次提醒的是，我们先要对当地的华人历史及构成有清晰的认识，才能进一步细致地分析和考察东南亚国家华人为什么能传播以及如何传播共享价值观、中华文化价值观。需要考察的角度有很多，移民历史和移民来源地是其中较为重要的两个角度。

首先是移民历史的角度。东南亚是华侨华人移民历史最长的地区之一，时至今日，东南亚各国来自中国的移民仍络绎不绝，他们就是我们现在通常所称的新移民。相对而言，这部分移民与中国的关系更紧密，经贸文化交流更频繁，在构建人类命运共同体方面的意愿更强烈，作用更突出。而且与老一代移民相比，新移民对当前中国的政治、经济和商贸政策也更加熟悉，也更加认同"一带一路"倡议，并积极参与该倡议的实施和落实，对当前中国的文化价值观更加熟稔，已然成为新时代沟通中国与世界其他国家和地区的文化使者。①

其次是移民来源地的角度。这意味着在中华文化范围内，来自中国大陆和港澳台地区的移民所具有的更具特色的区域文化，它表现为独特的方言和风俗，而它们也体现出区域性文化或次级文化的价值观。比如在柬埔寨，历史上法国殖民者就根据方言对华人移民进行分类，并进而依据方言划分华人的居住区，② 从而造成"语言隔离"，但后来中国逐渐推行普通话，柬埔寨华人也开始逐渐学习和使用普通话。本书实证研究发现，在家中是否使用中文确实会影响东南亚国家华人对某些价值观的认同，但这里

---

① 〔美〕孔飞力：《他者中的华人：中国近现代移民史》，李明欢译，江苏人民出版社，2016，第483页。

② 钱江：《本土化的族群网络：柬埔寨的中国新移民》，载周敏主编《长为异乡客？——当代华人新移民》，八方文化创作室，2021，第122页。

对中文的认定较为宽泛，而当语言进一步细分为普通话和其他汉语方言时，其对文化价值观又有何影响，这是需要通过实证研究才能回答的问题。而在传播共享价值观乃至中华文化价值观时，使用普通话和其他汉语方言的华人又会有哪些相似和差异，这也需要新的研究来回应。总之，东南亚国家华人是传播共享价值观和中华文化价值观的理想人选，但该群体认同的价值观具体是怎样的，该群体的移民历史和构成与认同的价值观的关系等问题，都是在推动该群体成为价值观传播者之前应该明确的。

第二节　东南亚国家华人传播共享价值观的路径和方式

一　共享价值观的传播路径和方式

文化的种类和形式是多样的，作为一种文化精髓的价值观也可以通过多种形式加以体现。至于共享价值观，由于是两个文化都接受的价值观，所以它可以通过双方都能理解和接受的方式加以传播。中国和东南亚国家之间的共享价值观不尽相同，所以在传播特定价值观时要因国（别）而异，若论最具优势的共享价值观传播主体，那必然是这些国家的华人了，所以共享价值观的传播路径和方式也要适合于东南亚国家华人。

前文的实证研究发现宗教信仰状况和受教育程度几乎影响了中国与东南亚四国所有的共享价值观，其实在一个国家或文化内部，宗教和教育本就是提供和传播价值观的主要渠道之一。再考虑到华人在东南亚几个世纪的发展历史以及东南亚本土文化的特征，因此选择宗教信仰和教育作为共享价值观的传播路径是比较合适的，并且应当根据宗教信仰和教育的本质和特点有针对性地选择灵活多样的传播方式。

此外，当探讨共享价值观的传播路径和方式时，我们其实已经假定了东南亚国家华人已经认同并习得某些价值观，尤其是与中华文化的核心要义密切相关的价值观，但实际可能并非如此。因此，我们也要关注东南亚国家华人自身在传承中华文化时的目的和意义，并不是说东南亚国家华人践行了宗教信仰和教育方面的活动，这个过程就一定是践行和体现东南亚国家华人价值观的过程。东南亚国家华人对中华文化价值观的认同，是传播中华文化价值观的前提和基础，因此，我们还要视情况提出推动东南亚国家华人认同中华文化价值观的路径和方式。

二 通过宗教信仰传播共享价值观

东南亚国家的宗教相当兴盛，佛教、伊斯兰教以及天主教都曾经盛极一时，如今的东南亚国家依然是宗教流派林立。宗教往往跟民族、族群联系在一起，呈现一定的分布特点，像泰国就以佛教为主，马来西亚以伊斯兰教为主，新加坡以佛教为主，而菲律宾以天主教为主，这些东南亚国家内部除了主要的宗教之外，还分散着大量其他的宗教派别。世界三大宗教都从外部传入东南亚国家，并在这里获得了独特的发展空间。中华文化也包含了宗教文化，对于东南亚国家华人来说，宗教是他们生活中的一部分，宗教也是他们的价值观的来源之一。宗教在不同的土地上可能演化出不同的种类，但是就基本教义而言差别不大，信仰同一种宗教的人往往具有比较相近的行为规范，而这正是因为他们共享了宗教所包含的特定价值观。

东南亚国家的宗教文化虽然发达，影响巨大，但是对于华人来说，来自中华文化中的宗教因素是渗透于血液之中的，因而绵延不绝。历代来自中国的移民，特别是来自福建和广东沿海地区的华人，更是将大量的民间信仰带入东南亚国家，使其在宗教林立之地扎根生长。福建地区流传的保生大帝信仰①、妈祖信仰②、清水祖师信仰③、观音信仰④等民间信仰伴随福建籍华人一起进入东南亚国家。这些民间信仰大多是以古代泛灵崇拜为基础，并融合中国儒释道三教而成的一种综合性的宗教信仰。⑤ 民间信仰多具有地域性分布特征，所以其种类众多，起源复杂，但是不同于历史上三大宗教之间的冲突不断，民间信仰一般能够互相包容，和谐共生，而这

---

① 聂德宁：《东南亚华侨、华人的保生大帝信仰》，《南洋问题研究》1993 年第 3 期。
② 许永璋：《东南亚华侨华人的妈祖信仰》，《黄河科技大学学报》2012 年第 5 期；苏文菁：《中国海洋文明的核心价值观：以海神妈祖在东南亚的传播为例》，《福建广播电视大学学报》2015 年第 4 期。
③ 李天锡：《略论东南亚华侨华人的清水祖师信仰及其现代价值》，《华侨大学学报（哲学社会科学版）》2003 年第 2 期。
④ 李天锡：《观音信仰在东南亚华侨华人中传播的原因及其作用》，《佛学研究》2000 年第 9 期。
⑤ 聂德宁：《东南亚华侨、华人的保生大帝信仰》，《南洋问题研究》1993 年第 3 期。

无疑是民间信仰在安全、仁慈、传统等共享价值观上的突出表现。东南亚国家华人的宗教为中华文化与当地文化的交流和包容提供了契机，通过宗教来改善华人与所在国民众的关系越来越受到重视。① 作为一种宗教信仰的世俗化行为，东南亚国家华人热心公益和慈善事业，在当地尊老爱幼、扶危济困，而且还积极在祖籍国捐资助学，正是这些善举让东南亚国家的民众领略了中华文化的"和""仁"等优秀精神和品质。

丰富多彩的宗教信仰是东南亚国家华人传播共享价值观的主要路径，而通过展现宗教信仰仪式和民俗则是其主要的传播方式。以东南亚国家华人的妈祖信仰为例，主要的宗教仪式是进庙—焚香—礼拜，这都是惯常的祭祀活动，最隆重的是每年的农历三月二十三的妈祖诞辰日和九月初九的妈祖升天日，除了敬香之外，还要请出妈祖神像巡游，神像所到之处，鞭炮齐鸣，锣鼓喧天，俨然一副庙会架势。② 而在印尼的三宝垄，每年的农历六月三十，是当地华人纪念郑和的重要日子，类似妈祖巡游，这一天当地居民会将郑和像从大觉寺抬到三宝洞，供人瞻仰膜拜。③ 这样的场合和仪式不仅是当地华人展现自身宗教信仰的方式，也是所在国民众感受中华文化及其价值观的方式。像纪念郑和这样重要的仪式，越来越多的印尼当地人也开始亲身参与其中，正是通过这种体验式参与，当地民众亲身感受到了安全、仁慈、传统等共享价值观。

三　通过教育传播共享价值观

（一）中文教育传承和传播共享价值观

中华文化当中相当一部分的优秀内容来源于孔子所创立的儒家学说，其中所体现的德行、智慧、信义、仁爱、慈惠、礼貌、威仪、谦逊等的论说更是极大地影响了中华文化，④ 它集中体现了仁慈、服从和传统等共享价值观。儒家学说鲜明地体现出对价值观教化的重视，这种重视延展到对

---

① 钟大荣、张禹东：《东南亚华侨华人宗教的历史角色与当代价值》，《宗教学研究》2011年第1期。

② 许永璋：《东南亚华侨华人的妈祖信仰》，《黄河科技大学学报》2012年第5期。

③ 刘慧：《郑和来到三宝垄》，《人民日报》2015年2月16日，第13版。

④ 邵龙宝：《儒学在中国崛起中如何贡献与世界共享的价值观》，《孔子研究》2014年第6期。

教育的重视。东南亚国家华人历来重视教育，一方面把教育看作是达成个人成就的重要途径和手段，另一方面通过教育在华人内部传承中华文化。一个受过良好中华文化教育的人，更有可能做有利于社会的事情，成为关心和帮助周围的人，从而追求和获得他人对自己成就的认可，这也是践行成就价值观的行动体现。东南亚国家华人对教育的重视尤其体现在对中文教育的重视上，随着中国国力不断上升，文化软实力不断输出，越来越多的华人子弟以更加饱满的热情投入到中文学习中来，这也提高了所在国民众对中文学习的重视程度。

对东南亚国家华人来说，中文是同祖籍国之间的情感纽带，而对于所在国民众来说，中文则是认识中国、了解中华文化的钥匙。一个生长于异邦的华人子弟，研习中文可以让其知晓自己根在何处，从而更好地践行中华文化及其价值观。而一个会读写汉字的外国人更容易理解中华文化中"和""礼""义"等的含义，也就能够发现并理解中华文化与本国文化中的共同之处，他/她由此可以向本国民众介绍和解释中华文化及其价值观，其中当然包括"一带一路"倡议中所体现出的人类命运共同体思想。所以中文教育不仅仅是学习如何书写汉字，如何发音说话，从更高的层面来看，它还应该是关于中华文化及其价值观，特别是与他国共享价值观的教育。

中文教育应针对不同的对象采取不同的方式，以达到更好的教育效果为目的，从而更好地展示和传播中华文化及其价值观。对于东南亚国家华人特别是青少年而言，在当地建立华文学校，就地展开中文教育可以极大地提高学习中文的便利性，促进华人子弟学习中文的热情。以马来西亚为例，它可以算是东南亚国家中中文教育开展最为成功的国家，2011 年，马来西亚有华文小学 1291 所，在校生约 60 万人。截至 2012 年，马来西亚有华文独中 61 所，而到了 2016 年，马来西亚华文独中学生总人数达到84363 人。[①] 可以说在马来西亚的各级教育机构中，华文学校都有不小的规模。除华裔子弟之外，东南亚国家的华文学校也开始招收非华裔学生，

---

① 陈琼渊、黄日涵编著《搭桥引路：华侨华人与"一带一路"》，社会科学文献出版社，2016，第 47 页。

真正实现了通过中文教育来传播中华文化价值观。马来西亚华文小学开始招收非华裔学生，截至 2014 年 9 月，已经有多所华文小学招收的非华裔学生比例超过了 15%，说明华文小学也逐渐吸引非华裔学生前来学习中文。[①]

　　除了通过当地的学校学习中文之外，海外华裔青少年也到中国进行短期语言和文化学习，更加切身地感受中华文化，比如中国国务院侨务办公室主办的"海外华裔青少年中国寻根之旅""中华文化大乐园"等品牌项目就吸引了不少海外华裔青少年参加。对于那些对中文以及中华文化感兴趣的外国人，也可以将其招收到中国进行系统的语言和文化教育，比如中国华侨大学在东南亚国家招收大量学生，并且与泰国农业大学和泰国吞武里大学合作共建孔子学院、中文电视台，[②] 全方位地教授和传播中文及中华文化。我们有理由相信，通过教育特别是中文教育，不论是东南亚国家华人还是所在国当地的其他民众，他们都可以更好地理解和践行中华文化及其与本国的共享价值观。

（二）大华文教育对中华文化及其价值观的传承与传播

　　除传统的中文教育在传承和传播中华文化及其价值观中发挥重要作用外，东南亚国家华人也从更加多元和全面的角度推动这项意义重大的工作，大华文教育理念正是由此提出的。东南亚国家华人对中华文化价值观的认同是其能够传播此类价值观的前提和基础。东南亚国家华人需要结合新时代的世界发展形势、"一带一路"倡议和人类命运共同体理念，在当地推动中华文化的传承和创新。当然，这面临着不小的挑战，首先就是中华传统文化有被侵蚀的风险。马来西亚侨领张锦雄在 2014 年就不无担忧地指出，西方文化及其价值观已经一定程度地侵蚀和蚕食当地的中华传统文化，这值得华人警醒和迫切关注。[③] 针对于此，当地华人也通过多种形式和方式鼓励华裔子弟更好地学习和掌握中文。如泰国东部华文民校联谊

[①] 暨南大学图书馆世界华侨华人文献馆、暨南大学图书馆华侨华人文献信息中心编《侨情综览 2014—2015》，暨南大学出版社，2017，第 125 页。

[②] 暨南大学图书馆世界华侨华人文献馆、暨南大学图书馆华侨华人文献信息中心编《侨情综览 2014—2015》，暨南大学出版社，2017，第 13 页。

[③] 暨南大学图书馆世界华侨华人文献馆、暨南大学图书馆华侨华人文献信息中心编《侨情综览 2014—2015》，暨南大学出版社，2017，第 101 页。

会连续举办华文学术大赛，通过比赛使学生深刻感受中华文化博大精深的魅力，而且通过比赛形式让学生掌握更多的华语文化知识，从而培养和发掘更多的华语人才。①

在传播中华文化及其价值观方面，华文学校的功能也是非常重要的。如马来西亚的华文独立中学，通过"文化之夜"的形式集中展示华人的音乐、歌舞和传统武艺等，让其他族群的民众感受中华文化的魅力。通过这种形式也为当地主流族群和其他族群打开一扇了解中华文化、当地华人文化的窗口，从而拉近当地主流族群和其他族群与中华文化和华人族群的距离。② 除了教育，中医也是最能体现中华文化及其价值观的文化瑰宝，它在东南亚很多国家也受到当地人的欢迎。比如在泰国，中医早在 2000年就被政府批准合法化，并且逐渐得到很多泰国民众的认可。③

华人通过华文教育和大华文教育的多种形式，传承与传播中华文化及其价值观，这为当前在东南亚推动"一带一路"倡议打下了重要的文化和民心基础。但其中有一个问题必须要面对和思考，那就是如何看待当地的华人（族群）文化与中华传统文化的关系。④ 从当地华人移民的历史来看，华人（族群）文化源于中华传统文化，而从华人（族群）文化在当地的发展情况来看，它是中华文化在海外的发扬，并已经成为当地多元文化的重要组成部分。因此，我们在设想通过东南亚国家华人传播中华文化及其价值观的时候，就需要客观分析他们现有的文化及其价值观，从中找到相通的部分，并以此为着眼点和落脚点。本书对中国人和东南亚国家华人共享价值观的分析，也正是基于这个原因。

四　小结

民心相通是"一带一路"建设的社会根基，目的在于让"一带一路"

---

① 暨南大学图书馆世界华侨华人文献馆、暨南大学图书馆彭磷基华侨华人文献信息中心编《侨情综览 2016》，广东人民出版社，2018，第 141 页。
② 暨南大学图书馆世界华侨华人文献馆、暨南大学图书馆彭磷基华侨华人文献信息中心编《侨情综览 2016》，广东人民出版社，2018，第 213 页。
③ 张振江、吉伟伟主编《"一带一路"相关地区与国家侨情观察 2018》，暨南大学出版社，2018，第 86 页。
④ 谭天星：《不在中国的中国人：中国对华侨历史的思考》，崧烨文化事业有限公司，2020，第 39 页。

沿线国家的民众了解彼此，认识和认同"一带一路"倡议及其包含的人类命运共同体精神，从而更好地共同推进"一带一路"建设。海外华人可以在"一带一路"建设中发挥重要的作用，特别是在加强民心相通方面发挥不可替代的作用。本章尝试从阐述共享价值观概念出发，提出由共享价值观来认识和推进民心相通的重要性和必要性。以中国和泰国、马来西亚、新加坡、菲律宾四个东南亚国家为例，基于实证研究，发现中国同这些国家之间具有相似的共享价值观，说明中国人同这些国家的民众在这些价值观的认同方面非常接近，这是不同文化背景的人理解彼此的重要价值观基础。通过进一步的影响因素分析，本章发现中国同不同国家间的共享价值观均不同程度地受到年龄、受教育程度以及宗教信仰状况的影响，这说明不同的共享价值观的影响模式也不同。

从推进"一带一路"建设的角度出发，同时也是基于传播中华文化的考虑，应该充分调动起海外华人的参与热情。就本章的研究对象而言，东南亚国家华人历史悠久，同祖籍国的情感和文化联系紧密，特别是该群体对宗教信仰和教育的重视直接展现出了中华文化的核心价值观，而且这些核心价值观在东南亚不同国家间也显著存在，因此通过宗教信仰和教育来传播共享价值观不仅是可行的而且也是富有意义的。我们应该顺势而为，帮助东南亚国家华人更好地了解和理解中华文化，从而使他们更方便、更有效地在所在国就地传播中华文化，讲好"中国故事"。因此从中华文化传播的角度来看，我们应该根据不同国家具有不同的共享价值观这个事实，有针对性地选择不同的培育和传播共享价值观的策略、路径和方式。在"一带一路"倡议这个背景下，我们需要进一步系统研究如何帮助和促进海外华人传播中华文化，从而为加强"一带一路"沿线国家间的民心相通发挥海外华人独具优势的作用。

同时我们也要客观地看到，对外文化传播尤其是价值观的传播是一项非常重要的内容，但也存在诸多的难题和问题。海外华人作为中外文化交流的一个重要桥梁，如何对外阐释、解读和传递好中国的文化和价值观，如何借助海外华人将中国的文化和价值观传递给其所在国的主流社会群体，获得他们对中国更多、更大程度的理解和建设性认知等，这是亟待研究和回答的问题。本书对此进行了初步的探讨，更加系统和深入的分析，还需要学术界及其他各界有志之士更多地关心和关注。此外，在价值观传播方面，宗教和教育固然是自然而然的途径，但就东南亚国家华人而言，他们还需通过更多的、更加正式的渠道和方式来践行和传播富有中华文化意涵的价值观，比如积极参与政治。通过从政参政，东南亚国家华人可以在更加主流、正式和制度化的渠道和空间，以更加稳妥的步调推动中华文化及其价值观被更多当地族群认识和认同。

第三节　研究展望

一　研究不足

（一）数据、变量及其测量的不足

1. 分析数据的不足

本书的实证分析部分主要使用世界价值观调查数据，该系列调查在世界范围内有较高的学术影响力，基于该调查数据撰写的学术成果，特别是国别比较研究的成果得到了国际学界的热烈讨论，该数据在国内经济学、社会学、政治学等领域内也有比较广泛的应用。本书在使用该调查数据进行价值观比较分析时，也针对不同的研究对象进行了信度检验，证明从统计学意义上也适用于本书绝大部分的研究对象。但客观地看，国别比较研究较为复杂，而且本书的比较分析对象也有一定的复杂性，再加上单一来源的调查数据在抽样设计、调查问卷设计以及变量测量等方面可能存在不足，使得本书的实证分析及其结论可能存在漏洞，甚至存在一定的错误。对此，如果有更多的跨国或跨区域调查，我们能够使用不同来源的调查数据进行分析，并对分析结果进行比对，或许能在一定程度上弥补此类不足。

2. 变量及其测量的不足

本书的主要研究内容是不同群体的各类价值观，这也是世界价值观调查的主要内容。虽然该项调查在世界范围内取得了较高的学术声誉，但并不意味着该项调查无懈可击。最有可能存在的不足和学术争议就是对价值观的界定。价值观是文化的核心内容，而且不同文化及其发展有着不同的

历史基础和本质内涵，因此，想用一个统一的价值观量表来测量所有或者世界上主要文化的价值观，这是非常具有学术挑战性和现实挑战性的。虽然本书通过信度检验方法，对该调查问卷尤其是其中的价值观量表对研究对象的适用性进行了检验，但不能排除它只具有统计意义上的适用性，而不具有文化或理论意义上的适用性。对此，需要更加深入的田野研究，通过深度访谈和观察等方法，对价值观量表中的问题进行更加审慎的辨析，这将是一项长期且艰巨的工作。

世界价值观调查通过一些词语来概括不同的价值观，但正像前面所说的，不同文化对同一个具体的价值观可能有不同的理解，因此受访者即使选择了该项价值观，但并不一定表示他真正理解和认同该项价值观。这种变量测量和操作化方法的局限一定程度地存在于问卷调查当中，世界价值观调查也不例外。对此，该调查采用肖像价值观测量的方法，这种方法不是单纯地直接询问受访者是否认同某一项价值观，而是通过描述一个具体的人物肖像，而该肖像附有特定的价值观特质或行为倾向，然后询问受访者与该肖像的相似程度，这种方法能够在一定程度上解决不同文化群体对同一项价值观的理解差异问题。此外，世界价值观调查数据作为本研究使用的二手数据，其在概念界定与变量测量、操作化之间也会存在一定的张力，进而有可能对本书的分析结论带来一定影响。

（二）研究对象代表性的不足

虽然本书意图对东南亚国家华人和当地主要族群的价值观进行比较分析，但这两个群体的来源和构成都比较复杂，因而在分析过程当中不能面面俱到，从而有可能导致某些结论存在一定的片面性。就东南亚国家华人而言，其来源和构成就非常多元和复杂。历史上华人向东南亚的迁徙很早就开始了，在此落地生根的华人绵延不绝，历史上的移民后代和新移民，来自中国大陆和港澳台地区的移民，甚至是使用汉语不同方言的华人，他们在共同的中华文化熏陶下还受到特定文化的影响，这有可能对他们的价值观造成影响。但是本书中没有将华人具体分类，而是将华人视为一个族群意义上的统一群体，以此与东南亚国家当地主要族群进行比较，这有可能忽视了华人的多样性及其对价值观的影响。

与华人类似，东南亚各国其他族群也面临相似的情况。东南亚几乎所有的国家都有数量不一的华人，这些华人的人口数量虽然在当地的占比不是很大，但除了当地主要族群之外，华人族群算是数一数二的少数族群。但由于世界价值观调查在抽样设计上没有覆盖足够数量的东南亚各国的华人，所以除了新加坡和马来西亚外，其他东南亚国家样本中几乎没有或者完全没有华人样本。这就使本书的比较对象范围受到很大的局限。对此，通过调整抽样设计，使新样本能够对东南亚国家华人有更好的代表性，这将在一定程度上解决样本代表性不足的问题。

（三）解释框架的不足

针对价值观扩散、价值观同化和共同约制力量对共享价值观的形成和影响机制，本书在进行影响因素分析时采用了不同的分析框架。比如对文化价值观的分析主要从教育和宗教信仰角度入手，对社会价值观的分析主要从教育、宗教信仰和主观社会阶层角度入手，而对开放社会心态的分析主要从家庭经济、族群文化习得和自我归属感等角度入手。本书使用同一个解释框架来分析和比较不同群体的某一类价值观，这样做可以比较相同分析框架的影响效果，但不足之处就是丢掉了适合不同群体的最佳解释框架，从分析模型来看，就是丢掉了最具解释力的影响因素，从而使回归模型的整体解释力较低。对此，如果能够进一步了解和掌握东南亚主要族群对各类价值观的理解和认同情况，搭建更具个性化的解释框架，将会使读者看到更加有解释力的回归模型。

二　研究展望

虽然现代国家间的交往偏向理性和务实，但从国民角度来看，"民心相通"更有助于国家间的政治经济往来和人文交流，共享价值观在其中扮演重要的角色。无论是推动"一带一路"倡议走深走实，还是在更大范围内构建人类命运共同体，价值观是一个不可忽视的重要因素。中国在这两方面有着诸多有利条件，其中最具优势的就是分布在"一带一路"沿线国家地区的华侨华人，这逐渐成为学界和政策制定者的共识。通过海外华侨华人打通经贸之路，畅通人文交流渠道，其可行性之一就是海外华侨华人既熟悉中华文化，又对当地的文化有所了解，而通过发现和培养共享价值观，则将有力地促进华侨华人发挥此项作用。因此，对华人与东南亚各国的各类价值观进行比较分析，这既有理论创新的价值，又有重大的现实意义，这个研究领域还值得继续深入挖掘。

第一，开展广泛的国际合作，推进"一带一路"沿线国家和地区尤其是东南亚国别区域内的价值观调查。构建人类命运共同体需要以对全人类更加全面和深入的了解为前提，有目的的国别和区域比较研究方兴未艾，而其中的价值观比较研究不再是传统意义上的思辨分析，它需要大量优质的实证资料，特别是基于大规模问卷调查的结构化数据。已经开展40余年的世界价值观调查正是这样一项富有雄心的跨国调查，它虽然已经取得了较高的学术影响力，但对中华文化和东方世界的理解还有待改进和加强。我们需要建立独立的大型跨国调查项目，并吸纳世界各地的建设性的参与力量，共同推进这项富有学术和政策现实意义的工作，这也是在国际学术界树立中国话语体系，提高中国学术影响力的重要举措。

第二，采用多种研究方法和应用分析技术，以跨学科和混合研究方法来进行价值观比较研究。价值观扩散是客观存在的现象，但如何对这种大量且在微观层面发生的现象进行观察和测量，这在技术上是一个巨大的挑战。对此或许可以采用多种研究方法和最新的分析技术。一方面，通过新近发展起来的基于自主行动者建模（Agent-based model，ABM）方法，我们可以从基于数据驱动的建模或单纯的仿真模拟来发现和构建可能的价值观扩散模型。另一方面，我们可以在该模型或经典理论的指导下开展跨国调查，通过实证数据对这些模型进行验证和修正。除社会学的调查研究之外，人类学的田野调查、历史学的考古发掘以及两者综合而成的历史人类学，这些学科的方法也是价值观比较研究所需要的。

参考文献

中文著作

〔英〕安东尼·吉登斯:《社会学》(第五版),李康译,北京大学出版社,2009。

〔美〕彼特·布劳:《不平等和异质性》,王春光、谢圣赞译,中国社会科学出版社,1991。

〔美〕彼得·M.布劳、奥蒂斯·杜德里·邓肯:《美国的职业结构》,李国武译,商务印书馆,2019。

陈琼渊、黄日涵编著《搭桥引路:华侨华人与"一带一路"》,社会科学文献出版社,2016。

冯丽萍:《从施瓦茨价值观维度看中美共享价值观:基于 WVS 第五波调查中的 SVS 数据分析》,载姜加林、于运全主编《世界新格局与中国国际传播——"第二届全国对外传播理论研讨会"论文集》,外文出版社,2012。

〔美〕戈登·奥尔波特:《偏见的本质》,凌晨译,九州出版社,2020。

暨南大学图书馆世界华侨华人文献馆、暨南大学图书馆华侨华人文献信息中心编《侨情综览 2014—2015》,暨南大学出版社,2017。

暨南大学图书馆世界华侨华人文献馆、暨南大学图书馆彭磷基华侨华人文献信息中心编《侨情综览 2016》,广东人民出版社,2018。

〔美〕克里斯托弗·拉什:《真实与惟一的天堂——进步及其评论家》,丁黎明译,上海人民出版社,2007。

〔美〕孔飞力:《他者中的华人:中国近现代移民史》,李明欢译,江苏人民出版社，2016。

〔美〕奎迈·安东尼·阿皮亚：《世界主义——陌生人世界里的道德规范》，苗华建译，中央编译出版社，2012。

〔美〕L. 科塞：《社会冲突的功能》，孙立平等译，华夏出版社，1989。

刘文正、王永光：《二十一世纪的东南亚华人社会：人口趋势，政治地位与经济实力》，载丘进主编《华侨华人研究报告（2013）》，社会科学文献出版社，2013。

〔美〕罗纳德·英格尔哈特：《静悄悄的革命——西方民众变动中的价值与政治方式》，叶娟丽、韩瑞波等译，上海人民出版社，2016。

〔美〕玛格丽特·米德：《萨摩亚人的成年——为西方文明所作的原始人类的青年心理研究》，周晓虹、李姚军、刘婧译，商务印书馆，2010。

莫少聪、李善龙：《"一带一路"建设与东南亚华侨华人的作用》，载贾益民主编《华侨华人研究报告（2016）》，社会科学文献出版社，2017。

钱江：《本土化的族群网络：柬埔寨的中国新移民》，载周敏主编《长为异乡客？——当代华人新移民》，八方文化创作室，2021。

邵岑：《马来西亚华人人口变动历程、现状与趋势分析》，载贾益民、张禹东、庄国土主编《华侨华人研究报告（2018）》，社会科学文献出版社，2018。

宋林飞：《西方社会学理论》，南京大学出版社，1997。

谭天星：《不在中国的中国人：中国对华侨历史的思考》，崧烨文化事业有限公司，2020。

王嘉顺：《宗教信仰与价值观扩散：以新加坡华人和其他族群为例》，载贾益民、张禹东、庄国土主编《华侨华人研究报告（2018）》，社会科学文献出版社，2018。

吴小安：《华侨华人学科建设的反思：东南亚历史研究的视角与经验》，载李安山主编《中国华侨华人学——学科定位与研究展望》，北京大学出版社，2006。

〔美〕西奥多·W. 阿道诺等：《权力主义人格》，李维译，浙江教育出版社，2002。

〔美〕许烺光：《文化人类学新论》，张瑞德译，南天书局，2000。

杨中芳：《中国人真是集体主义的吗？——试论中国文化的价值体系》，载杨国枢主编《中国人的价值观——社会科学观点》，中国人民大学出版社，2013。

游国龙：《许烺光的大规模文明社会比较理论研究》，社会科学文献出版社，2014。

曾少聪：《民族学视野中的海外华人：两岸三地民族学的海外华人研究述评》，载李安山主编《中国华侨华人学——学科定位与研究展望》，北京大学出版社，2006。

张振江、吉伟伟主编《"一带一路"相关地区与国家侨情观察2018》，暨南大学出版社，2018。

中文期刊论文

程永佳、杨莉萍：《当代青年群际偏见的原因及对策分析》，《江苏师范大学学报（哲学社会科学版）》2016年第5期。

高志华等：《施瓦茨价值观问卷（PVQ-21）中文版在大学生中的修订》，《中国健康心理学杂志》2016年第11期。

关世杰：《对外传播中的共享性中华核心价值观》，《人民论坛·学术前沿》2012年第15期。

关世杰、尚会鹏：《建构中国海外文化软实力的核心价值观》，《群言》2014年第7期。

郭爱丽、翁立平、顾力行：《国外跨文化价值观理论发展评述》，《国外社会科学》2016年第6期。

郭志刚：《中国低生育进程的主要特征：2015年1%人口抽样调查结果的启示》，《中国人口科学》2017年第4期。

李德顺：《充分重视价值观念系统的建设》，《中国特色社会主义研究》1997年第2期。

李申：《教化之教就是宗教之教》，《文史哲》1998年第3期。

李天锡：《观音信仰在东南亚华侨华人中传播的原因及其作用》，《佛学研究》2000 年第 9 期。

李天锡：《略论东南亚华侨华人的清水祖师信仰及其现代价值》，《华侨大学学报（哲学社会科学版）》2003 年第 2 期。

刘金光：《东南亚宗教的特点及其在中国对外交流中的作用——兼谈东南亚华人宗教的特点》，《华侨华人历史研究》2014 年第 1 期。

刘贞晔：《世界主义思想的基本内涵及其当代价值》，《国际政治研究》2018 年第 6 期。

孟庆梓：《近 20 多年来国内新加坡宗教信仰问题研究述略》，《甘肃社会科学》2008 年第 1 期。

聂德宁：《东南亚华侨、华人的保生大帝信仰》，《南洋问题研究》1993 年第 3 期。

邵岑、洪姗姗：《"少子化"与"老龄化"：马来西亚华人人口现状分析与趋势预测》，《华侨华人历史研究》2020 年第 2 期。

邵龙宝：《儒学在中国崛起中如何贡献与世界共享的价值观》，《孔子研究》2014 年第 6 期。

司律：《"族教分离"：社会主义核心价值观引领下的"族—教"关系》，《广西民族研究》2017 年第 4 期。

苏锦平：《澳洲对华偏见从何而来？——从里约奥运会澳洲涉华事件谈起》，《对外传播》2016 年第 10 期。

苏文菁：《中国海洋文明的核心价值观：以海神妈祖在东南亚的传播为例》，《福建广播电视大学学报》2015 年第 4 期。

涂小雨：《转型期共享价值观的确立与执政党社会整合》，《求实》2009 年第 5 期。

王嘉顺：《区域差异背景下的城市居民对外来人口迁入的态度研究——基于 2005 年全国综合社会调查数据》，《社会》2010 年第 6 期。

王洁洁：《跨文化交往中入境旅游者外显态度与隐性偏见的实验比较》，《旅游学刊》2019 年第 8 期。

王学风：《新加坡宗教和谐的原因探析》，《东南亚纵横》2005 年第 9 期。

韦红：《浅谈新加坡宗教宽容及其原因》，《中南民族学院学报（人文社会科学版）》2001 年第 3 期。

《新加坡宗教和谐声明》，《中国宗教》2003 年第 10 期。

徐光井、胡静丽：《新加坡大学生共享价值观培育的实践及启示》，《老区建设》2016 年第 12 期。

许永璋：《东南亚华侨华人的妈祖信仰》，《黄河科技大学学报》2012 年第 5 期。

杨君、曹锦清：《全球社会的想象：从世界社会到世界主义》，《社会建设》2020 年第 4 期。

杨通进、由田：《世界主义的跨国移民伦理：挑战与期许》，《东南大学学报（哲学社会科学版）》2019 年第 6 期。

杨宜音：《社会心理领域的价值观研究述要》，《中国社会科学》1998 年第 2 期。

杨宜音：《个体与宏观社会的心理关系：社会心态概念的界定》，《社会学研究》2006 年第 4 期。

张历历：《习近平人类命运共同体思想的内容、价值与作用》，《人民论坛》2017 年第 7 期。

张禹东：《新加坡华人宗教信仰的基本构成及其变动的原因与前景》，《华侨华人历史研究》1995 年第 4 期。

张禹东：《华侨华人传统宗教的世俗化与非世俗化——以东南亚华侨华人为例的研究》，《宗教学研究》2004 年第 4 期。

张禹东：《东南亚华人传统宗教的构成、特性与发展趋势》，《世界宗教研究》2005 年第 1 期。

赵可金：《人类命运共同体思想的丰富内涵与理论价值》，《前线》2017 年第 5 期。

郑汉华：《新加坡共同价值观及其启示》，《高等农业教育》2006 年第 1 期。

钟大荣、张禹东：《东南亚华侨华人宗教的历史角色与当代价值》，《宗教学研究》2011 年第 1 期。

周晓虹：《开放：中国人社会心态的现代表征》，《江苏行政学院学报》2014 年第 5 期。

庄国土:《东南亚华侨华人数量的新估算》,《厦门大学学报（哲学社会科学版）》2009 年第 3 期。

中文学位论文

钟敏:《中国人价值观在施瓦茨普世价值理论框架下的跨文化可比性:来沪外来务工人员与上海本地居民的价值观实证研究》,硕士学位论文,上海外国语大学,2010。

外文著作

G. W. Allport, *The Nature of Prejudice*, Reading, MA: Addison-Wesley, 1979.

Mackie Jamie, "Introduction," in Anthony Reid(ed.), *Sojourners and Settlers: Histories of Southeast Asia and the Chinese*, Honolulu: University of Hawaii Press, 2001.

外文期刊论文

J. Eric Oliver, J. Wong, "Intergroup Prejudice in Multiethnic Settings," *American Journal of Political Science*, Vol. 47, No. 4, 2003, pp. 567-582.

J. Laurence, L. Bentley, "Does Ethnic Diversity Have a Negative Effect on Attitudes towards the Community? A Longitudinal Analysis of the Causal Claims within the Ethnic Diversity and Social Cohesion Debate," *European Sociological Review* 32(1), 2006, pp. 54-67.

Naomi Struch et al., "Meanings of Basic Values for Women and Men: Cross-Cultural Analysis," *Personality and Social Psychology Bullrtin* 28, 2002, p. 16.

S. H. Schwartz. "An Overview of the Schwartz Theory of Basic Values," Online Readings in Psychology and Culture, http://dx. doi. org/10. 9707/2307-0919. 1116.

Shalom H. Schwarts et al., "Extending the Cross-Basic Valitidy of the Theory of Basic Human Values with A Different Method of Measurement," *Journal of*

Cross-Cultural Psychology 32, 2001, p. 519.

M. Taylor, "How White Attitudes Vary with the Racial Composition of Local Populations: Numbers Count, "*American Sociological Review*, 63(4), 1998, pp. 512-535.

Thomas F. Pettigrew, "Social Psychological Perspectives on Trump Supporters, "*Journal of Social and Political Psychology* 5(1), 2017, pp. 107-116.

S. Zhou et al. , "The Extended Contact Hypothesis: A Meta-Analysis on 20 Years of Research—Personality and Social Psychology Review, "*An Official Journal of the Society for Personality and Social Psychology* 23(2), 2019, pp. 132-160.

后　记

　　这本书从立意、立项到写作、修改，再到校对、出版，前后跨越了多年时间。正是在这几年中，华侨华人研究热度不减，声势更加浩大。这么多年时间未必有利于完善本书内容，却有可能令本书的部分观点沦为老生常谈，或者部分发现时过境迁。好在截至本书完成编辑校对之时，书中还有不少观点和论述较少见于学界，因此我不揣冒昧地相信本书在华侨华人研究、区域国别研究等领域会有一点参考价值。

　　本书第二章第一节、第三章第一节、第四章第一节等内容曾发表于华侨华人蓝皮书的各年度报告，受本人学识和能力所限，有部分不恰当甚至错误的内容当时没有被发现，此次在我修改后收入书中。本书的实证研究都是基于量化分析方法，所以变量、模型等术语几乎遍布全书。对量化分析较为熟悉的读者知道，变量的操作化方法、模型中参照组的选择等关键信息对分析结果有着直接且重要的影响，为了让读者清晰地理解分析结果及其意义，我尽可能在书中说明这些关键信息。读者应先了解变量处理方法等信息，然后再审视结论。我还想提醒读者注意，关于书中的回归分析，我所报告和解读的几乎都是回归系数，但在第二章第一节中关于共享价值观的影响因素分析部分，我报告的是回归系数的自然指数即比值比（odds ratio），它的含义与回归系数的含义很不相同。

　　最后，我诚挚地感谢本书责任编辑黄金平，他丰富的工作经验和严谨的工作作风，令本书的质量有了很大提升，我在与他的合作中深受启发。本书的出版受惠于"华侨大学哲学社会科学学术著作专项资助计划"，借此鸣谢。本书的不足之处皆由我负责。

王嘉顺

2023 年 8 月

图书在版编目（CIP）数据

中国和东南亚国家华人价值观比较／王嘉顺著．--

北京：社会科学文献出版社，2023.12（2025.1重印）

（华侨大学哲学社会科学文库．法学系列）

ISBN 978-7-5228-3047-6

Ⅰ.①中…　Ⅱ.①王…　Ⅲ.①华人-人生观-对比研

究-中国、东南亚　Ⅳ.①B821

中国国家版本馆 CIP 数据核字（2023）第 248172 号

华侨大学哲学社会科学文库·法学系列

中国和东南亚国家华人价值观比较

著　者／王嘉顺

出　版　人／冀祥德

责任编辑／黄金平

责任印制／王京美

出　　　版／社会科学文献出版社·文化传媒分社（010）59367004
　　　　　　地址：北京市北三环中路甲29号院华龙大厦　邮编：100029
　　　　　　网址：www.ssap.com.cn

发　　　行／社会科学文献出版社（010）59367028

印　　　装／河北虎彩印刷有限公司

规　　　格／开本：787mm×1092mm　1/16
　　　　　　印张：15.5　字数：247千字

版　　　次／2023年12月第1版　2025年1月第2次印刷

书　　　号／ISBN 978-7-5228-3047-6

定　　　价／98.00元

读者服务电话：4008918866